酿造调味品生产技术

吕俊丽　任志龙　编著

U0209811

化学工业出版社

·北京·

内容简介

本书在介绍酿造技术基础知识的基础上，着重对酱油、食醋、酱类、味精、复合调味品等发酵调味品的生产原理、生产工艺、操作要点及质量标准等做了较为详细的阐述。内容丰富、实用，可操作性强，可作为从事酿造调味品生产的企业工程技术人员的技术参考书和企业员工技术培训教材，也可作为有关院校生物技术及应用、微生物技术及应用、食品加工技术等专业的教材，还可供相关领域的科研人员学习和参考。

图书在版编目（CIP）数据

酿造调味品生产技术/吕俊丽，任志龙编著. —北京：化学工业出版社，2021. 7 (2023.9重印)
ISBN 978-7-122-39161-2

Ⅰ.①酿⋯　Ⅱ.①吕⋯②任⋯　Ⅲ.①调味品-酿造　Ⅳ.①TS264

中国版本图书馆 CIP 数据核字（2021）第 091396 号

责任编辑：张　彦
文字编辑：药欣荣　陈小滔
责任校对：宋　夏
装帧设计：关　飞

出版发行：化学工业出版社（北京市东城区青年湖南街 13 号　邮政编码 100011）
印　　装：北京机工印刷厂有限公司
710mm×1000mm　1/16　印张 14¼　字数 278 千字
2023 年 9 月北京第 1 版第 3 次印刷

购书咨询：010-64518888
售后服务：010-64518899
网　　址：http: //www.cip.com.cn
凡购买本书，如有缺损质量问题，本社销售中心负责调换。

定　　价：68.00 元

前言

中国传统调味品具有上千年的酿造历史，与人们日常生活密切相关。近年来，随着改革开放和餐饮业的发展，以及食品工业的迅速发展，我国调味品行业品牌百强企业的销售收入年增长率均超过 10%，调味品的生产和消费市场出现了空前的繁荣和兴旺，市场对调味品的需求逐年增加。而调味品的主流就是发酵调味品，很多独特的酿造工艺起源于我国，凝聚着中华儿女的勤劳与智慧，是中华民族灿烂文化长河中一颗璀璨的明珠。目前，随着人民生活水平的提高，酿造调味品正向着生产工业化、调味复合化、品牌多样化和食用方便化等方向发展。为了继承和发扬我国悠久的食品文化，同时适应日新月异的调味品发酵的新形势和新任务，我们编著了本书。

本书在编著过程中，基于作者长期的教学、科研实践和工作经验，结合国内外文献资料，力求全面反映发酵调味品生产的历史、现状和最新进展，同时体现调味品酿造的科学性、系统性和实用性，目的是梳理酿造调味品知识，提高生产技术水平。为适应调味品工业的发展，尤其是快餐业的迅猛发展，复合调味品的需求量十分巨大，带来了复合调味品产业的大发展。因此，在本书编著过程中，不仅总结了传统发酵调味品的基本理论、生产工艺，还介绍了复合调味品的相关内容。

本书由内蒙古科技大学吕俊丽（第三章、第四章、第五章、第六章）、包头轻工职业技术学院任志龙（第一章、第二章）编著，全书由吕俊丽统稿。

由于作者的专业水平和知识有限，书中难免有些不足和疏漏之处，敬请读者和专家批评指正，以便将来进一步完善。

编著者
2021 年 3 月

目录

第三章　食醋生产技术　　　　　　102

第四章　发酵酱类生产技术　　146

第六章 复合调味品生产技术   204

第一章

发酵与酿造技术基础知识

随着人类文明的发展、科学技术的不断进步，发酵技术在近几个世纪得到了迅速的发展，尤其是 20 世纪 70 年代以重组 DNA 技术为标志的现代生物技术的诞生，人们可以操纵细胞遗传机制，使之为人类需要服务，这就从根本上扩大了生物系统的运用范围。利用现代生物技术不仅能生产新型食品、药物、饲料添加剂，还能生产特殊化学品，如烷烃发酵生产二元酸，生产可降解的高分子化合物、萜烯类化合物，氨基酸及有机酸等的转化，而这是传统发酵技术及化学合成难以做到的。其在解决人类面临的粮食、能源、环境等重大问题上必然会发挥积极作用。现代生物技术的出现，推动了发酵工程的发展，使发酵工程展现出越来越诱人的前景，吸引着人们去关注。

第一节　发酵与酿造技术发展史

一、发酵和酿造技术

现代发酵的定义是利用微生物在有氧或无氧条件下的生命活动来制造产品的过程。微生物学家拓宽了原发酵的定义，认为发酵是指通过大规模培养微生物来生产产品的过程，既包括微生物的厌氧发酵也包括好氧发酵。

酿造则是我国人们对一些特定产品进行发酵生产的一种叫法，通常把成分复杂、风味要求较高，诸如黄酒、白酒、啤酒、葡萄酒等酒类，以及酱油、酱、食醋、腐乳、豆豉、酱腌菜等副食佐餐调味品的生产称为酿造；而将成分单一、风味要求不高的产品，如酒精、柠檬酸、谷氨酸、单细胞蛋白等的生产称为发酵。

发酵技术是指以微生物为主要操作对象的生物工程技术。伴随着生命科学与生物技术的发展，发酵技术及其相关应用领域也越来越活跃，发酵技术不仅是工业生物技术的重要组成部分，更是生物技术产业化的关键。发酵技术在工业、农业、卫生保健及其环境的可持续发展等领域将发挥巨大的作用。

二、发酵技术发展史

发酵（fermentation）一词来自拉丁语"fervere"即"发泡"现象，这种现象是由果汁、麦芽汁或谷类发酵果酒、啤酒、黄酒时产生的二氧化碳气泡引起的。如中国黄酒的酿造和欧洲啤酒的发酵就以起泡现象作为判断发酵进程的标志。可以说，人类利用微生物进行食品发酵与酿造已有数千年的历史，发酵现象是自古以来就被人们发现并掌握的，但由于对发酵与酿造的主角——微生物缺乏认识，发酵与酿造的本质长时间没有被揭示，始终充满神秘色彩。因而在19世纪中叶以前，发酵与酿造业的发展极其缓慢。微生物发酵技术发展简史见表1-1。

表 1-1　微生物发酵技术发展简史

年份	科学的发展	发酵技术	发酵工业
		天然发酵 ↓	酒类、酱及酱油、干酪
1675	Leeuwenhoek 发明显微镜	纯培养 ↓	酵母、酒精、丙酮、丁醇、淀粉酶等
1857	Pasteur 证明发酵由于微生物的作用		
1897	Buchner 证明发酵是酶的作用		
1905	Koch 应用固体培养基分离培养微生物		
1929	Fleming 青霉素的发现	深层培养 ↓	抗生素、维生素、有机酸、酶制剂等
1938	Florey,Chain 青霉素的大量生产		
1950	生物化学的发展 木下祝郎谷氨酸发酵技术开始	发酵的代谢调节 ↓	氨基酸发酵,核苷酸发酵
1952	生物化学、酶化学的发展推动 Peterson, Murray 采用微生物进行甾体类药物的转化技术		
1960	原料的改变 石油微生物的研究与应用 微生物消除环境污染	发酵原料的转换 ↓	单细胞蛋白及其他利用正烷烃的石油化工产品的发酵生产
1970	分子生物学发展 细胞融合 基因扩增 重组 DNA 技术	应用范围的扩大 ↓ 遗传工程及生命科学的高度发展	污水处理、能源开发、细菌冶金等 利用工程菌生产干扰素、胰岛素、生长素、激素等
1980	美国最高法院 Diamand 和 Chakrabarty 专利案做出裁定，认为经基因工程操作的微生物可获专利	↓ 工程菌的发酵制药等工业得到发展	基因工程菌可获专利
1990	微生物学与分子生物学紧密结合,计算机在发酵工艺的应用逐渐推广	↓ 发酵工程迅速发展	微生物新资源、新代谢产物、新疫苗、抗肿瘤、抗艾滋病等药物都在研究中

在微生物的发现上做出重大贡献的是 17 世纪后叶的列文虎克（Leeuwenhoek），他用自制的手磨镜，成功地制成了世界上第一台显微镜，在人类历史上第一次通过显微镜用肉眼发现了单细胞生命体——微生物。由于当时"自然发生说"盛极一时，他的发现并没有受到应有的重视。在随后的 100 多年里，对各种各样微生物的观察一直没有间断，但仍然没有发现微生物与发酵的关系。

直到 19 世纪中叶，法国科学家巴斯德（Pasteur）经过长期而细致的研究之后，才有说服力地宣告发酵是微生物作用的结果。巴斯德在巴斯德瓶中加入肉汁，发现在加热情况下不发酵，不加热则产生发酵现象，并详细观察了发酵液中许多微小生命的生长情况等，由此他得出结论：发酵是由微生物进行的一种化学变化。在连续对当时的乳酸发酵、转化糖酒精发酵、葡萄酒酿造、食醋制造等各种发酵进行研究之后，巴斯德认识到这些不同类型的发酵，是由形态上可以区别的各种特定的微生物所引起的。但在巴斯德的研究中，进行的都是自然发生混合培养，对微生物的控制技术还没有很好掌握。

后来，德国人科赫（Koch）建立了单种微生物分离和纯培养技术，利用这些技术研究炭疽病时，发现动物的传染病是由特定的细菌引起的。从而得知，微生物也和高等植物一样，可以根据它们的种属关系明确地加以区分，从此以后，各种微生物纯培养技术获得成功，人类靠智慧逐渐学会了微生物的控制，把单一微生物菌种应用于各种发酵产品中，在产品防腐、产量提高和质量稳定方面起到重要作用。因此，单种微生物分离和纯培养技术的建立，是食品发酵与酿造技术发展的一个转折点。

巴斯德、科赫等为现代发酵与酿造工业打下坚实基础的科学巨匠们，虽然揭示了发酵的本质，但还是没有认识发酵的化学本质。直到 1897 年，布赫纳（Buchner）才阐明了微生物的化学反应本质。为了把酵母提取液用于医学，他用石英砂磨碎酵母菌细胞制成酵母汁，并加入大量砂糖防腐，结果意外地发现酵母汁也有发酵现象，任何生物都具有引起发酵的物质——酶，从此以后，人们用生物细胞的磨碎物研究种种反应，从而促进了当代生物化学的诞生，也使生物学和微生物学彼此沟通起来，大大扩展了发酵与酿造的范围，丰富了发酵与酿造的产品。但这一时期，发酵与酿造技术未见有特别的改进。

进入 20 世纪 40 年代，借助于抗生素工业的兴起，通风搅拌培养技术建立起来。当时正值第二次世界大战，由于战争需要，人们迫切需要大规模生产青霉素，于是借鉴丙酮丁醇的纯种厌氧发酵技术，成功建立起深层通气培养法和一整套培养工艺，包括向发酵罐中通入大量无菌空气、通过搅拌使空气均匀分布、培养基的灭菌和无菌接种等，使微生物在培养过程中的温度、pH、通气量、培养物的供给都受到严格的控制。这些技术极大地促进了发酵与酿造工业的发展，各种有机酸、酶制剂、维生素、激素都可以借助于好气性发酵进行大规模生产，因而，好气性发酵工程技术成为发酵与酿造技术发展的第二个转折点。

但是，这一时期的发酵与酿造技术主要还是依赖对外界环境因素控制来达到目的，这已远远不能满足人们对发酵产品的需求，于是，一种新技术——人工诱变育种和代谢控制发酵工程技术应运而生。人们以动态生物学和微生物遗传学为基础，将微生物进行人工诱变，得到适合于生产某种产品的突变株，再在人工控制的条件下培养，有选择地大量生产人们所需要的物质。这一新技术首先在氨基酸生产上获得成功，而后在核苷酸、有机酸、抗生素等其他产品上得到应用。可以说，人工诱变育种和代谢控制发酵工程技术是发酵与酿造技术发展的第三个转折点。

　　再后来，随着矿产资源的开发和石油化工的迅速发展，微生物发酵产品不可避免地与化学合成产品产生了竞争，矿产资源和石油为化学合成法提供了丰富而低廉的原料，这对利用这些原料生产一些低分子有机化合物非常有利。同时，世界粮食的生产又非常有限，价格昂贵。因此，有一个阶段，发达国家有相当一部分发酵产品改用合成法生产。但是由于对化工产品的毒性有顾虑，化学合成食品类的产品，消费者是无法接受的，也难以拥有广阔的市场；另外，对一些复杂物质，化学合成法也是无能为力的。而生产的厂家既想利用化学合成法降低生产成本，又想使产品拥有较高的质量，于是就采用化学合成结合微生物发酵的方法。如生产某些有机酸，先采用化学合成法合成其前体物质，然后用微生物转化法得到最终产品。这样，将化学合成与微生物发酵有机地结合起来的工程技术就建立起来了，这形成了发酵与酿造技术发展的第四个转折点。

　　这一时期的微生物发酵除了采用常规的微生物菌体发酵，很多产品还采用一步酶法转化法，即仅仅利用微生物生产的酶进行单一的化学反应。例如，果葡糖浆的生产，就是利用葡萄糖异构酶将葡萄糖转化为果糖的。所以，准确地说，这个时期是微生物酶反应生物合成与化学合成相结合的应用时期。随着现代工业的迅速发展，这一时期食品发酵与酿造工程技术也得到了迅猛的发展。如植物细胞的融合，可以得到多功能植物细胞，通过植物细胞培养生产保健品和药品。近年来得到迅猛发展的基因工程技术，可以在体外重组生物细胞的基因，并克隆到微生物细胞中去构成工程菌，利用工程菌生产原来微生物不能生产的产物，如胰岛素、干扰素等，使微生物的发酵产品种类大大增加。

　　可以说，发酵和酿造技术已经不再是单纯的微生物的发酵，已扩展到植物和动物细胞领域，包括天然微生物、人工重组工程菌、动植物细胞等生物细胞的培养。随着转基因动植物的问世，发酵设备生物反应器也不再是传统意义上的钢铁设备，昆虫的躯体、动物细胞的乳腺、植物细胞的根茎果实都可以看作是一种生物反应器。因此，随着基因工程、细胞工程、酶工程和生化工程的发展，传统的发酵与酿造工业已经被赋予崭新内容，现代发酵与酿造已开辟了一片崭新领域。

第二节　发酵微生物认知

在地球上，生活着上百万种生物，大多数生物体形较大，肉眼可见，结构功能分化得比较清楚，然而，在我们周围，除了这些较大的生物以外，还存在着一类体形微小、数量庞大、肉眼难以看见的微小生物，就是微生物。微生物虽然微小，"看不见""摸不着"，似乎感到陌生，但是与我们人类、与食品工业却有着非常密切的关系。

一、微生物的概述

（一）概念

人们常说的微生物，是对所有个体微小、结构较为简单，必须借助光学或电子显微镜才能观察到的低等生物的总称。

（二）微生物主要类群

微生物包括原核类的细菌（真细菌和古生菌）、放线菌、蓝细菌、支原体、衣原体和立克次体；真核类的真菌（霉菌、酵母菌和蕈菌）、原生动物和显微藻类；以及非细胞类的病毒、朊病毒和类病毒等（表1-2）。

表 1-2　微生物的主要类群

细胞结构	核结构	微生物类群	代表种类
无细胞结构	无核	病毒	亚病毒、拟病毒、类病毒、朊病毒
	原核	原核类	古细菌、真细菌、放线菌、衣原体、立克次体、支原体、螺旋体、蓝细菌
具细胞结构	真核	真菌类	酵母菌、霉菌、大型真菌
		原生生物	原生动物、单细胞藻类

绝大多数微生物都需要借助显微镜才能观察到，但其中也有少数成员是肉眼可见的，例如1993年正式确定为细菌的费氏刺尾鱼菌及1998年报道的纳米比亚嗜硫珠菌，均为肉眼可见的细菌。又如大型真菌是肉眼可见的。所以，微生物的定义是指一般的概念，是历史的沿革，也仍为今天所适用。

（三）微生物与食品的关系

很多微生物可应用在食品制造方面，如在饮料、酒类、醋、酱油、味精、馒头、面包、酸奶等的生产中都应用微生物；另有一些微生物能使食品腐败变质，如腐败微生物；还有少数微生物能引起人类食物中毒或使人、动植物感染而发生传染病，即所谓病原微生物。食品是人类营养的主要来源，所以对食品微生物进行研究、检验，在食品的质量及安全性方面，都具有十分重要的意义。在食品工业中，较为常见和常用的微生物主要有细菌、放线菌、酵母菌、霉菌、大型真菌、病毒等。

二、微生物的特点

微生物作为生物，具有生物的基本生命特征：遗传信息都是由 DNA 链上的基因所携带，除少数特例外，其复制、表达与调控都遵循中心法则；初级代谢途径如蛋白质、核酸、多糖、脂肪酸等大分子物质的合成途径基本相同；能量代谢都以 ATP 作为能量载体。此外，微生物还具有其本身的特点及独特的生物多样性。

（一）微生物的种类多样性

目前已确定的微生物种数在 10 万种左右，仍以每年发现几百至上千个新种的趋势继续增加。苏联微生物学家伊姆舍涅茨基说过"目前我们所了解的微生物种类，至多也不超过生活在自然界中的微生物总数的 10%"。微生物生态学家较为一致地认为，目前已分离培养的微生物种类可能还不足自然界存在的微生物总数的 1%。近年来人们研究发现的古菌（Archaea），也说明在自然界中存在着极为丰富的微生物资源。

（二）微生物的形态与结构多样性

微生物的个体极其微小，必须借助于光学显微镜或电子显微镜才能观察到。测量和表示单位为毫米（mm）、微米（μm）和纳米（nm）。如真菌的测量单位为毫米（mm），细菌的测量单位为微米（μm），病毒的测量单位为纳米（nm）。微生物之间个体大小也有差异，大型真菌（如灵芝）肉眼可见，细菌和病毒必须在光学显微镜或电子显微镜下才能看到。微生物的质量更是微乎其微，10^{10} 个细菌才达 1mg。

物体的表面积和体积之比称为比表面积。微生物个体小，比表面积大。例如一个 5kg 重的西瓜，它的表面积和体积之比，远远小于同体积的芝麻的比表面积。突出的大比表面积系统，正是微生物与一切大型生物相区别的关键所在。这种特性对于微生物与环境的物质、能量和信息的交换极为有利。据研究，大肠杆菌（$E.coli$）每小时可消耗自重 2000 倍的糖，乳酸细菌每小时可产生自重 1000 倍的糖。因此，微生物资源有巨大的开发利用潜能。

微生物大多是由单细胞或简单的多细胞构成，甚至还有无细胞结构的种类。细菌形态可分为球状、杆状、螺旋状或分枝丝状等；放线菌和霉菌的形态呈多种多样的分枝丝状。微生物细胞的显微结构更是具有明显的多样性，如细菌经革兰氏染色后可分为革兰氏阳性细菌和革兰氏阴性细菌，其原因在于细胞壁的化学组成和结构不同；真菌细胞壁结构又与细菌有很大的差异。

（三）微生物的代谢多样性

微生物代谢类型多，代谢能力强。微生物能利用的营养基质十分广泛，是任何其他生物所望尘莫及的。从无机的 CO_2 到有机的酸、醇、糖类、蛋白质、脂质等，从短链、长链脂肪烃到芳香烃，从各种多糖大分子（果胶质、纤维素等）到许多动、植物不能利用甚至对其他生物有毒的物质，都可以成为微生物的碳源和能源。

微生物的代谢方式多样，既能以 CO_2 为碳源进行自养型生长，也能以有机物为碳源进行异养型生长；既能以光能为能源，也能以化学能为能源。既可在有氧条件下生长，又可在无氧条件下生长。在异养型微生物中，既有腐生型，又有寄生型。

代谢的中间体和产物更是多种多样，有各种各样的酸、醇、氨基酸、蛋白质、脂质、糖类、抗生素、维生素、毒素、色素、生物碱、CO_2、H_2O、H_2S 和 NO_2^- 等。代谢速率也是任何其他生物所不能比拟的。如在适宜环境下，产朊假丝酵母（Candida utilis）合成蛋白质的能力是大豆的 100 倍，是肉用公牛的 10 万倍。微生物高效率的吸收转化能力有极高的应用价值。

（四）微生物的繁殖与变异多样性

微生物的繁殖方式相对于动植物也具有多样性。细菌以裂殖为主，个别以有性接合的方式进行繁殖；放线菌可由菌丝断裂或产生无性孢子的方式进行繁殖；霉菌可由菌丝断裂、产生无性孢子和有性孢子的方式进行繁殖，而其形成无性孢子和有性孢子的方式又有多种；酵母菌可由出芽方式或形成子囊孢子等方式进行繁殖。微生物尤其是以裂殖法繁殖的细菌具有惊人的繁殖速率。如在适宜条件下，大肠杆菌 37℃时传代时间为 18min，每 24h 可分裂 80 次，每 24h 的增殖数为 $1.2×10^{24}$ 个。

微生物由于个体小，结构简单，繁殖快，与外界环境直接接触等，很容易发生变异，一般自然变异的频率可达 $10^{-10}\sim10^{-5}$，而且在很短时间内出现大量的变异后代。变异具有多样性，如形态构造、代谢途径、抗性、抗原性的形成与消失、代谢产物的种类和数量等。如常见的人体病原菌抗药性的提高，常需要提高用药剂量，则是病原菌变异的结果。抗生素生产和其他发酵生产中句利用微生物变异，提高发酵产物产量。最典型的例子是青霉素的发酵生产，最初发酵产物每毫升只含 20 单位左右，经过人工诱变，现在产量已有极大的提升，接近 10 万单位了。

（五）微生物的抗性多样性

微生物具有极强的抗热性、抗寒性、抗盐性、抗干燥性、抗酸性、抗碱性、抗压性、抗缺氧、抗辐射和抗毒物等能力，显示出其抗性的多样性。现在已从近 100℃ 的温泉中分离到了高温芽孢杆菌，并观察到在 105℃ 时还能生长。

细菌芽孢具有高度抗热性，这常给科研和发酵工业生产带来危害。许多细菌也耐冷和嗜冷，有些在 −12℃ 下仍可生活，造成贮藏于冰箱中的肉类、鱼类和蔬菜水果的腐败。嗜酸菌可以在 pH 0.5 的强酸环境中生存，硝化细菌可在 pH 9.4、脱氮硫杆菌可在 pH 10.7 的环境中活动。在含盐高达 23%～25% 的死海中仍有相当多的嗜盐菌生存。在糖渍蜜饯、蜂蜜等高渗物中同样有高渗酵母等微生物活动，往往引起这些物品的变质。

微生物在不良条件下很容易进入休眠状态，某些种类甚至会形成特殊的休眠构造，如芽孢、分生孢子、孢囊等。有些芽孢在休眠了几百年，甚至上千年之后仍有活力，有报道在 3000～4000 年前埃及金字塔中的木乃伊上至今仍有活的病原菌。

（六）微生物的生态分布多样性

微生物在自然界中适应性强，分布广。除了明火、火山喷发中心区和人为的无菌环境外，上至几十千米外的高空，下至地表下几百米的深处，海洋上万米的水底层，都分布有不同的微生物。即使是同一地点同一环境，在不同的季节，如夏季和冬季，微生物的数量、种类、活性、生物链成员的组成等也有明显的不同。

三、理化因素对微生物的影响

外界环境对微生物的影响很大。根据微生物的生命活动规律，微生物除了需要足够的营养外，还需要有适宜的外界环境条件，也就是在生产实践中要有适宜的温度、水分、空气、酸度以及其他一些因素，促使培养的微生物迅速生长、发育和繁殖。同时对不需要的微生物及有害微生物，则必须尽量创造抑制它们生命活动的环境。发酵调味品生产设备一般比较简陋，大多数工厂都是土法生产，微生物的培养又都是在有菌空气的条件下进行的，因此，熟悉外界环境对微生物的影响，以及如何适当地控制外界环境，在生产实践中十分重要。

（一）温度

微生物为活的有机体，其整个生命进程就是一个生化反应的过程，因此温度对于微生物生长繁殖极为重要。已知微生物都有生长繁殖的最低温度、最适温度、最高温度和致死温度，如表1-3所示。

表1-3　微生物的生长温度类型

微生物类型		生长温度范围/℃			分布区域
		最低	最适	最高	
嗜冷微生物	专性嗜冷型	−12	5～15	15～20	地球两极
	兼性嗜冷型	−5～0	10～20	25～30	海洋、冷泉、冷藏食品
嗜温微生物	室温型	10～20	20～35	40～45	腐生环境
	体温型	10～20	35～40	40～45	寄生环境
嗜热微生物		25～45	50～60	70～95	温泉、堆肥、土壤

最低生长温度就是微生物生长和繁殖的最低温度（图1-1）。在此温度时，微生物生长最慢，低于这个温度，微生物就不能生长。将微生物菌种置于冰箱低温保存也就能控制微生物的生长，延缓其衰老。

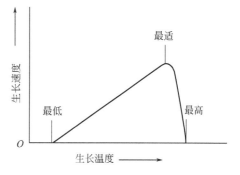

图1-1　温度对微生物生长的影响

最适生长温度就是使微生物迅速生长的温度。最适生长温度不一定是一切代谢活动的最适宜温度。例如，米曲霉用于酱油酿造时，其繁殖速度最快时的温度为30～35℃，然而，最适发酵温度为40～45℃。因此，研究不同微生物生长或积累代谢产物阶段时的最适温度，对提高发酵生产的效率具有十分重要的意义。

最高生长温度就是微生物生长繁殖的最高温度界限。在此温度下，微生物细胞易于衰老和死亡。

致死温度就是杀死微生物的最低温度界限。在致死温度下，全部微生物死亡所需的时间称为致死时间。在致死温度以上，温度越高，致死时间越短；在一定温度下处理时间越长，死亡率越高。严格地说，一般应以10min为标准致死时间。利用微生物的致死温度和致死时间来制定消毒、灭菌的时间和温度。

（二）水分

微生物生长必须有适量的水。水除了参加细胞物质组成之外，主要是作为细胞吸收营养物质和排泄代谢物质的介质；决定微生物生理现象的酶也必须在水溶液状态下才能作用。另外，由于水的比热容高，能有效地吸收代谢过程中放出的热；水又是良好的导体，有利于散热，可以调节细胞温度。各类微生物对水分的要求各不相同，然而水的可利用性不单纯决定于水的含量。吸附于表面的水是否可被利用取决于它被吸附的紧密程度，溶质溶于水中变成水合物的程度也会影响水的可利用性。

这种吸附和溶液因子对水被利用的影响，称之为水分活度，以 A_W 表示。A_W 与溶液蒸汽压有关，可以用测量蒸气中相对湿度的方法估计，例如，A_W 为 0.75，就相当于 75% 的相对湿度。各种微生物的生长都要求一定的水分，更确切地说，要求基质有一定的水分活度。

当基质的水分活度低于某一限度时，微生物就不能生长。除了最低水分活度的要求之外，各类微生物都有一定的最适水分活度的要求。当水分活度偏离最适水分活度要求时，微生物生长将受到抑制，因此，测定食品的水分活度就可以预测到食品保存期。例如，酱油是一种调味料，不能无限制地添加食盐和糖，在一般情况下，不能冷冻保存。因此，在可能的情况下，使酱油含一定量的糖和食盐，并尽可能提高其固形物含量，来降低其水分活度，延长其保存期。

（三）氧气

微生物生长繁殖时，有需要氧气的，也有不需要氧气的。根据它们对氧气的要求，可以分为两大类：

1. 好气性微生物

好气性微生物也称好氧微生物，它们要求在有分子态氧存在的条件下进行正常生活，如果没有氧就不能增殖。绝大多数微生物属于这一类，如米曲霉、黑曲霉、甘薯曲霉、根霉、毛霉、青霉、醋酸菌、BF7658 枯草芽孢杆菌。

2. 厌气性微生物

厌气性微生物也称厌氧微生物。由于厌氧程度不同又分为：

（1）专性厌气微生物　分子态氧对它们有毒害，如果有氧存在，就不能够生长繁殖，如丙酮丁醇梭菌。

（2）兼性厌气微生物　不论有无分子态氧存在均可生长繁殖，当有分子态氧的条件下，它们进行正常的有氧呼吸；在缺乏分子态氧的条件下，则进行无氧呼吸或发酵，以获得能量。如葡萄球菌、大肠杆菌等大部分细菌及酵母菌均属此类菌。

（3）微量好气微生物　在有充足氧气供给的情况下或在完全厌气条件下都不能生长，如霍乱弧菌属此类菌。

发酵调味品生产中应用的菌种，除了酵母菌为兼性厌气微生物外，其他各菌均需要有充足的氧气。因此，培养时，一方面要供给空气，使它们获得必要的氧气，同时要排除呼吸所产生的二氧化碳有害气体。目前实验室内菌种培养及固体扩大培养，除利用试管及三角瓶内部的无菌空气外，主要是借助棉塞换气，棉塞能过滤空气而阻止杂菌通过。液体培养采用三角瓶放在往复式或回旋式的摇床上进行振荡，促使无菌空气进入培养液内。在通风曲箱中生产厚层曲或在曲室内生产浅盘曲时，虽已在自由空气中培养，但仍需根据设备情况采取相应措施，做好通风换气工作。

此外，在深层通气培养时，大量的无菌空气都是通过总过滤器和分过滤器而得，使微生物在培养过程中能获得充足的氧气。但不同的微生物或同一种微生物在不同的生长阶段，对氧气的需要量各不相同，因此，操作时必须掌握好通气量。

（四）氢离子浓度

氢离子浓度对微生物的生命活动有很大影响，在酸性环境里，微生物细胞可以通过阻止 H^+ 的进入，或者一旦当 H^+ 进入后立即进行排除来控制氢离子浓度。环境中的酸碱度通常以氢离子浓度的负对数值即 pH 来表示，pH 小于 7 时呈酸性，大于 7 时呈碱性。各种微生物均有其生长的最适 pH 和 pH 范围，详见表 1-4。

表 1-4　部分微生物生长的最适 pH 和 pH 范围

微生物种类	最低 pH	最适 pH	最高 pH
大肠杆菌	4.3	6.0～8.0	9.5
枯草芽孢杆菌	4.5	6.0～7.5	8.5
金黄色葡萄球菌	4.2	7.0～7.5	9.3
黑曲霉	1.5	5.0～6.0	9.0
一般放线菌	5.0	7.0～8.0	10
一般酵母菌	3.0	5.0～6.0	8.0

在培养过程中，随着微生物生长繁殖和代谢活动的正常进行，培养基的 pH 会发生变化。原因有以下几方面：①由中性的营养物质糖类产酸；②由氨基酸或蛋白质等接近中性的物质产生碱（氨或胺类等）；③由细胞选择性吸收阳离子或阴离子而使 pH 改变；④杂菌的污染。

生长过程中的 pH 变化主要是这些因素相互作用的综合反映。因此，在发酵过程中随时测定 pH 的变化并分析出变化的主要原因，有助于及时采取适当措施来解决问题。

在发酵过程中，调节 pH 的方法有两种。一种是根据当时的 pH，简单地加一些无机酸（如 HCl、H_2SO_4 等）或碱（如 NaOH、Na_2CO_3 等），使达到所要求的 pH；另一种是根据 pH 变化的原因，例如根据培养基碳氮比过高时，pH 常会逐渐降低，而碳氮比低时，pH 则会逐渐升高的原理，加入适当的酸性或碱性物质，这样既调整了 pH，又纠正了碳氮比，更有利于微生物的生长和发酵，从而达到了积极控制的目的。

（五）渗透压

当两种不同成分的溶液或不同浓度的溶液放在一起时，即产生扩散作用，直至成为均一溶液为止。如将两种溶液用半透膜隔开，则两种溶液因性质不同可由一方渗透到另一方。结果产生一种压力称为渗透压，这种现象叫渗透现象。

渗透压的大小依溶液中的溶质的分子数目而定，分子数目越多，则压力愈大。适宜于微生物生长的渗透压范围较广，而且它们对渗透压有一定的适应能力。微生物的生活环境必须具有与其细胞大致相等的渗透压。若将微生物置于高渗溶液中（如 20％NaCl），则水将通过细胞膜从低浓度的细胞内进入细胞周围的溶液中，造成细胞脱水而引起质壁分离，使细胞死亡。相反，若将微生物置于低渗溶液中（如 0.01％ NaCl）或水中，则水将通过细胞膜进入细胞内而引起细胞膨胀，甚至破裂。

一般微生物不能耐受高渗透压。例如，在酱油酿造中，在有盐的情况下，曲霉生长受到抑制；当食盐浓度高达 18％时，酱醅中的米曲霉和酱油曲霉不能生长，而是依靠该菌所产的酶系来进行分解作用。但在酱醅中，有些酵母和细菌是耐盐的，即能耐受高渗透压，例如，沪酿 2.14 蒙奇球拟酵母和沪酿 1.08 植质乳杆菌，在酱油酿造后期，这两株耐盐菌进一步作用，生成酒精和有机酸，进一步合成酯，形成酿造酱油所特有的香味。

四、微生物在生物界的地位

（一）微生物在生物分类中的地位

微生物在生物分类系统中分别属于病毒界、原核生物界、原生生物界和真菌界，在现行的生物 6 界分类系统中，微生物包括 4 界（表1-5）。

表1-5　微生物在生物界的地位

生物界名称	主要结构特征	微生物类群名称
病毒界	无细胞结构，大小为纳米(nm)级	病毒、类病毒等
原核生物界	为原核生物,细胞中无核膜与核仁的分化,大小为微米(μm)级	细菌、蓝细菌、放线菌、支原体、衣原体、立克次体、螺旋体等
原生生物界	细胞中具有核膜和核仁的分化,为小型真核细胞	单细胞藻类、原生动物等
真菌界	单细胞或多细胞,细胞中具有核膜和核仁的分化,为小型真核细胞	酵母菌、霉菌等

生物界名称	主要结构特征	微生物类群名称
植物界	细胞中具有核膜和核仁的分化,为大型非运动真核细胞	
动物界	细胞中具有核膜和核仁的分化,为大型运动真核细胞	

（二）微生物发酵工程在生物技术产业中的地位

生物技术被列为当今六大高科技（生物技术、信息技术、新材料技术、新能源技术、海洋技术和空间技术）之一,它包括基因工程、细胞工程、酶工程、发酵工程和生化工程。习惯上也称之为生物工程。从发展上讲这也标志着生物科学的不同领域和分支开始进入合流阶段。

微生物发酵工程虽然是生物工程的一个分支,却是生物工程产业化的重要环节,例如构建了一个新的菌种,要扩大培养用于生产,必须通过发酵才能实现;植物和动物细胞的产业化也离不开发酵;此外,各种酶制剂的生产、微生物代谢产物的获取也都是发酵的成果。可以说绝大多数生物技术的产业化都需要通过发酵的环节来实现。从这个意义上来说,发酵技术是生物技术产业化的基础。发酵工程又受到新技术和可更新能源的促进,增加了新的内容和手段。

五、发酵微生物菌种的选育

良好的菌种是发酵工业的基础。在应用微生物生产各类食品时,首先遇到的是选种的问题。要挑选出符合需要的菌种,一方面可以根据有关信息向菌种保藏机构、工厂或科研单位直接索取,另一方面可根据所需菌种的形态、生理、生态和工艺特点的要求,从自然界特定的生态环境中以特定的方法分离出新菌株。其次是育种的工作,根据菌种的遗传特点,改良菌株的生产性能,使产品产量、质量不断提高。再次,当菌种的性能下降时,要设法使它复壮。最后,还要有合适的工艺条件和合理、先进的设备与之配合,这样菌种的优良性能才能充分发挥。

（一）天然菌种的分离和筛选

菌种的分离与筛选就是选取符合生产要求的菌种。生产菌种除直接向有关生产单位索取外,还可以根据生产需要直接从自然界分离选择而获得。菌种筛选的方法包括采集含菌样品、增殖培养、纯种分离和性能测定四个步骤。如果产物与食品制造有关,还需对菌种进行毒性鉴定。

1. 采集含菌样品

菌种的采样以采集土壤为主。一般在有机质较多的肥沃土壤中,微生物的数量最多，中性偏碱的土壤以细菌和放线菌为主，酸性红土壤及森林土壤中霉菌较多，果园、菜园和野果生长区等富含碳水化合物的土壤和沼泽地中，酵母菌和霉菌较多。采样的对象也可以是植物、腐败物品、某些水域等。

采样应充分考虑采样的季节性和时间因素，以温度适中、雨量不多的初秋为好。因为真正的原地菌群的出现可能是短暂的，如在夏季或冬季土壤中微生物存活数量较少，暴雨后土壤中微生物会显著减少。采样方式是在选好适当地点后，用无菌刮铲、土样采集器等采集有代表性的样品，如特定的土样类型和土层，叶子碎屑和腐殖质，根系及根系周围区域，海底水、泥及沉积物，植物表皮及各部分，阴沟污水及污泥，反刍动物第一胃内含物等。

具体采集土样时，就森林、旱地、草地而言，可先掘洞，由土壤下层向上层顺序采集；就水田等浸水土壤而言，一般是在不损坏土层结构的情况下插入圆筒采集。如果层次要求不严格，可取离地面5～15cm处的土样。将采集到的土样盛入清洁的聚乙烯袋、牛皮袋或玻璃瓶中。采好的样必须完整地标上样本的种类及采集日期、地点，以及采集地点的地理、生态参数等。采好的样品应及时处理，暂不能处理的也应贮存于4℃条件下，但贮存时间不宜过长。这是因为一旦采样结束，样品中的微生物群体就脱离了原来的生态环境，其内部生态环境就会发生变化，微生物群体之间就会出现消长。如果要分离嗜冷菌，则在室温下保存样品会使嗜冷菌数量明显降低。

在采集植物根际土样时，一般方法是将植物根从土壤中慢慢拔出，浸渍在大量无菌水中约20min，洗去黏附在根上的土壤，然后用无菌水漂洗下根部残留的土，这部分土即为根际土样。

在采集水样时，将水样收集于100mL干净、灭菌的广口塑料瓶中。由于表层水中含有泥沙，应从较深的静水层中采集水样。具体做法：握住采样瓶浸入水中30～50cm处，瓶口朝下打开瓶盖，让水样进入。如果有急流存在的话，应直接将瓶口反向于急流。水样采集完毕时，应迅速从水中取出采集瓶并带有较大的弧度。水样不应装满采样瓶，采集的水样应在24h之内迅速进行检测，或者于4℃贮存。

2. 增殖培养

一般情况下，采来的样品可以直接进行分离，但有时样品中所需要的菌类含量并不是很高，而另一些微生物却大量存在。此时，为了容易分离到所需要的菌种，让无关的微生物至少是在数量上不要增加，即设法增加所需要菌种的数量以增加分离的概率，可以通过选择性的配制培养基（如添加营养成分、抑制剂等），选择一定的培养条件（如培养温度、培养基酸碱度等）来控制。

具体方法是根据微生物利用碳源的特点，可选定糖、淀粉、纤维素或者石油等，以其中的一种为唯一碳源，那么只有利用这一碳源的微生物才能大量正常生长，而其他微生物就可能死亡或被淘汰。对革兰氏阴性菌有选择的培养基（如结晶紫营养培养基、红-紫胆汁琼脂、煌绿胆汁琼脂等）通常含有 5%～10% 的天然提取物。在分离细菌时，向培养基中添加浓度一般为 $50\mu g/mL$ 的抗真菌制剂（如放线菌酮和制霉素），可以抑制真菌的生长。在分离放线菌时，通常向培养基中加入 1～5mL 天然浸出汁（植物、岩石、有机混合腐殖质等的浸出汁）作为最初分离的促进因子，由此可以分离出更多不同类型的放线菌。放线菌还可以十分有效地利用低浓度的底物和复杂底物（如几丁质），因此，大多数放线菌的分离培养是在贫瘠或复杂底物的琼脂平板上进行的，而不是在含丰富营养的生长培养基上分离的。

此外，为了对某些特殊类型的放线菌进行富集和分离，可选择性地添加一些抗生素（如新生霉素）。在分离真菌时，利用低碳氮比的培养基可使真菌生长菌落分散，利于计数、分离和鉴定。在分离培养基中加入一定的抗生素如氯霉素、四环素、卡那霉素、青霉素、链霉素等即可有效地抑制细菌生长及其菌落形成。抑制细菌的另外一些方法有：在使用培养皿之前，将培养皿先干燥 3～4d；降低培养基的 pH，或在无法降低 pH 时加入 1：30000 玫瑰红以抑制细菌的生长，有利于下阶段的纯种分离。

3. 纯种分离

通过增殖培养，具有某一特性的微生物大量存在，但它们不是唯一的，仍有其他类型的微生物与之共存。即使在具有某种相同特性的微生物中，也仍然存在其他特性上有差异的不同菌株，因此还要进行纯种分离。纯种分离的方法常用的有三种，即平板划线分离法，稀释分离法和组织分离法。

（1）平板划线分离法　简称划线法。将增殖培养过的含菌样品在固体培养基表面进行有规则的划线，密集的含菌样品通过多次从点到线的稀释，最后得到单个菌落，即可分离得到纯菌种。具体方法如下：

① 先将灭菌过的固体培养基融化后，倒入无菌培养皿内，操作如图 1-2 所示，每皿约 15mL，迅速而轻微地摇转，静置后凝结成平板备用。

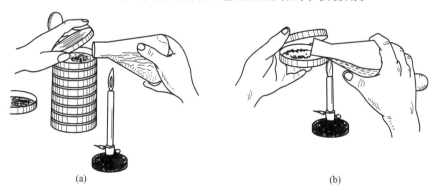

(a)　　　　　　　　　　　　　　(b)

图 1-2　倒平板方法

（a）皿架法；（b）手持法

② 取经过增殖培养的含菌样品少许，放入盛无菌水的试管内，极力振摇，使微生物悬浮于水中。

③ 将接种环经火焰灭菌并冷却后，蘸一环上述悬浮液，轻轻地在培养基平板上参照图 1-3 分区顺序划线，注意动作要迅速，但不要把平板表面划破。

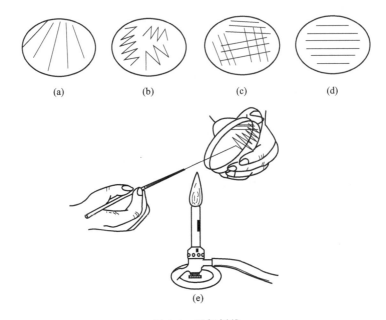

图 1-3　平板划线
（a）扇形划线法；（b）蜿蜒划线法；（c）连续划线法；（d）平行划线法；（e）操作图

④ 划线完毕，将培养皿用纸包好，并倒置于恒温箱内培养（培养温度视所分离的菌种而不同）。2～5d 后，在第一区菌体密集，很难分离，在第二区或第三区即有孤立的菌落，挑选单个菌落（如果没有孤立的菌落，需要重新分离），并移植于试管斜面培养基上，置于恒温箱中培养。如果只有一种菌生长，即得纯菌种。

（2）稀释分离法　简称稀释法。将增殖培养过的含菌样品经适当稀释后，得到分散的菌体，使平板表面上产生许多单个菌落，即可分离得纯菌种。具体方法如图 1-4 所示。

① 取无菌水 5 管（每管 9mL），用笔分别标记 1、2、3、4、5 号。再取经过增殖培养的含菌样品 1g，投入 1 号管内，充分振摇，使微生物均匀地悬浮在水中。

② 用 1mL 无菌吸管，按无菌操作法，从 1 号管中吸取 1mL 悬浮液注入 2 号管中，并将 2 号管迅速充分振摇，使悬浮液均匀。同样由 2 号管中吸取 1mL 悬浮液注入 3 号管中，余者类推，直至 5 号管。此时已稀释了 10^5 倍，注意每稀释一管必须更换一支无菌吸管。

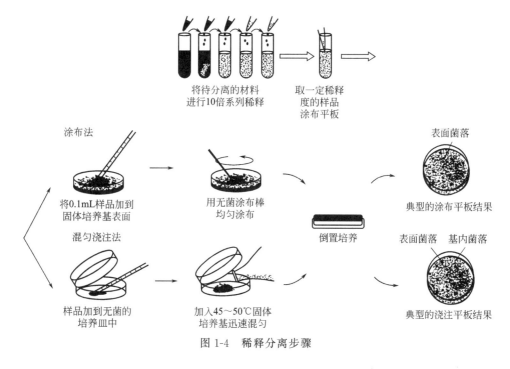

将待分离的材料
进行10倍系列稀释

取一定稀释
度的样品
涂布平板

涂布法

将0.1mL样品加到
固体培养基表面

用无菌涂布棒
均匀涂布

表面菌落

典型的涂布平板结果

混匀浇注法

样品加到无菌的
培养皿中

加入45～50℃固体
培养基迅速混匀

倒置培养

表面菌落　基内菌落

典型的浇注平板结果

图1-4　稀释分离步骤

③ 用两支无菌吸管分别从 4 号及 5 号管中各取 1mL 悬浮液，并分别注入两个无菌培养皿内，再加入融化后冷至 45℃的培养基约 15mL，迅速而轻微摇转，注意悬浮液与培养基充分摇匀，静置后凝结成平板，然后将培养皿用纸包好，并倒置于恒温箱内培养。2～5 天后，从中挑选单个菌落，并移植于试管斜面培养基上培养。如果只有一种所需要的菌生长，即得纯菌种。

（3）组织分离法　受感染的植株，或者以其器官或组织和某些孢子器（如白、黑木耳和灵芝的担子果）作为材料进行分离的方法就是组织分离法。组织分离法适用于高等真菌和某些植物病原菌的纯种分离。

4. 性能测定

分离得到的许多纯菌种，它不一定具有生产上所要求的性能，因此，在应用于生产之前，还必须进行性能的测定，才能选择出符合要求的菌种。例如酶制剂生产及利用微生物分泌酶进行发酵生产时，应该测定所产生酶的活力，即选择的主要标准是产酶活力高。此外，还要考虑培养方法简便、性能稳定和不易发生退化变异等。

（1）初筛　初筛一般在培养皿上进行，测定方法较为粗放。例如测定栖土曲霉的蛋白酶活力，是把斜面上的菌株——点种在含有酪蛋白的培养基表面，经过培养以后，测量分解酪蛋白所形成的透明圈的大小。透明圈愈大，表示蛋白酶的活力愈强。但是透明圈的大小又和菌落的大小有关，所以，确切地表示一个菌株的蛋白酶活力应该用透明圈直径和菌落直径的比值来表示。也可以将培养皿上的栖土曲霉菌落连同琼脂用打孔器移到另一个含有酪蛋白的培养皿上进行测定。又如谷氨酸生产菌的初筛测定是先把所要测定的菌株点种到培养皿上，经过培养以后，将菌落逐个用打孔器移到滤纸上，待被润湿的圈子扩大到一定大小以后，再喷上茚三酮显色，根据蓝紫色的大小，初步确定产谷氨酸的能力。

必须注意的是，培养基中应避免含有蛋白胨等有机氮源，否则其中的氨基酸将会影响谷氨酸的测定。这种粗放的测定快速简便，能在短时间内淘汰掉一批不适用的菌株。但由于培养皿上的环境条件与生产实践大不相同，故在培养皿上高产的菌不一定在大规模生产中也高产，必须要慎重。

（2）复筛　复筛是较为精确的测定。由初筛选出来的几个初步认为较好的菌种，它们的生产性能究竟如何，其中哪种菌最适合于生产上应用，还不能肯定，因此必须再进行精确的测定。复筛一般有两种方法。

① 摇瓶培养。将初筛筛取的纯种，分别培养在三角瓶里的少量培养液中，把三角瓶放在摇瓶机上振荡，经过一定时间的培养以后，取培养液进行酶活力的测定。在摇瓶培养中，微生物得到充分的空气，与发酵罐的条件比较接近，因此测得的结果就具有实际意义。

② 固体培养。把由初筛选取的纯种，分别接种于无菌固体培养基上，经过一定时间的培养以后，用定量水把微生物的产物洗下来，进行酶活力的测定。本法一般在没有摇瓶设备的条件下才使用。

（二）诱变育种

从自然界直接分离的菌种，发酵活力一般是比较低的，不能达到工业生产的要求，因此要根据菌种的形态、生理上的特点，改良菌种。采用物理和化学因素促使菌体内担负遗传作用的脱氧核糖核酸的碱基分子排列改变而发生变异，然后再从大量变异菌株中挑选出符合生产需要的优良菌种的过程就是诱变育种，它是国内外提高菌种产量、性能的主要手段。

诱变育种具有极其重要的意义，当今发酵工业所使用的高产菌株，几乎都是通过诱变育种而大大提高了生产性能。诱变育种不仅能提高菌种的生产性能，而且能改进产品的质量、扩大品种数量和简化生产工艺等。诱变育种与其他育种方法相比，具有操作简便、速度快和收效大的优点。

诱变分为物理诱变和化学诱变两种。物理诱变常用紫外线、X 射线或 γ 射线为诱变剂；化学诱变剂有氮芥子气、亚硝酸、硫酸二乙酯、甲基磺酸乙酯或甲基硝基亚硝基胍等。诱变育种的一般步骤如下。

1. 选择出发菌种

用来进行诱变或基因重组育种处理的起始菌株称为出发菌种。在诱变育种中，出发菌株的选择会直接影响到最后的诱变效果，因此必须对出发菌株的产量、形态、生理等方面有相当的了解，挑选出对诱变剂敏感性大、变异幅度广、产量高的出发菌株。具体方法是选取从自然界新分离的野生型菌株，它们对诱变因素敏感，容易发生变异；选取生产中由于自发突变或长期在生产条件下被驯化而筛选得到的菌株，与野生型菌株一样也容易达到较好的诱变效果；选取每次诱变处理都有一定提高的菌株，往往多次诱变效果可能叠加。另外，还可以同时选取 2～3 株出发菌株，在处理比较后，将更适合的菌株留着继续诱变。

2. 单孢子悬浮液的制备

在诱变育种中，一般是处理微生物的孢子或芽孢。为使诱变效果提高，必须将孢子或芽孢分散，而且呈均匀的悬浮状态，才能使它们充分地与诱变剂接触。诱变最好使用新鲜的孢子，因为新鲜孢子比保存时间长久的孢子更容易接受诱变剂的作用。

这一步的关键是制备一定浓度的、分散均匀的单细胞或单孢子悬浮液，为此要进行细胞的培养，并收集菌体、过滤或离心、洗涤。菌悬液一般可用生理盐水或缓冲溶液配制。如果是用化学诱变剂处理，因处理时 pH 会变化，必须要用缓冲溶液。除此之外，还应注意分散度，方法是先用玻璃珠振荡分散，再用脱脂棉或滤纸过滤，经处理，分散度可达 90% 以上，这样可以保证菌悬液均匀地接触诱变剂，获得较好的诱变效果。最后制得的菌悬液，霉菌孢子或酵母菌细胞的浓度为 $10^6 \sim 10^7$ 个/mL，放线菌和细菌的浓度大约为 10^8 个/mL。菌悬液的细胞个数可用平板计数法、血球计数板或光密度法测定，其中以平板计数法得到的结果较为准确。

3. 诱变剂的处理

凡能显著提高微生物变异的因素称为诱变剂。诱变剂的种类很多，处理方法也各异，现将具有代表性的几种诱变剂的处理方法简介如下。

（1）紫外线处理　紫外线是最常用的物理诱变剂，它的有效波长为 253.7nm。15W 紫外线灯所发射的紫外线大部分波长是 253.7nm。灯和处理物的距离一般为 30cm 左右。在这样的条件下，照射时间一般不短于 10～20s，不长于 10～20min。单孢子悬浮液一般放在培养皿中进行处理，处理时最好能使悬浮液轻轻搅动；如果不加搅动，则应注意细胞浓度不宜过大（一般细菌不超过 10^8 个/mL，霉菌孢子不超过 10^6 个/mL），悬浮液的液层厚度也不宜过大，以免照射不均匀，在照射前应将灯预热 20min。在短时间内，间歇照射和连续照射结果相同。

日光对于紫外线有光照复活作用（即抵消紫外线的一部分杀菌和诱变作用），所以处理应在红光下进行，处理后也应在红光下操作，至少应尽量在暗处操作。酱油生产应用的沪酿 3.042 米曲霉和蛋白酶活力高的 3.942 栖土曲霉都是经紫外线处理后得到的变异菌株。

（2）氮芥子气处理 氮芥子气是常用的化学诱变剂之一，它的具体处理方法如下。

① 配制缓冲液和解毒剂。称取碳酸氢钠（NaHCO₃）67.8mg，加入蒸馏水9.4mL，即成缓冲液。另外称取碳酸氢钠136mg，甘氨酸120mg，溶解于200mL蒸馏水中，即成解毒剂。将以上两种溶液进行加压蒸汽灭菌。

② 配制氮芥溶液。取1只灭菌并烘干的抗生素小瓶，内放10mg氮芥盐酸液，再加蒸馏水2mL，加盖。

③ 孢子悬浮液处理。取另1只灭菌并烘干的抗生素小瓶，加入1mL孢子悬浮液、0.6mL缓冲液和0.4mL氮芥溶液，盖紧橡皮塞子，摇匀。氮芥的作用浓度为1mg/mL。

④ 终止。从加入氮芥溶液后的30s起开始计算时间，当达到所需的作用时间时，用1mL注射器吸取0.1mL处理液注入9.9mL的解毒剂中，使氮芥的作用终止。

⑤ 分离。解毒后按常规方法进行分离培养。如果时间来不及，可放置于冰箱内，第2天再进行分离培养。

（3）亚硝酸处理 亚硝酸也是一种常用的化学诱变剂，它的具体处理方法如下。

① 配制1mol/L、pH 4.4醋酸（CH₃COOH）缓冲液。先配1mol/L醋酸及1mol/L醋酸钠（CH₃COONa）溶液，然后将醋酸钠溶液缓缓加入醋酸溶液中，搅动并不断测定pH，直到pH达到4.4为止。

② 配制0.1mol/L亚硝酸钠（NaNO₂）溶液。称取亚硝酸钠0.69g，溶解于100mL蒸馏水中即可。

③ 配制0.7mol/L磷酸氢二钠（Na₂HPO₄）溶液。称取磷酸氢二钠9.94g，用蒸馏水溶解，定容到100mL（pH8.6）。如用Na₂HPO₄·12H₂O，则需称取25.07g。

④ 处理方法。以处理浓度0.025mol/L为例。取孢子悬浮液2mL，加0.1mol/L亚硝酸钠溶液1mL，再加入醋酸缓冲液1mL，这时亚硝酸钠的浓度为0.025mol/L，醋酸缓冲液浓度为0.25mol/L。处理温度为27℃，作用时间为10min，然后吸出2mL处理液加于10mL 0.07mol/L磷酸氢二钠溶液中，使作用终止。这时pH上升到6.8。最后将处理液稀释并进行分离培养。调节处理液的pH到6.8所需的磷酸氢二钠溶液的用量，是根据预备试验事先确定的。温度对于亚硝酸作用影响很大，因此处理过程中应严格控制温度。

（4）硫酸二乙酯处理

① 准备菌种。将细菌接种到肉汤培养液中，37℃培养过夜。

② 制备细菌悬浮液。将培养后的细菌离心（3000r/min，10min）沉降，倾去上清液，加入无菌水，稍停片刻，倾去上清液，加入pH 7的磷酸缓冲液。

③ 诱变处理。取 4mL 悬浮液，加入 16mL 缓冲液中，再加硫酸二乙酯 0.2mL，振荡培养。

④ 稀释。处理 40~60min 后，取样 1mL，加入 20mL 肉汤培养液中，培养几小时或过夜。

⑤ 分离。取样倒入培养皿内，按常规方法进行分离培养。

（5）甲基硝基亚硝基胍（NTG）处理

① 配制溶液。新鲜配制 1~10mg/mL NTG 溶液。

② 配制悬浮液。将细菌或孢子用 pH 6.0、1mol/L 磷酸或醋酸缓冲液制成悬浮液。如果是细菌，可配成 5×10^8 个/mL 浓度。

③ 处理。在上述细胞悬浮液中加入 NTG 溶液，使最后浓度为 $100\mu g/mL$，在 37℃下保温 30min。

④ 稀释。取处理液 0.1mL，加到 10mL 肉汤培养液中，培养一段时间。

⑤ 分离。按常规方法进行分离。

4．测定筛选

诱变剂都具有杀菌力，因而经诱变剂处理后，大部分微生物都被杀灭，只留下少数的菌存活下来并发生了变异。变异有三种情况：一是能提高产量或质量的变异，称为正变型变异；二是反而降低产量或质量的变异，称为负变型变异；三是对产量、质量都没有什么变化，称为稳定型。筛选的目标是通过尽可能少的工作，将诱变后可能出现的正突变株从大量的突变中分离鉴定出来。

怎样设计才能花费较少的工作量达到最好的效果，这是筛选工作中的一条原则。一般采用简化方法，如利用形态突变直接淘汰低产变异菌株，或利用培养皿反应直接挑取高产变异菌株等。培养皿反应是指每个变异菌落产生的代谢产物与培养基内的指示物在培养基平板上作用后表现出一定的生理效应，如变色圈、透明圈、生长圈、抑菌圈等，这些效应的大小表示变异菌株生产活力的高低，以此作为筛选的标志。常用的方法有纸片培养显色法、透明圈法、琼脂块培养法等。

（三）基因重组育种

不同性状个体内的遗传基因转移到一起，经过重新组合后，使得该个体遗传性状发生新的变化，称为基因重组或遗传重组。

1．转化

受体菌直接吸收了来自供体菌的 DNA 片段，通过交换，把它组合到自己的基因组中，从而获得了供体菌的部分遗传性状的现象，称为转化。这一现象在 1928 年，由 F. Griffith 在肺炎双球菌中发现。现在用转化方法已选育出 α-淀粉酶的高产菌株。

2．转导

以噬菌体作媒介，把供体细胞的遗传物质传递给受体细胞，使后者获得前者部分遗传性状的现象，称为转导。在 α-淀粉酶生产过程中，产量为 600u/mL 的枯草芽孢杆菌，用噬菌体对产酶少的突变株进行转导，得到一株产量为 800u/mL 的菌株。

3．杂交

杂交是在细胞水平上发生的一种遗传重组方式。细胞与细胞的接触或沟通，使细胞内物质交流进行基因重组，称为杂交。细胞之间可以杂交，酵母和霉菌也可以通过杂交获得新的变种。面包酵母与酒精酵母杂交，其杂交种的酒精发酵力仍保持，而发酵麦芽糖的能力比亲株高，在酒精发酵后，该菌种还可供面包厂发酵面包使用。

4．原生质体融合

大多数微生物的细胞都具有不同的外壁或外壳，称为细胞壁。通过人为的方法，去除细胞壁，使遗传性状不同的两细胞的原生质体发生融合，产生重组子的过程，称为原生质体融合或细胞融合。

（四）基因工程育种

基因工程又称基因剪接或核酸体外重组，这是分子遗传学在 70 年代的新发展。将不同生物体内的 DNA 导出，经过人工剪接后，重组成一个新的 DNA 分子，再输入到受体细胞中去。两个不同源的 DNA 中，一个是载体 DNA，另一个是含有特殊基因的给体 DNA 片段，重组的 DNA 分子具备了原载体 DNA 所没有的基因。将重组的 DNA 分子引入新的受体细胞后，随着受体细胞的繁殖而复制，使受体细胞获得原本没有的新属性。

六、发酵微生物菌种的保藏

在发酵工业中，具有良好性状的生产菌种的获得十分不容易，分离或选育到的纯种，如果管理不好，往往容易发生性能衰退、杂菌污染，甚至死亡绝种，这样就会影响生产和科研工作的正常进行。如何利用优良的微生物菌种保藏技术，使菌种经长期保藏后不但存活，而且保证高产突变株不改变表型和基因型，特别是不改变初级代谢产物和次级代谢产物生产的高产能力，对于菌种极为重要。

1．菌种保藏的原理

菌种保藏的基本原理是使微生物处在代谢作用不活泼的状态。从微生物本身来讲，就是利用它们处于休眠状态的孢子或芽孢。为了能在较长时间内保存菌种，就必须创造一个最有利于休眠的环境条件，如低温、干燥、缺氧或缺乏营养物质等。

2. 保藏方法

下面介绍几种比较实用也常用的菌种保藏方法。

（1）斜面低温保藏法　斜面低温保藏法是将菌种定期在新鲜琼脂斜面培养基上、液体培养基中培养或穿刺培养，然后在低温条件下保存。此法简单易行，且不需要任何特殊的设备，可用于实验室中各类微生物的保藏。但此法易发生培养基干枯、菌体自溶、基因突变、菌种退化、菌株污染等不良现象。因此要求最好在基本培养基上传代，目的是能淘汰突变株，同时转接菌量应保持较低水平。斜面培养物应在密闭容器中于 4℃ 保藏，以防止培养基脱水并降低代谢活性。

此方法不适宜作工业生产菌种的长期保藏，一般保存时间为 3～6 个月。如放线菌于 4～6℃ 保存，每 3 个月移接一次；酵母菌于 4～6℃ 保存，每 4～6 个月移接一次；霉菌于 4～6℃ 保存，每 6 个月移接一次。

（2）液体石蜡封藏法　液体石蜡封藏法一般适用于酵母菌、霉菌、放线菌及细菌的保藏，保存期可达 1 年以上。具体操作如下。

① 量取液体石蜡 100mL，装入 250mL 三角瓶中，塞好棉塞，另外用纸包好 10mL 吸管 1 支，和液体石蜡一起灭菌（蒸汽压 0.1MPa，30min）。

② 灭菌后的液体石蜡，由于有水蒸气进入，会影响保存菌种的质量，需要放在 40℃ 的恒温箱中，使水蒸气蒸发。如放在室温下，所需时间要长些。

③ 把要保存的菌种，在它最适宜的培养基和培养温度等条件下进行斜面培养，以便得到健壮的菌体。

④ 用无菌吸管吸取灭过菌的液体石蜡，无菌条件下注入上述斜面培养管内。用量要高出培养物约 1cm。然后把试管直立保存在冰箱内或放在温度低而又干燥的地方。

⑤ 使用时从斜面上挑取少许菌体，接种于新鲜的培养基上，经过培养，即可应用。

（3）麸皮保藏法　麸皮保藏法是根据我国传统制曲方法改进后的菌种保藏法，适用于生产大量孢子的霉菌，如米曲霉、黄曲霉、黑曲霉、青霉、红曲霉、链孢霉、根霉、毛霉等。保存期在 2 年以上。具体操作如下。

① 根据制作的数量称取麸皮，加水后拌匀，加水量是麸皮：水＝1：0.8～1.5（不同的菌对水分要求不同）。

② 把拌匀的麸皮分装入安瓿管或小试管中，加入量为高约 1.5cm，要疏松，不要紧压。塞好棉塞，用纸包好，0.1MPa 蒸汽压，灭菌 30min，或用间歇灭菌 3 次，每天每次 1h。

③ 灭菌后冷却，把要保存的菌种接入麸皮内，放在适当的温度下培养。由于菌种不同，要求适宜的培养温度也各异。待孢子长好后，取出小管，放入装有

氯化钙（CaCl₂）的干燥器中，在室温下干燥数天。彻底干燥后，将干燥器放在低温（20℃以下）的地方保存，或者将小管取出，用火在棉塞的下边烧熔玻璃，拉长，把管口封住，然后放在小盒里，在低温中保藏。

④ 使用时，用接种针挑取少量带菌的麸皮，移接到新鲜的斜面培养基上，培养后即可应用。

（4）砂土保藏法　砂土保藏法一般适用于产生孢子的放线菌、霉菌和产生芽孢的细菌。保存期1至数年。具体操作如下。

① 取河砂若干（用量根据制作的需要决定），过筛（60目/英寸），选取中间均匀的砂粒放入耐酸容器中，用10%的盐酸浸泡处理，除去其中的有机物质。盐酸用量以淹没砂面为度。浸泡2～4h后倒去盐酸，再用水洗泡数次，至呈中性，烘干或晒干去水。

② 把干砂分装入小管中，装入量高达1cm左右，塞好棉塞灭菌（蒸汽压0.1MPa，30min）。

③ 灭菌后取砂少许，放入液体培养基内，经过培养，检查其有无微生物生长。若有，需再行灭菌；若无，即可使用。

④ 把要保存的菌种，在它最适宜的培养基和培养条件下培养成熟后，注入无菌水3～5mL，洗下孢子，制成悬浮液。用1mL无菌吸管吸取悬浮液滴入砂管中，每小管10滴，再用接种针经火焰灭菌后拌匀，然后把砂管放在干燥器中。干燥器内用无盖培养皿或其他玻璃器皿盛五氧化二磷（P₂O₅）吸收水分。等P₂O₅吸水成糊状时，更换一次，如此数次，砂管内即可干燥。干燥后将小管取出，用火在棉塞下边烧熔玻璃，拉长，把管口封住，放在低温中保藏。

（5）真空冷冻干燥法　真空冷冻干燥的基本方法是先将菌种培养到最大稳定期，一般培养放线菌和丝状真菌需7～10d，培养细菌需24～28h，培养酵母约需3d；然后混悬于含有保护剂的溶液中，保护剂常选用脱脂乳、蔗糖、动物血清、谷氨酸钠等，菌液浓度为10^9～10^{19}个/mL；取0.1～0.2mL菌悬液置于安瓿瓶中冷冻，再于减压条件下使冻结的细胞悬液中的水分升华至1%～5%，使培养物干燥；最后将管口熔封，在常温下保存或保存在冰箱中。此法是微生物菌种长期保藏的最为有效的方法之一，大部分微生物菌种可以在冷冻干燥状态下保藏10年之久而不丧失活力，而且经冷冻干燥后的菌株无须进行冷冻保藏，便于运输。真空冷冻干燥保藏法操作过程复杂，并要求一定的设备条件。

（6）冷冻保藏法　冷冻保藏是指将菌种于−20℃以下保藏，是保藏微生物菌种非常有效的方法。此法通过冷冻使微生物代谢活动停止，一般而言，冷冻温度越低，效果越好。为了保藏的结果更加令人满意，通常在培养物中加入一定量的冷冻保护剂，同时还要认真掌握好冷冻速度和解冻速度，缺点是培养物运输较困难。

① 普通冷冻保藏技术（−20℃）。将菌种在小的试管中或培养瓶斜面上培

养，待生长适度后，将试管或瓶口用橡胶塞严格封好，于冰箱的冷冻室中贮藏，或于温度范围在－20～－5℃的普通冰箱中保存。将液体培养物或从琼脂斜面培养物收获的细胞分别转入试管内，严格密封后，同上置于冰箱中保存。用此方法可以维持部分微生物的活力1～2年。应注意的是，经过一次解冻的菌株培养物不宜再保藏。这一方法虽简便易行，但不适宜多数微生物的长期保藏。

② 超低温冷冻保藏技术。要求长期保藏的微生物菌种，一般都应在－60℃以下的超低温冷冻柜中进行保藏。超低温冷冻保藏的一般方法是：先离心收获对数生长中期至后期的微生物细胞，再用新鲜培养基重新悬浮所收获的细胞，然后加入等体积的20%甘油或10%二甲基亚砜冷冻保护剂，混匀后分装入冷冻管或安瓿瓶中，于－70℃超低温冰箱中保藏。超低温冰箱的冷冻速度一般控制在1～2℃/min。部分细菌和真菌菌种可通过此保藏方法保藏5年而活力不受影响。

③ 液氮冷冻保藏技术。近年来，科学家们发现大量有特殊意义和特征的高等动、植物细胞能够在液氮中长期保藏，并发现在液氮中保藏的菌种的存活率远比其他保藏方法高，且回复突变的发生率极低。因此，液氮保藏已成为工业微生物菌种保藏的最好方法。

具体方法是：把细胞悬浮于一定的分散剂中或是把在琼脂培养基上培养好的菌种直接进行液体冷冻，然后移至液氮（－196℃）或其蒸汽相中（－156℃）保藏。进行液氮冷冻保藏时应严格控制制冷速度。液氮冷冻保藏微生物菌种时，先制备冷冻保藏菌种的细胞悬液，分装0.5～1mL入玻璃安瓿瓶或液氮冷藏专用塑料瓶，玻璃安瓿瓶用酒精喷灯封口。然后以1.2℃/min的制冷速度降温，直到温度达到细胞冻结点（通常为－30℃）。待细胞冻结后，将制冷速度降为1℃/min，直到温度达到－50℃，将安瓿瓶迅速移入液氮罐中于液相（－196℃）或气相（－156℃）中保存。如果无控速冷冻机，则一般可用如下方法代替：将安瓿瓶或液氮瓶置于－70℃冰箱中冷冻4h，然后迅速移入液氮罐中保存。在液氮冷冻保藏中，最常用的冷冻保护剂是二甲基亚砜和甘油，最终使用浓度甘油一般为10%、二甲基亚砜一般为5%。所使用的甘油一般用高压蒸汽灭菌，而二甲基亚砜最好为过滤灭菌。

第三节　发酵微生物的酶

微生物的一切生命活动都离不开酶。在酿造调味品的生产实践中大量培养各种微生物，主要就是利用它们能分泌所需要的酶。酶是具有特殊催化能力的蛋白质，是促进生物化学反应的高效能物质。由于它是在生物体内产生，所以也可以说它是一种生物催化剂。

微生物体外的大分子营养物质需由胞外酶分解成小分子化合物后，才能被微生物所吸收。小分子化合物进入细胞后也要由酶来合成，从而释放能量，并获得中间产物。微生物利用这些中间产物和能量组成细胞内各成分，同时排出废物。这种新陈代谢是无数个复杂化学反应的过程，完全是在酶的催化下才有条不紊地按顺序进行着。

一、酶的化学组成

酶的种类不同，其组成也不同。按酶分子组成成分的不同，可将酶分为简单酶类和结合酶类。简单酶类只由蛋白质组成，不含任何其他物质，如胃蛋白酶、脂酶、脲酶等。结合酶类是由蛋白质与辅助因子组成，如乳酸脱氢酶、转氨酶等。组成结合酶类的蛋白质部分称为酶蛋白，辅助因子部分称为辅酶或辅基。辅酶和辅基在本质上并没有差别，只是它们与蛋白质部分结合的牢固程度不同而已。通常把那些与酶蛋白结合比较松的，用透析法可以除去的小分子有机物称为辅酶；而把那些与酶蛋白结合比较紧的，用透析法不容易除去的小分子物质称为辅基。当蛋白酶和辅助因子单独存在时，都不具有催化活力，只有两者结合在一起后，才能起到酶的催化作用，这种完整的酶分子被称为全酶，即：

全酶＝酶蛋白＋辅助因子

酶的辅助因子可能为金属离子，也可能为小分子有机化合物。金属离子在酶分子中，或者作为酶活性中心部位的组成成分，或者帮助形成酶活性中心所必需的构象。酶蛋白以自身侧链上的极性基团，通过反应以共价键、配位键或离子键与辅助因子结合。在全酶的催化反应中，酶蛋白与辅助因子所起的作用不同，酶蛋白本身决定酶反应的专一性及高效性，而辅助因子直接作为电子、原子或某些化学基团的载体起传递作用，参与反应并促进整个催化过程。

二、酶的特性

（一）酶的高效性

酶催化的化学反应速率，远远超过化学催化剂，它在细胞内温和的条件下，就能顺利地进行催化反应。据资料报道，酶的催化效率是普通化学催化剂催化效率的 $10^7 \sim 10^{13}$ 倍。如过氧化氢酶 1min 内能催化 5×10^6 个过氧化氢分子分解为 H_2O 及 O_2，而在同样条件下，铁离子的催化效率仅为酶催化效率的百万分之一；又如 1g 纯粹的结晶 α-淀粉酶，在 65℃下作用 15min，可使 2t 淀粉转化为糊精。3～5kg 粗制 α-淀粉酶也能将 1t 淀粉转化成糊精。

（二）酶的专一性

一种酶只能催化特定的一种或一类物质进行反应，并生成一定的产物。例如糖苷键、酯键、肽键的化合物都能用酸或碱来催化水解，但酶的催化反应却各自需要一定的专一酶才能进行。淀粉酶只能催化淀粉的水解反应生成糊精；蛋白酶只能催化蛋白质的水解反应生成氨基酸；脂肪酶只能催化脂肪水解成脂肪酸和甘油。各种酶不能相互替代。由于酶催化的专一性，所以在酶的催化反应中没有副产物产生。酶的高度专一性还赋予了细胞的生命活动能有条不紊地进行的能力。

（三）反应条件温和，容易失活

利用化学催化剂时，往往要求高温、高压等条件，因而需要有高质量和较复杂的成套设备。酶在生物体内催化各种化学反应是在常温、常压和酸碱值差异不太大的条件下进行的。酶制剂具有反应条件和缓的特点，用于工业生产就可以不依赖高温、高压、强酸及强碱的特殊设备。如过去以酸水解淀粉生产葡萄糖，需要 0.3MPa 压力及 144℃ 高温，因而必须有耐酸及耐压的设备；现改用酶水解淀粉，只要在常温和常压下进行，一般采用普通设备就可以了。

相对的，酶通常在常温、常压、近于中性的水溶液中进行其催化作用，如果温度过高，溶液过酸、过碱和某些金属离子就会导致酶的失活。所以与一般的催化剂相比，酶显得很脆弱，很容易失去活性。具体来说，几乎凡是能够使蛋白质变性的因素，大都能使酶遭到破坏而完全失去活性。

（四）酶本身无毒，反应过程也不产生有毒物质

酶是无毒、无味、无色的物质，在生产使用过程中也不产生腐蚀性物质和毒物，使医药、食品及发酵调味品工业在生产过程中的劳动保护得到了改善，产品也能符合卫生的要求。

（五）活性可调控

酶的催化活性可以自动调控。虽然生物体内进行的化学反应种类繁多，但协调非常有序。底物浓度、产物浓度以及环境条件的改变，都有可能影响酶催化活性，进而控制生化反应协调有序地进行。任一生化反应的错乱与失调，必将造成生物体产生疾病，严重时甚至死亡。生物体为适应环境的变化，保持正常的生命活动，在漫长的进化过程中，形成了自动调控酶活性的系统。酶的活性受到多种调控方式的灵活调节，主要包括抑制剂调节、反馈调节、共价修饰调节、酶原激活及激素控制等。

三、与酿造调味品相关的酶

(一)淀粉酶

淀粉酶属于水解酶类，它能催化淀粉水解成糊精、麦芽糖或葡萄糖。常用的有液化型淀粉酶（或称为 α-淀粉酶）和糖化型淀粉酶（包括 β-淀粉酶）两种。绝大多数微生物都能分泌淀粉酶水解淀粉。

淀粉分为两大类：一类为直链淀粉，分子中含有 50～250 个葡萄糖单位；另一类为支链淀粉，分子中含有 250～500 个葡萄糖单位。淀粉的大分子，逐级水解为葡萄糖，是由作用方式不同的各种淀粉酶联合作用完成的。例如枯草芽孢杆菌淀粉酶只能把淀粉分子拆开成较短的葡萄糖链，这种短链称为糊精。这种只能使淀粉水解成为糊精的酶称为液化型淀粉酶，这个过程就是液化。液化后淀粉糊的黏度很快降低，显色反应迅速失去蓝色，眼看着由紫→红→褐色→黄色→无色（淀粉的碘色反应与淀粉分子链的长度有关；链长在 30 个葡萄糖单位以上呈蓝色，20～30 个之间是紫色，13～20 个之间是红色，7 个以下为无色）。

细菌中枯草芽孢杆菌产生淀粉酶的能力极强，现在大多用 BF7658 枯草芽孢杆菌作为生产用菌种。甘薯曲霉、红曲霉和根霉产生的淀粉酶可以从淀粉或糊精分子的非还原端把葡萄糖一个个地水解下来。这种能将淀粉或糊精水解成葡萄糖的酶称为糖化型淀粉酶，这个过程是糖化。麦芽中的 β-淀粉酶可以从淀粉或糊精中把葡萄糖两个两个地拆下来。两个葡萄糖连在一起，称为麦芽糖。

淀粉酶在酱油生产中应用后，提高了原料淀粉利用率。例如上海地区酱油原料的配比为每 10kg 豆粕用小麦 40kg，应用 α-淀粉酶液化淀粉新工艺以来，以碎米代替小麦进行糖化液化，小麦用量可减少至 24kg。

传统酿醋是利用不同霉菌制成的糖化剂进行糖化。黑曲霉的酶系含有较多的糖化型淀粉酶，较少的液化型淀粉酶，少量的转移糖苷酶。米曲霉的酶系含有较多的液化型淀粉酶，较少的糖化型淀粉酶。即使同是 α-淀粉酶，也因其来源不同而性质不相同，如米曲霉所含的 α-淀粉酶不耐酸，而黑曲霉所含的 α-淀粉酶比较能耐酸，其耐酸程度还随菌种而异。因此，制醋过程中，选择合适的霉菌，提供丰富的酶系，是制醋的第一关键。

(二)蛋白酶

蛋白酶属于水解酶类，它能催化蛋白质分子水解成氨基酸、多肽、胨、胲等。蛋白酶种类很多，一般分内肽酶（也称蛋白酶）及端肽酶（也称肽酶）两类。内肽酶中包括胃蛋白酶、类胰蛋白酶及木瓜蛋白酶；肽酶中包括羧肽酶、氨肽酶及二肽酶。

蛋白酶的来源很广泛，动物、植物及微生物体中都有。微生物中米曲霉、黄曲霉、毛霉都能分泌大量蛋白酶。酵母菌含有内生胰蛋白酶，因而会引起酵母的自身消化作用。一般说真菌较细菌易于水解蛋白质。

蛋白质是由氨基酸组成的，构成蛋白质的氨基酸共有 20 多种，它们的结构可用下面的通式来表示：

$$
\begin{array}{c}
H \\
| \\
R-C-COOH \\
| \\
NH_2
\end{array}
$$

R 代表一个基团，不同的氨基酸，R 基团不同，其他部分都一样。在蛋白质中，氨基酸是通过肽键互相连接起来的，即一个氨基酸的羧基和另一个氨基酸的氨基脱水缩合，这样的键称为肽键。下面虚线所示的范围便是肽键：

$$
\begin{array}{c}
\quad H \qquad\qquad\qquad\qquad H \\
\quad | \qquad\qquad\qquad\qquad\ | \\
H_2N-C-C-\boxed{OH \quad H}-N-C-COOH \\
\quad | \quad \| \qquad\qquad\qquad | \quad | \\
\quad R_1 \ O \qquad\qquad\qquad H \ R_2
\end{array}
$$

很多氨基酸通过肽键连接起来形成肽链。肽键结构十分牢固，要用化学方法打开肽键，使长肽链拆散成各个氨基酸，便必须用强酸、强碱、高温处理才能实现。而蛋白酶却能在常温、常压下催化肽键水解。不同来源的蛋白酶对肽链中不同肽键的水解能力不同。蛋白质分子经内肽酶作用后，其肽链中某些肽键先被打开，于是生成了一些不同长度的肽链。所谓多肽、䏡、䏡，就是指的不同长度的肽链，其中䏡链较长，䏡其次，多肽最短。由于端肽酶的继续作用，逐步水解成氨基酸。

在酱油酿造过程中，主要是利用米曲霉或酱油曲霉所产生的蛋白酶的水解作用。酱油所具有的色、香、味与蛋白酶的作用有关。酱油的色，主要由美拉德反应，即氨基-羰基反应所产生。蛋白酶将原料中的蛋白质水解为氨基酸，其中氨基酸上的氨基与葡萄糖中的羰基产生复杂的化学反应，最终产生类黑素。原料中的蛋白质经蛋白酶水解生成 18 种游离氨基酸，其中谷氨酸含量高，赋予酱油鲜味。

（三）纤维素酶

纤维素酶属于水解酶类，它能催化水解纤维素分子为低聚纤维素和葡萄糖。利用纤维素酶分解纤维素代替发酵工业用粮的研究工作已有许多报道。在液体曲试制过程中，曾就液体曲中所产的酶和固体曲中所产的酶进行比较，固体曲中的纤维素酶明显高于液体曲，因此使用液体曲和固体曲所产生的酱油风味不同，这与纤维素酶含量高有一定关系。

（四）脂肪酶

酱油中香气主要来源为酯，这就是脂肪酶作用的结果。

（五）核酸酶

核酸酶可以将菌体内的核酸水解生成鸟苷酸、肌苷酸等呈味 5′-核苷酸，有强烈的助鲜作用。但有研究认为曲霉含有磷酸单酯酶，它会使核苷酸降解而失去鲜味。

第四节　发酵调味品生产中的微生物

一、发酵调味品中的细菌

（一）概述

细菌是单细胞的微生物，有球状、杆状、螺旋状及不规则等不同的形状，大小微米级，结构简单，细胞壁坚韧，以典型的二分裂殖方式繁殖，水生性较强。菌落一般较小、较薄，较有细腻感、湿润、黏稠、易挑起，质地均匀，菌落各部位的颜色一致，有少数细菌形成的菌落表面粗糙、有褶皱感等特征。

细菌是自然界分布最广、数量最多、与人类关系十分密切的一类微生物，依照它们的形态及一系列生化特征等，可以将其分成许多的类群。它们有些为有益菌，如乳酸菌、乙酸菌、固氮菌、铁细菌、硫细菌、光合细菌等；有些为有害菌，如结核杆菌、肺炎球菌、霍乱弧菌、破伤风杆菌、炭疽杆菌、绿脓杆菌、巴氏杆菌等。研究它们对工农业生产，诊断、预防动植及人类疾病都有重要的意义。其中与发酵调味品直接存在密切关系的是应用醋酸菌生产食醋，应用棒杆菌生产谷氨酸，应用枯草芽孢杆菌生产 α-淀粉酶，以及利用乳酸菌等多种细菌在发酵期间发生复杂的变化。

（二）调味品生产中常用细菌

1. 醋酸菌

醋酸菌在自然界中散布很广，它是重要的工业用菌之一。发酵调味品食醋的生产就是利用醋酸菌，葡萄糖酸及维生素 C 的制造也需要它。醋酸菌的种类很多，一般比较容易识别，例如生黑色素的黑醋菌，生红色素的红醋菌，在液体表面生一层很厚的皮膜的膜醋菌，不产生色素、也无厚皮膜、而在葡萄糖培养基中生成大量葡萄糖酸的弱氧化醋菌，在含酒精的培养液中生成大量醋酸的醋酸醋杆菌（A.aceti），以及生成过氧化氢酶的过氧化醋菌等。

（1）中科 AS1.41 醋酸菌　细胞杆形，常呈链锁状，无运动性，不产生芽孢，在长期培养、高温培养、含食盐过多或营养不足等条件下，细胞有时出现畸形，呈伸长形、线形或棒形，有的甚至管状膨大。生理特性是好气，最适培养温度为 28～30℃，最适生酸温度为 28～33℃，最适 pH 3.5～6.0，发酵酒醪能耐酒精度 8% 以下。最高产酸量达 7%～9%（以醋酸计），转化蔗糖力很弱。产葡萄糖酸能力也很弱，能氧化醋酸为二氧化碳和水，能同化铵盐。

AS1.41 醋酸菌是目前我国食醋生产常用菌之一。对培养基要求粗放，在米曲汁培养基等培养基中生长良好，专性好氧，能氧化酒精为醋酸，于空气中能使酒精变混浊，表面有薄膜，有醋酸味，也能氧化醋酸为二氧化碳及水，繁殖的适宜温度 31℃，发酵温度一般控制在 36～37℃。

（2）LB2001 醋酸菌　LB2001 是 2000 年从山西老陈醋成熟醋醪中分离所得。该菌细胞形态为杆状，单个或呈链状，好氧性细菌，在通气条件下生长良好。在液体培养基或浅层盘式培养时，表面形成灰白色菌膜，有皱褶，易碎，菌膜沿容器壁上升，发酵液不混浊。繁殖适温为 28～31℃，发酵适温为 28～33℃，能耐 38～40℃高温，最适 pH 3.5～6。

醋厂选用的醋酸菌，最好应是氧化酒精速度快，不再分解醋酸，耐酸性强，制品风味好的菌。目前国外有些工厂用混合醋酸菌生产食醋，除能快速完成醋酸发酵外，尚能形成其他有机酸等组分，能增加成品香气和固形物成分。

（3）许氏醋酸杆菌　许氏醋酸杆菌是国外有名的速酿醋菌种，也是目前制醋工业较重要的菌种之一，产酸可高达 115g/L（以醋酸计），最适生长温度 25～27.5℃，在 37℃即不再产醋酸，对醋酸没有进一步的氧化作用。

（4）沪酿 1.01 醋酸菌　沪酿 1.01 醋酸菌是上海市酿造科学研究所和上海醋厂在 1972 年从辽宁丹东酿造厂速酿醋中分离而得的醋酸菌，经中国科学院微生物研究所鉴定为木醋杆菌，又称膜醋菌、胶醋杆菌。该菌性能稳定，产醋量高。

沪酿 1.01 醋酸菌的菌落特征：单菌落呈圆形，隆起，边缘波状，表面平滑。葡萄糖、酵母膏培养基上呈油脂状，颜色奶黄，不透明。培养基内不产生色素，扩散生长。

沪酿 1.01 醋酸菌的个体形态：细胞椭圆或短杆状，大小为 (0.75～1.0)μm×(1.4～1.9)μm，单个，成对，幼龄时成链，无芽孢，革兰氏染色阴性。

（5）沪酿 1.079 醋酸菌　沪酿 1.079 醋酸菌由上海酿造科学研究所从固体醋中分离，经中国科学院微生物研究所鉴定为醋化醋杆菌，又称纹膜醋酸细菌。正常细胞为短杆状，也有膨大、链锁及丝状细胞，在液面形成乳白色的皱纹状的有黏性的菌膜，摇动后易破碎，使液体混浊。该菌与沪酿1.01相比，产酸提高10%，食醋风味好。

2. 耐盐性的乳酸菌

与酱油风味有密切关系的乳酸菌有嗜盐片球菌、酱油片球菌、酱油四联球菌及植质乳杆菌。主要作用是给予酱油柔和的酱香味。

沪酿1.08植质乳杆菌由上海市酿造科学研究所分离而得。它与沪酿2.14蒙奇球拟酵母在固态低盐发酵后期中协同作用，短期发酵所得酱油的风味，可与老法长期天然晒油相媲美。

沪酿1.08植质乳杆菌的菌落特征：平板琼脂培养菌落呈小圆形，很凸，边缘整齐，呈乳白色油脂状。

沪酿1.08植质乳杆菌的个体形态：菌体呈杆状，大小为 $(0.6\sim0.9)\mu m \times (1.5\sim4.0)\mu m$，单个或排列成短链，菌体两侧平行，两端半圆形，革兰氏阳性。

二、发酵调味品中的酵母菌

（一）概述

大多数酵母菌为单细胞，形状因种而异。基本形态为球形、卵圆形、圆柱形或香肠形，多数出芽生殖。某些酵母菌进行一连串的芽殖后，长大的子细胞与母细胞并不立即分离，其间仅以极狭小的接触面相连，这种藕节状的细胞串称为假菌丝。菌体无鞭毛，不能游动。

酵母菌细胞的直径约为细菌的10倍，其直径一般为$2\sim5\mu m$，长度为$5\sim30\mu m$，最长可达$100\mu m$。每一种酵母菌的大小因生活环境、培养条件和培养时间长短而有较大的变化。最典型和最重要的酿酒酵母细胞大小为 $(2.5\sim10)\mu m \times (4.5\sim21)\mu m$。酵母菌的菌落形态特征与细菌相似，但比细菌大而厚，湿润，表面光滑，多数不透明，黏稠，菌落颜色单调，多数呈乳白色，少数红色、个别黑色。酵母菌生长在固体培养基表面，容易用针挑起，菌落质地均匀，正、反面及中央与边缘的颜色一致。不产生假菌丝的酵母菌菌落更隆起，边缘十分圆整；形成大量假菌丝的酵母，菌落较平坦，表面和边缘粗糙。

酵母菌与人类关系极为密切，具有极大经济价值。千百年来，酵母菌及其发酵产品大大改善和丰富了人类的生活，如各种酒类生产，面包制作，甘油发酵，饲用、药用及食用单细胞蛋白生产，从酵母菌提取核酸、麦角固醇、辅酶A、细胞色素C、凝血质和维生素等生化药物。

它与发酵调味品工业的关系也非常密切。在酱油及酱类生产中，由于空气中自然落入的酵母菌的繁殖，能产生特殊的香气，成为酱香的一个来源；食醋生产中需要利用酵母菌。

（二）调味品生产中常用酵母菌

1. 酱油生产中的酵母菌

（1）鲁氏酵母（*Saccharomyces rouxii*）　鲁氏酵母是酵母属中的一种，它是最常见的嗜高渗透压酵母，它们能生长在含糖量极高的物料中，也能在含18%食盐的基质中繁殖。此菌在发酵调味品酱油及酱类生产中，在制曲及酱醪发酵期间，由空气中自然落入而繁殖，稍有酒精发酵力，能由醇生成酯，能生成琥珀酸，能生成酱油香味成分之一的糠醇，增加酱油及酱类的风味。

在麦芽汁中培养3天后，形成小圆形至卵圆形的细胞，大小为 $(3.5～8.5)$ $\mu m \times (2.5～5) \mu m$，大部分不相连续。产生子囊，内有1～3个子囊孢子。

鲁氏酵母在无盐条件下，发酵葡萄糖和麦芽糖，在高盐条件下，只发酵葡萄糖，而不能发酵麦芽糖。鲁氏酵母具有高耐盐性（24%～26%），最低的水分活度为0.78～0.81。鲁氏酵母又被称为主发酵酵母菌。其中的两个典型菌株为：大豆接合酵母和酱醪接合酵母。这是两株非常近缘的种属，在形态学和生理学上只有很小的差异。

① 大豆接合酵母（*Zygosaccharomyces soyae*）。斜面培养基上的菌落呈淡褐色，湿润，有褶皱，中央凸起，边缘有凹口。麦芽汁中培养后产生沉淀，培养周期长久后，四壁及液面接触处形成酵母环。在麦芽汁中培养后，细胞圆形或卵圆形，大小为 $(2～6) \mu m \times (6～10) \mu m$。细胞接合后产生子囊，内有1～4个子囊孢子，表面光滑，大小为 $2.7～4.5 \mu m$，孢子形成较为困难。大豆接合酵母能发酵葡萄糖、麦芽糖及果糖，不能发酵蔗糖及乳酸。不能利用硝酸盐作氮源。

② 酱醪接合酵母（*Zygosaccharomyces major*）。酱醪接合酵母斜面培养基上菌落呈黄褐色，湿润，有光泽，带细褶皱，边缘有平行的小沟。麦芽汁中培养后产生沉淀及酵母环。在麦芽汁中培养后细胞卵圆形，大小为 $(3～5) \mu m \times (4.5～8) \mu m$，单个或两个相连。子囊孢子球形，$3～4.5 \mu m$。能发酵葡萄糖、麦芽糖、果糖、蔗糖及棉籽糖，不能发酵乳糖，不能利用硝酸盐作氮源。

（2）沪酿214蒙奇球拟酵母（*Torulopsis mogii* SB214）　沪酿214菌株由上海市酿造科学研究所分离而得，细胞为圆形，极少数呈卵圆形，大小一般为 $4.2 \mu m \times 8.4 \mu m$，增殖方式为多边芽殖。在麦芽汁琼脂斜面上菌落乳白色，表面光滑，有光泽，边缘整齐。具有很强的酒精发酵力，条件适宜时，酒精含量达7%以上。能在18%的食盐基质中生长，在10%左右食盐酱醪中发酵旺盛，为耐高渗透压菌种。球拟酵母产生聚乙醇和4-乙基愈创木酚，对酱油风味有较大的影响。

2. 食醋生产中的酵母菌

（1）啤酒酵母（*Saccharomyces cerevisiae*）　啤酒酵母的菌落特征：在麦芽

汁琼脂上培养的菌落为乳白色，有光泽，平坦，边缘整齐。啤酒酵母的个体形态：由于啤酒酵母群系中品种甚多，在麦芽汁中25℃培养3天，细胞形状有圆形、卵形、椭圆形甚至腊肠形，在发酵液中，浮于上面菌膜中的细胞与沉淀中的细胞形状也有差异。啤酒酵母能产生子囊孢子，一般每个子囊内有1~4个圆形、表面光滑的子囊孢子，大小为2.5~6μm。

食醋生产中应用拉斯12号（RasseⅫ）啤酒酵母和K氏啤酒酵母进行酒精发酵。拉斯12号（Rasse Ⅻ）酵母又名德国12号酵母，是1902年马旦士（Macthes）从德国压榨酵母中分离出来的。细胞呈圆形、近卵圆形，大小普遍为7μm×6.8μm。形成子囊孢子时，每个子囊内有1~4个子囊孢子，且较拉斯2号酵母易于形成。其于麦芽汁明胶上培养时，菌落呈灰白色，中心部凹，边缘呈锯齿状。液体培养时，皮膜形成较快，28℃培养6天，生成有光泽的白色湿润皮膜，发酵液易变混浊。能发酵葡萄糖、果糖、蔗糖、麦芽糖、半乳糖和1/3棉籽糖，不发酵乳糖，常用于酒精、白酒、食醋生产。拉斯12号酵母繁殖快，产生泡沫少，发酵平静，使用它可提高设备利用率；其耐酒精能力也强，酒精含量最高可达13％。K氏酵母是从日本引进的菌种，细胞呈卵圆形，细胞较小，生长迅速，产酒率高，但适应性略差，常用于高粱、大米、薯干等原料的酒精发酵。

（2）异常汉逊氏酵母异常变种（*Hansenula anomala var. anomala*）　异常汉逊氏酵母异常变种是汉逊氏酵母属中的一个种。异常汉逊氏酵母异常变种能产生乙酸乙酯，常可在增进食品的风味中起一定的作用。如果在酱油及酱类发酵中应用此菌，对增香也可能有所帮助。此菌能利用酒精与甘油作碳源，在100mL无机盐合成培养基（以3g硫酸铵为氮源）中分3次加入6mL酒精（每次2mL），经过6天培养后，可得3.5g菌体。此外，此菌氧化烃类能力也强，能利用煤油作碳源。

三、发酵调味品中的霉菌

（一）概述

凡在营养基质上形成绒毛状、棉絮状或蛛网状丝状菌体的真菌，统称为霉菌，意即"发霉的真菌"。霉菌属于丝状真菌的总称，不是分类学上的名词。霉菌的营养体由菌丝构成，有隔或无隔，以无性孢子或有性孢子形式繁殖。霉菌的菌落形态较大，质地比放线菌疏松，外观干燥，不透明，呈或紧或松的蛛网状、绒毛状或棉絮状。菌落与培养基连接紧密，不易挑取。菌落正反面的颜色及边缘与中心的颜色常不一致。

曲霉属是一种典型的丝状菌，属多细胞，菌丝有隔膜。营养菌丝大多匍匐生长，没有假根。曲霉的菌丝体通常无色，老熟时渐变为浅黄色至褐色。从特化了的菌丝细胞（足细胞）上形成分生孢子梗，顶端膨大形成顶囊，顶囊有棍棒形、椭圆形、半球形或球形。顶囊表面生辐射状小梗，小梗单层或双层，小梗顶端分生孢子串生。分生孢子具各种形状、颜色和纹饰。由顶囊、小梗以及分生孢子构成分生孢子头。

（二）调味品生产中常用霉菌

1. 米曲霉

米曲霉是经过几千年生产考验的优良菌株。其重要的特征在于含有较高的蛋白酶（中性蛋白酶、酸性蛋白酶、碱性蛋白酶）、肽酶（包括 4 种羧基肽酶、3 种氨基肽酶）、谷氨酰胺酶和适量的淀粉酶以及破坏细胞组织酶（果胶酶、聚半乳糖醛酸酶、半纤维素酶、纤维素酶）等完整体系，是国内酿制酱油的主要菌种。

应用于酱油生产的米曲霉菌株要求具有：不产生黄曲霉毒素；蛋白酶、淀粉酶活力高，有谷氨酰胺酶活力；生长繁殖快、培养条件粗放、抗杂菌能力强；不产生异味，酿制的酱油风味好。常用的米曲霉菌株有：AS3.863、AS3.951（沪酿 3.042）、UE3.28、UE336、渝 3.811。

（1）沪酿 3.042 米曲霉　以 AS3.863 号米曲霉为出发菌株，上海市酿造科学研究所通过紫外线诱变和驯化获得了一个新菌株，定名为沪酿 3.042 号米曲霉。变异后的新菌株在个体形态上的变化是分生孢子显著增大。新菌株的特点是生长速度极快，从而具有抑制杂菌生长的能力，繁殖力也大大增强，蛋白酶活力也比 AS3.863 号米曲霉提高不少。应用新菌株制曲后，制曲时间由 2d 缩短到 24h 左右，为全面实现厚层通风制曲创造了必要的条件。

生产上应用此变异新菌株后，不但制曲容易管理，原料利用率高，而且还节约了粮食和提高了酱油的产量质量。沪酿 3.042 新菌株曾送请中国科学院微生物研究所核查保藏，编号为 AS3.951。

该菌株特点如下：正常成曲的 pH 通常为 7；酶系较全，具有强大的蛋白酶水解酶系，尤以中性蛋白酶为强，并有相当强的肽酶系，能生成较多的氨基酸；具有适量的糖化酶，可水解淀粉成葡萄糖；生长旺盛，制曲后的菌体量较多；产生孢子能力特强，是目前已知米曲霉中的最强者，容易制作种曲；排他性特强；遗传稳定性强；氧化褐变性强。

（2）其他各具特色的米曲霉

① UE-328。蛋白酶活力强，适宜于液体制曲。

② UE-336。蛋白酶活力比沪酿 3.042 高一倍以上，但是发芽率缓慢。

③ 3.422。谷氨酰胺酶活力强。

④ 渝 3.811。耐高温能力强，能在 35～38℃ 条件下生长良好。

2. 黑曲霉

黑曲霉是曲霉属黑曲霉群的霉菌，菌丝厚绒状、呈白色，初生孢子为嫩黄色，2～3 天后全部变成褐黑色孢子，生长温度 37℃。在麸皮培养基上生成迅速，其抑制细菌能力强于米曲霉。黑曲霉具有较强的糖化酶及果胶酶、纤维素酶活力，并具有较强的酸性蛋白酶活力。黑曲霉还产生大量纤维素酶以及能分解有机质生成多种有机酸。

（1）AS3.350 黑曲霉　属黑曲霉群，菌丝初为白色，继而产生鲜黄色，厚绒状，其分生孢子壁具有明显的小突起，呈黑褐色。在麸皮培养基上生长迅速，初生孢子为嫩黄色，2～3 天后全部变成黑色孢子。具有较强的酸性蛋白酶活力。其糖化酶、单宁酶及果胶酶、纤维素酶活力均很强，淀粉利用率高。能分解有机质生成多种有机酸，其抑制细菌能力强于米曲霉。应用于生产酱油时，能有效提高氨基酸生成率及谷氨酸生成率，提升酱油风味。

黑曲霉 AS3.350 的生长温度为 25～32℃，适宜 pH 为 4.5～6.0，生长需充足氧气。产酶适宜 pH 5.5～6.0。上海市酿造科学研究所于 1980 年根据黑曲霉的特性，在酱醅发酵时添加 AS3.350 黑曲霉分泌的酸性蛋白酶，添加量为 300U/g，能使酱油氨基酸提高 30％以上。1981 年该所在沪酿 3.042 米曲霉固体曲中，加入 20％AS3.350 黑曲霉，使酱油鲜味增加，其谷氨酸含量提高 20％以上。根据其特性，将 AS3.350 黑曲霉与沪酿 3.042 米曲霉，以 2∶8 的比例混合接种制曲，即能将产品中谷氨酸含量提高 30％以上，还能改善酱油风味，从而确定了米曲霉-黑曲霉双菌种制曲新工艺。

（2）AS3.324 甘薯曲霉　具有较强的淀粉酶和单宁酶活力，应用糖化效果好。该菌的菌丝白色，初生孢子呈嫩黄色，继而转变为黑褐色，老熟后，呈乌暗的褐色。生长温度 30～37℃。

（3）AS3.4309 黑曲霉　AS3.4309 黑曲霉俗称 UV-11，是黑曲霉群中的优良菌株。它的特点是酶系较纯，糖化酶活力很强，且能耐酸，但液化力不高。它不仅适合于制造固体曲，也适合于制造液体曲。

3. 红曲霉

红曲霉的菌落特征：在麦芽汁琼脂培养基上生长良好，菌丝体最初为白色，逐渐蔓延成膜状，老熟后菌落表面有皱纹和气生菌丝，呈紫红色，菌落背面也有同样的颜色，红色色素分泌到培养基中。

红曲霉是一种嗜酸菌，它特别喜爱生活在含乳酸的酸性环境中，生长最适 pH 为 3.5～5，即使低至 pH 2.5 时，它还能生存。生长最适温度为 32～35℃，当温度高至 42℃时，它还能生长。对于酒精也有极强的抵抗力，一般可耐 10％的酒精。红曲霉属中的紫色红曲霉，是我国红曲生产中的主要菌种，它所产生的红色色素是红米霉红素。

我国劳动人民早在明朝就利用红曲霉能耐酸、耐高温、耐酒精的特点来制造红曲（现也称红米），主要作为食品及饮料的着色剂，用红曲酿制红酒、玫瑰醋，制造红腐乳以及在食品加工中的应用。此外，红曲又可作中药，有消食活血、健脾胃的功效。

第二章

酱油生产技术

第一节　概　述

一、酱油发展过程

酱油俗称豉油，主要由大豆、小麦、食盐经过制油、发酵等程序酿制而成。酱油的成分比较复杂，除食盐外，还有多种氨基酸、糖类、有机酸、色素及香料等成分。以咸味为主，亦有鲜味、香味等。它能增加和改善菜肴的味道，还能增添或改变菜肴的色泽。

酱油作为中国传统的调味品，劳动人民在数千年前就已经掌握酿制工艺。酱油由酱演变而来，酱的文字记载始于三千年前周朝的《周礼》，其中有"膳夫掌王之食饮膳羞……酱用百有二十瓮"的记载。半固体状态的酱成熟后，酱汁会自然沥出，可以用简易的方法提取。酱汁与酱相比，不但使用方便，而且用途较广。酱油随着人们生活的需要逐渐发展起来。根据资料记载，"酱油"二字出现当是宋代，北宋苏东坡《物类相感志》及南宋赵希鹄《调燮类编》的蔬菜项下，均有"作羹用酱油煮之妙"的记载。清朝常称酱油为清酱，当时称"清酱"似乎比叫"酱油"更文雅些。袁枚所著《随园食单》中都称之为"清酱"。至今黄河流域一带东北及农村仍有称酱油为清酱的。福建地区仍喜称酱油为"豉油"。四川成都地区至今还有将传统酱油称为窝油的。

根据上述文史资料得知，从酱衍生而来的酱油已有两千余年历史是毋庸置疑的。当然最初的酱油是从豆酱中汲取其汁，酱与酱油的生产方式相辅相成，不可分离。酱油并无独立的生产工艺，直至明代酱油才形成自成一体的生产工艺。

二、酱油分类

（一）按制造工艺分类

1. 酿造酱油

酿造酱油是以大豆和（或）脱脂大豆、小麦和（或）麸皮为原料，经微生物发酵制成的具有特殊色、香、味的液体调味品。酿造酱油按发酵工艺分为两类：高盐稀态发酵酱油和低盐固态发酵酱油。

（1）高盐稀态发酵酱油

① 高盐稀态发酵酱油。以大豆和（或）脱脂大豆、小麦和（或）小麦粉为原料，经蒸煮、曲霉菌制曲后与盐水混合成稀醪，再经发酵制成的酱油。

② 固稀发酵酱油。以大豆和（或）脱脂大豆、小麦和（或）小麦粉为原料，经蒸煮、曲霉菌制曲后，在发酵阶段先以高盐度、小水量固态制醅，然后在适当条件下稀释成醪，再经发酵制成的酱油。

（2）低盐固态发酵酱油　以脱脂大豆及麦麸为原料，经蒸煮、曲霉菌制曲后，与盐水混合成固态酱醅，再经发酵制成的酱油。

2. 再制酱油

再制酱油是酱油经过浓缩、喷雾等工艺制成的其他形式的酱油，如酱油粉、酱油膏等。这是为了满足酱油的贮存、运输，以及适于边疆、山区、勘探、部队等野外生活的需要。

（二）按滋味、色泽分类

1. 生抽酱油

生抽酱油也称为本色酱油，以大豆、面粉为主要原料，人工接入种曲，经天然露晒，发酵而成。其产品色泽红润，滋味鲜美协调，豉味浓郁，体态清澈透明，风味独特。

颜色：生抽颜色比较淡，呈红褐色。

味道：生抽是供一般的烹调用的，吃起来味道较咸。

用途：生抽用来调味，因颜色淡，故一般炒菜或者凉菜的时候用得多。

2. 老抽酱油

老抽酱油也称为浓色酱油，是在生抽酱油的基础上，把榨制的酱油再晒制2～3个月，经沉淀过滤即为老抽酱油。

颜色：因加入了焦糖色，故颜色很深，呈棕褐色，有光泽。

味道：吃到嘴里有种鲜美微甜的感觉。

用途：一般用来给食品着色。比如做红烧肉等需要上色的菜时使用较好。

3. 花色酱油

花色酱油是指添加了各种风味调料的酿造酱油或配制酱油。如海带酱油、海鲜酱油、香菇酱油、草菇老抽、鲜虾生抽、佐餐鲜酱油等，品种很多。

三、酱油的成分及风味

酱油的主要成分包括两大部分，一是水分（65％左右），二是固形物（35％左右）。固形物是酱油的各种可溶性成分，其含量直接影响到酱油的体态。一般酱油的相对密度在 1.14～1.20。酱油的固形物包括食盐和其他固形物。食盐在酱油中的含量一般为 18g/100mL，固形物的含量减除食盐含量，即为其他固形物，称无盐固形物，它为酱油的主成分，其在酱油中含量平均为 17g/100mL，主成分组成包括糖类物质、含氮化合物、有机酸、香味和色素成分五大类，它对酱油色、香、味、体影响很大。

（一）糖类物质

酱油中的糖类物质，主要来自淀粉质原料经酶水解生成的糖类，主要有糊精、麦芽糖、葡萄糖、果糖、核糖、木糖、阿拉伯糖及半乳糖等，在酱油中的含量以葡萄糖计，一般为 3g/100mL 左右。其作用一是糊精可以增加酱油的黏度，二是麦芽糖、葡萄糖、果糖可以增加酱油的甜味，可缓解食盐的咸味，它是酱油质量的一个主要指标。

（二）含氮化合物

酱油中含氮化合物可分为两大部分，即氨基酸部分和非氨基酸部分。含氮化合物的含量称为酱油的全氮。以游离氨基酸形式存在的含氮化合物称氨基氮，其含量高低表示酱油的鲜味程度，一般含量占全氮化合物的 50％～60％。其余为非氨基酸的含氮化合物，主要包括两部分，一是蛋白质水解的中间产物胨和肽等，二是核酸水解产物中的含氮部分和铵态氮等，酱油的全氮以氮计一般在 1.5g/100mL 左右，其含量的多少是衡量酱油质量优劣和原料蛋白质利用率的重要指标。

1. 氨基酸类

酱油中的氨基酸来源于原料中蛋白质和菌体蛋白质水解生成的游离态氨基酸。其中天冬氨酸和谷氨酸含量最高，这两种氨基酸具有强烈的鲜味，是酱油的主要鲜味物质。而其他氨基酸如苏氨酸、甘氨酸、脯氨酸等呈甜味，酪氨酸呈香味，亮氨酸呈苦味。酱油中还含有人体所必需的八种氨基酸。

2．非氨基酸类的含氮化合物

（1）铵态氮　由于蛋白质在发酵过程中分解或过度分解会产生游离铵，而在酱油中游离铵以铵盐形式存在，铵态氮占全氮的15％～20％。

（2）肽态氮　肽态氮绝大部分是蛋白质水解的中间产物，酱油中的胨、多肽和二肽等肽态氮占全氮的15％～35％。

（3）核酸水解产物　菌体自溶后，菌体中的核酸和原料组织中的核酸水解产物，包括核苷酸以及核苷酸降解产物中的含氮成分。

（三）有机酸

酱油中的有机酸包括不挥发酸和挥发酸两类。

1．不挥发酸

酱油中的不挥发酸以乳酸含量最高，占总酸量近80％，在酱油成分中占1.5％～1.6％，是由乳酸菌发酵产生的，乳酸主要构成酱油的酸味，对酱油风味有显著提高作用。除乳酸外，还有琥珀酸，虽在酱油中含量仅占0.05％左右，但对酱油滋味有非常重要的作用，能使酱油柔和而味长。

2．挥发酸

酱油中的挥发酸含量不高，但种类很多，包括乙酸、丙酸、丁酸、戊酸、异戊酸、己酸和柠檬酸等。它们在发酵、加热灭菌过程中，与乙醇等醇类结合生成多种酯类，增加酱油的香气。

（四）色素

酱油色素成分主要有三种：黑色素（棕色）、类黑色素（棕红色）和焦糖（黑褐色）。这三种色素成分，使酱油色泽呈红褐色或棕褐色。黑色素是在酱油发酵过程中经酶褐变反应形成的。类黑色素和焦糖在发酵行业称酱色。类黑色素来源：一是由酱油发酵过程中非酶褐变生成；二是添加酱色。焦糖基本全部来自添加酱色。

（五）香气

酱油香气主要是通过后期发酵形成，它们在酱油的组成中，虽然含量极微，但对酱油风味却影响很大。

1．香气主要成分

酱油中香气的主要成分是酱油中的挥发性组分，其成分十分复杂，它是由数百种化学物质组成的。

（1）按其化合物的性质分类　可以分为：醇、酯、醛、酚、有机酸、缩醛等。

（2）按其香型分类　可分为：焦糖香、水果香、花香、醇香等。

2. 香气物质的形成

① 与酱油香气组成关系密切的是醇类中的乙醇。它是由酵母菌发酵己糖生成的，具有醇和的酒香气。

② 有机酸与醇类物质经曲霉和酵母酯化酶的酯化作用，可生成各种酯。酱油中有机酸和醇类物质还可通过非酶化学反应途径的酯化反应生成酯。酯类物质是构成酱油香气成分的主体，具有特殊的芳香气味。

③ 组成酱油香气的另一类主要物质为酚类化合物。小麦种皮中木质素，经曲霉及球拟酵母的作用，可产生酚类物质。因此，原料配比中应适当增加小麦用量。

3. 香气形成的其他途径

采用多菌种制曲也是提高酱油风味的措施之一。发酵过程中适当降低发酵温度，延长发酵周期，添加有益微生物（如耐盐乳酸菌、鲁氏酵母等）也可提高酱油的香气。

此外，酱油的加热过程中，由于复杂的化学和生物化学变化也增加了芳香气味，称为"火香"。

4. 酱油风味物质及产生原因

酱油的味觉是咸而鲜，稍带甜味，且有醇和的酸味而不苦。而其成分中则包括咸、鲜、甜、酸、苦五味，作为调味料，以鲜味为主。

（1）酱油鲜味

① 酱油鲜味来源于米曲霉分泌的蛋白酶、肽酶及谷氨酰胺酶作用后水解生成氨基酸（表 2-1），其中以谷氨酸含量最多，鲜味浓厚，赋予酱油特殊调味作用。

表 2-1　酱油中各种氨基酸含量　　　　　　单位：mg/mL

名称	含量	名称	含量
赖氨酸	3.68	谷氨酸	12.08
组氨酸	1.42	脯氨酸	6.97
精氨酸	6.60	甘氨酸	2.90
半胱氨酸	0.26	色氨酸	0.61
天冬氨酸	4.73	甲硫氨酸	1.99
苏氨酸	3.06	异亮氨酸	3.83
酪氨酸	0.72	亮氨酸	6.78
丝氨酸	9.40	苯丙氨酸	1.79

② 糖代谢时，在转氨酶的作用下也能产生谷氨酸，增加了酱油的鲜味。某些低肽，如谷氨酸-天冬氨酸、谷氨酸-丝氨酸、L 型氨基酸的二肽也具有鲜味。

③ 在酱油中添加鸟苷酸、肌苷酸等核苷酸与谷氨酸钠盐起协调作用，也可提高酱油的鲜味。

（2）酱油的甜味　酱油的甜味主要来源于淀粉质水解的糖，包括葡萄糖、麦芽糖、半乳糖以及部分呈甜味的氨基酸，如甘氨酸、丙氨酸、苏氨酸、丝氨酸、脯氨酸等。此外，米曲霉分泌脂肪酶能将油脂水解成甘油和脂肪酸，甘油也有甜味。

（3）酱油的酸味　酱油的酸味主要来源于有机酸，如乳酸、琥珀酸、醋酸等。

① 酱油酸味是否柔和取决于有机酸与其他固形物之间比例是否合理。例如，当酱油的总酸为 1.40g/100mL，其中乳酸为 1076.4mg/100mL、琥珀酸为 48.6mg/100mL、醋酸为 173.6mg/100mL、柠檬酸为 12.9mg/100mL，pH 为 4.6～4.8，呈微酸性，其酸度为最适量，它增加了酱油的风味，产生爽口的感觉。

② 当总酸超过 2.0g/100mL，如果其他无盐固形物不相应提高，则酱油酸味突出，影响酱油质量。

（4）酱油的苦味　酱油不应有明显的苦味，但微量的苦味物质能给酱油以醇厚感。酱油中呈苦味的物质主要有亮氨酸、酪氨酸、甲硫氨酸、精氨酸等氨基酸类。此外，谷氨酸-酪氨酸、谷氨酸-苯丙氨酸等，以及食盐中的氯化钙与硫酸镁过多时也会带有苦味。

（5）酱油的咸味　酱油咸味的唯一来源是食盐的氯化钠成分。酱油的咸味比较柔和，这是由于酱油中含有大量的有机酸、氨基酸、糖等呈味物质。酱油中氯化钠含量一般为 18g/100mL 左右，如果含量过高，则有咸苦感，从而影响产品质量。发酵过程中及成品中食盐还有防腐作用。

第二节　原料及辅料

一、原料

（一）原料的选择

生产酱油的原料都是以大豆和小麦为主。为合理利用资源，目前我国大部分酱油酿造企业已普遍采用大豆脱脂后的豆粕或豆饼作为主要的蛋白质原料，以麸皮、小麦或面粉等作为淀粉质原料，再加食盐和水生产酱油。实践证明，采用不同的原料将会使产品具有不同的风味。

原料质量优劣决定着酱油产品的质量，所以原料选择一定要慎重。具体可依据下列标准：

①　蛋白质含量较高，碳水化合物适量，有利于制曲和发酵；

②　无毒、无异味，酿制出的酱油质量好；

③　资源丰富，价格低廉；

④　容易收集，便于运输和保管；

⑤　因地制宜，就地取材，有利于原料的综合利用。

（二）蛋白质原料

长期以来传统酿制法酿造酱油用的蛋白质原料以大豆为主。随着科学技术的发展，发现大豆的油脂对常规酿造酱油作用不大，为了合理利用物料资源，节约油脂，我国大部分酱油生产企业已普遍采用提取油脂后的豆饼、豆粕作为主要的蛋白质原料。

1. 对蛋白质原料的总体要求

蛋白质含量高，无异味，不含有毒物质。我国幅员辽阔、地大物博，各地也可因地制宜、就地取材，选取其他符合要求的蛋白质原料，如豌豆、蚕豆和绿豆、花生饼、葵花籽饼、油菜籽饼、棉籽饼，以上原料及其主要成分见表2-2。

表 2-2　　各种原料及其主要成分　　　　　　　　　　单位：g/100g

种类	粗蛋白	粗脂肪	碳水化合物	水分	灰分
黄豆	38.45	19.29	21.55	13.12	4.59
青豆	41.66	19.71	19.90	13.90	4.76
黑豆	36.58	19.85	21.33	13.96	4.23
豆粕	46～51	0.5～1.5	19～22	7～10	5
冷榨豆饼	44～47	6～7	18～21	12	5～6
热榨豆饼	45～48	3～4.5	18～21	11	5.5～6.5
花生饼	40～50	5～7	20～30	9～12	6～7
蚕豆	24～28	0.5～1.7	44.6～59.4	12.30	2.5～3.1
豌豆	19～25	1～2.7	57～60	12.50	2～3.2
菜籽饼	36.91	3.45	30.21	8.81	7.12
棉籽饼	40～50	7～9	20～30	8～10	5～7
芝麻饼	48.24	5.29	26.42	10.96	11.42
椰子饼	21.75	7.69	26.50	8.45	4.96
豆渣(鲜)	7.06	4.32	3.58	79.59	0.91
玉米浆干	39.70	—	36.42	10.40	11.12

2. 豆粕

豆粕是大豆先经适当热处理（一般低于100℃），调节水分至8％～14％后，再经轧坯机压扁，然后加入有机溶剂，以浸出法提取油脂后的产物，一般呈颗粒片状，质地疏松，有利于制曲。

豆粕因其脂肪含量极低，仅为1％左右，水分也少，蛋白质含量比大豆、豆饼高，且未经高温热处理，更宜用作酱油的蛋白质原料。其优点如下：

① 能保持大豆酿制酱油的固有风味；蛋白质含量高，在同等价格的蛋白质原料中，性价比好。

② 原料无需粉碎处理，可直接进行润水蒸煮。

③ 可节约大豆油。

④ 能缩短发酵周期。

⑤ 酱油装瓶后，降低液面常出现的油脂圈而影响品质的负面风险。

使用豆粕做酱油可以提高全氮利用率，缩短发酵周期。因为在脱脂前处理时将大豆压扁，破坏了大豆的细胞膜，其组织发生显著改变，使得脱脂大豆很容易吸收水分，酶容易渗透进去，极大地提高了酶作用的速度，因而原料成分也更易于酶解。另外，豆粕的颗粒比大豆细，较易蒸熟，给米曲霉的生长提供了较大的总表面积，因而生长菌体数量增多，各种酶的积累也增多，蛋白质水解较彻底，所以生产酱油的蛋白质原料多选择豆粕。

酱油生产无论采用何种蛋白质原料，第一需保证产品安全；第二需考虑不同白质原料是否与采用的发酵工艺相匹配；第三应核算该蛋白质的性价比；第四应考虑不同原料蛋白质的可利用率；第五要注意该蛋白质原料是否对产品风味产生负面影响。

（三）淀粉质原料

淀粉质原料是生产酱油中糖分、醇类、有机酸、酯类、色素及浓度的重要来源，与酱油的色、香、味、体、感官指标有重要关系。传统酱油酿造所用淀粉原料多为面粉和小麦。依据长期以来我国常用的酱油生产实际，小麦和麸皮都是较为理想的淀粉质原料。传统酱油酿造每100kg大豆，应配合面粉40～60kg。日本制造浓口酱油用料配比以容量计算，豆粕55：小麦45，换算成质量比则豆粕100：小麦102。

1. 小麦

（1）小麦在酱油生产中的作用　小麦中的碳水化合物除主要含70％以上淀粉外，还含有少量的蔗糖、葡萄糖、果糖等，含量为2％～4％，糊精类占2％～3％。小麦中蛋白质含量为11％～14％，其组成以麸蛋白质和谷蛋白质较丰富，麸蛋白质中的氨基酸主要为谷氨酸，是酱油鲜味的主要来源。碳水化合物80％以上存在于胚乳中，小麦作为酿造酱油的重要淀粉原料，是酱油浓度、色素、香味、甜味的主要成分。除富含淀粉外，小麦还含有麦谷蛋白，分解成谷氨酸，是酱油鲜味的主要来源。小麦还含有木质素，可生成4-乙基愈创木酚，是酱香的重要成分之一。

（2）小麦的选择

① 硬质小麦。含蛋白质较高，适宜酿制酱油，大多数品种是这种小麦。此种小麦易膨化，氮消化率高。

② 软质小麦。含蛋白质较低，适合做点心、面食等。这种小麦难膨化，氮利用率较低。

2. 面粉

面粉是小麦磨粉除去麸皮后所得到的白色粉末，因而淀粉含量比小麦高，一些企业也常采用。面粉的主要成分如表2-3所示。

表 2-3　面粉的主要成分　　　　　　　　　　单位：g/100g

品名	粗淀粉	粗脂肪	粗蛋白质	水分	灰分
标准面粉	72.75	1.84	9.31	12.86	0.92
全麦粉	70.75	3.54	11.98	11.89	1.85

3. 麸皮

麸皮是小麦加工成面粉后的副产物。机械制粉时，因制粉机械设备完全，所产麸皮的淀粉含量较少，尤其是出粉率高的麸皮，其淀粉含量更少。而设备简陋的半机械制粉所产麸皮的淀粉含量就多。同时，麸皮的成分也会因原料小麦品种及产地而不同。麸皮中含有的蛋白质和多缩戊糖，能与酱油中的氨基酸结合生成黑褐色素，增加酱油色泽。但是该色素红亮不足，偏乌暗。新鲜洁净的生麸皮中含有 α-淀粉酶、β-淀粉酶、多种维生素、钙、铁等无机物质。

麸皮质地疏松，表面积大，对培养微生物、制曲、浸滤酱油十分有利。然而，麸皮的添加量过大，又会降低酱油品质。因为麸皮中含有大约20％的多缩戊糖。这类五碳糖不能被酵母菌发酵，不能产生醇类物质，不利于改善酱油风味。特别是五碳糖形成的色素乌黑发暗，远不及六碳糖（如葡萄糖）好。此外，若以蛋白质单价计，麸皮远不及豆粕。而可利用的酶解淀粉仅约23％，单价高于小麦、碎米、玉米、薯干等。

麸皮虽含有足够霉菌生长、繁殖所需的各种营养成分，基本能满足制曲的需要。但若生产优质酱油时需要提高产品糖分、乙醇及香气成分，仅使用麸皮为单一的淀粉原料，其淀粉含量就远不能满足生产需要。因此，酿造优质酱油，除使用适量麸皮外，还需要加入较多的六碳糖含量高的淀粉原料。

4. 其他淀粉质原料

除了小麦麸皮之外，各地就地取材，凡是含有淀粉而又无毒无异味的谷物，均可作为酱油生产的淀粉原料。例如碎米、玉米、甘薯、小米、高粱、大麦、米糠等，主要成分见表2-4。

表 2-4　其他常用淀粉原料的主要成分　　　　　单位：g/100g

种类	粗淀粉	粗脂肪	粗蛋白	灰分	水分
玉米	67.61	3.15	8.81	0.97	11.03
甘薯	27.70	0.23	1.10	0.74	69.80
甘薯干	70.20	3.20	2.30	2.00	10.90
小麦	70.11	2.00	9.44	2.37	12.49
高粱	70.35	2.19	7.59	0.57	14.49
小米	64.90	4.82	11.40	1.88	12.20
碎米	74.31	0.69	7.19	0.43	9.15

酿造酱油所用的原料，除了含有丰富的蛋白质和淀粉以外，还含有许多微生物所必需的脂肪、无机物、维生素和氨基酸等营养物质。

（四）食盐

食盐是酱油生产不可缺少的主要原料之一，酱油一般含食盐为 18％ 左右。它使酱油具有适当的咸味，能提高鲜味口感，增加酱油的风味。食盐还具有杀菌、抑菌及防腐的作用，可以在发酵过程中相应减少杂菌污染，在产品贮存中起到防止腐败的作用。

食盐因来源不同可分为海盐、湖盐、井盐和岩盐，以海盐为主。海盐习惯上以产区为名，如产于浙江沿海的称为姚盐，产于淮南和淮北沿海的称为淮盐，产于山东沿海的称为鲁盐，产于河北沿海的称为芦盐。在四川、山西、陕西及甘肃等省均有井盐，其中以四川自贡井盐最为有名。食盐的主要成分是氯化钠。氯化钠含量越高，质量越好。

酱油用食盐宜选用氯化钠含量高、颜色洁白、水分及杂质少的品种，卤汁（氯化钾、氯化镁、硫酸镁、硫酸钙、硫酸钠等混合物）宜少。含卤汁过多的食盐会带来苦涩味，使酱油品质降低。最简单的去除卤汁的方法是将食盐存放于盐库中，让卤汁自然吸收空气中的水分进行潮解后流出，使其自然脱苦。

生产实践证明：每 100kg 水中加入 1.5kg 食盐，即得浓度为 1 波美度（°Bé）的盐水。合理的溶解方法是将水注入盐堆，令其自然溶解，于盐堆底部收集浓盐水。温度的变化对溶解度的影响不大，因此无需加热溶解。100g 水中纯盐溶解度见表 2-5。

表 2-5　食盐的溶解度

温度/℃	0	15	30	50	100
溶解度/(g/100g)	35.63	35.75	36.03	36.67	39.12

（五）水

酱油生产中，凡是符合卫生标准能供饮用的水如自来水、深井水、清洁的江水、河水、湖水等均可使用。酿造酱油用水量很大，一般生产1t酱油需用水6～7t，包括蒸料用水、制曲用水、发酵用水、淋油用水、设备容器洗刷用水、锅炉用水以及卫生用水等。就产品而言，水的消耗量也是很大的，酱油成分中水分占70%左右，发酵生成的全部调味成分都要溶于水才能成为酱油。

含有可溶性钙盐、镁盐较多的水叫硬水，含较少的则为软水。通常钙盐以CaO表示，镁盐以MgO表示。硬度是表示水中含有多少CaO和MgO的单位。硬度的标准是100mL水中含有1mg CaO为$1°d$，MgO的含量要换算成CaO，即1mg MgO=0.714mg CaO。水中含有CaO和MgO的总量即为总硬度，化验水中CaO和MgO的含量即可计算水的总硬度。目前来讲自来水比较理想，但随着工业化的进展，今后对水质的要求必将更高。如果水中含有大量的铁、镁、钙等物质，不仅不符合卫生要求，而且有碍于酱油风味。一般来说在酱汁中含铁不宜超过5mg/kg。水的硬度标准如表2-6所示。

表2-6 水的硬度 单位：°d

水的分类	很软水	软水	中等硬水	硬水	很硬水
硬度	0～4	4～8	8～16	16～30	>30

二、辅料及添加剂

（一）增色剂

1. 红曲米

红曲米是将红曲霉接种在大米上培养而成的。其色素特点是对pH稳定，耐热，不受金属离子和氧化剂、还原剂的影响，无毒，无害。在酱油生产中如果添加红曲米与米曲霉混合发酵，其色泽可提高30%，氨基酸态氮提高8%，还原糖提高26%。

2. 酱色

酱色是将淀粉水解物用氨法或非氨法生产的色素。其中氨法酱色中含有一种4-甲基咪唑（$C_4H_5K_2$），具有毒性，已被禁用。而非氨法生产的酱色，没有毒性，可用于酱油产品增色。

3. 红枣糖色

利用大枣所含糖分、酶和含氮物质，进行酶褐变和美拉德反应，经过红枣蒸煮—分离—浓缩—熬炒制成成品。枣糖色率高，香气正，无毒害并含有还原糖、氨基酸态氮等营养成分，是一种安全的天然食用色素，也可用于酱油增色。

（二）助鲜剂

1. 谷氨酸钠

俗称味精，它是谷氨酸的钠盐，并含有一分子结晶水，是一种白色结晶粉末。在 pH 为 6 左右时，其鲜味最强。谷氨酸钠是酱油中一种主要的鲜味成分，一般在发酵中自然产生。

2. 呈味核苷酸盐

呈味核苷酸盐有肌苷酸盐、鸟苷酸盐等。肌苷酸钠呈无色结晶状，均能溶解于水，一般用量在 0.01%～0.03% 时就有明显的增鲜效果。为了防止米曲霉分泌的磷酸单酯酶分解核苷酸，通常将酱油灭菌后加入。

第三节　制　曲

一、酱油酿造中的主要微生物

从酿造酱油及其他调味品的角度，人们通常把微生物分为两种，即有益微生物和有害微生物。有益微生物是酿造酱油及其他调味品的基础，是酿造工业的核心和动力。而有害微生物指的是影响正常酿造过程和降低产品质量及破坏产品优良风格的菌类，这些菌类在生产上通常称为杂菌。

目前酱油等传统调味品生产工艺比较粗放，同时又是多菌种发酵，污染杂菌的机会很多。因此，在实际生产中如何发挥有益微生物作用和防止杂菌感染，是酱油等调味品生产的关键。这就要求我们熟悉和掌握酱油等调味品酿造中的主要微生物的特性，才能进一步提高酱油等调味品的酿造水平。

在酱油等调味品的酿造中。常见的微生物主要有细菌、霉菌和酵母菌三类，还有一类是对调味品酿造危害极大的病毒。

（一）酿造酱油及调味品中常用的细菌

酱醅中有的细菌有益，有的是有害的。对酱油风味起主要作用的细菌是嗜盐足球菌和四联球菌。酿造酱油及调味品中常用的细菌有乳酸菌、醋酸菌、棒状杆菌、芽孢杆菌等。

1. 乳酸菌

乳酸菌是一类能利用较简单的碳水化合物生成大量乳酸的细菌。乳酸菌的种类有近 200 种，在酿造酱油及调味品中是很重要的细菌，它们赋予酱油等调味品美好的风味。其具有代表性的有四联球菌和嗜盐足球菌。

（1）四联球菌　能耐 20％的食盐，在发酵后期能生成一定量的乳酸。

（2）嗜盐足球菌　在 18％的食盐中繁殖很好，在 24％～26％食盐含量中也能繁殖产生乳酸，pH 5 以下不能繁殖。

以上两种细菌的共同作用是产生乳酸，使发酵醪的 pH 降低到 5，以促进鲁氏酵母的繁殖；其次是除去酱油醪中的氨基酸，分解臭味，提高酱油的色、香、味。

2. 醋酸菌

醋酸菌是一类能氧化酒精成为醋酸的细菌，目前已知的有 50 多种，酿造食醋常用的有 4～5 种，如中科 AS1.31、沪酿 1.01。

3. 棒状杆菌

棒状杆菌是用来生产谷氨酸的主要菌种，常用的有北京棒状杆菌 AS1.299 和钝齿棒状杆菌 AS1.542。

4. 芽孢杆菌

芽孢杆菌是一类好氧生长的能产生芽孢的革兰氏染色阳性的棒状杆菌，目前有 300 多种。与酿造调味品比较密切的有以下几种。

（1）枯草杆菌　它具有对淀粉和蛋白质极大的分解能力，是制造种曲和大曲的主要污染菌。

（2）纳豆杆菌　其特性与枯草杆菌很相似。

（3）蜡状芽孢杆菌　与枯草杆菌相似。

（二）酿造酱油及调味品中常用的酵母菌

与酱油香气有关的是鲁氏酵母、易变球拟酵母、埃契氏球拟酵母。鲁氏酵母是在主发酵期起作用，球拟酵母是在酱油发酵后期起作用。

1. 鲁氏酵母

鲁氏酵母是耐高渗透压的酵母菌，能在含糖量及含盐量很高的物料中生长，能利用葡萄糖和麦芽糖，还能利用半乳糖、乳糖及蔗糖。鲁氏酵母是酿造酱油及酱类的重要菌种，它能使产品产生乙醇、酯类、琥珀酸、糠醛、呋喃酮等香气成分。鲁氏酵母有两种类别，即非产膜型和产膜型。

（1）非产膜型鲁氏酵母特点　非产膜型鲁氏酵母不能进行有氧代谢，不能在酱醪表面生长，它是酿造酱油及酱类最理想的生产菌。

（2）产膜型鲁氏酵母特点　产膜型鲁氏酵母能在酱醪中无氧条件下生长，也能在酱醪表面有氧条件下生长，并分解酱油及酱类中的谷氨酸与酒精，产生苯醛等有刺激性气味的物质，严重影响产品风味。

2. 易变球拟酵母和埃契氏球拟酵母

这两种球拟酵母和鲁氏酵母一样，都属于耐高盐的酵母菌，也是酱油与酱类发酵过程中产生香气的重要菌株，主要产生 4-乙基愈创木酚、苯乙醇等香气成分。

3. 假丝酵母

有些种类的假丝酵母也比较耐盐，并经常出现在酱醪中。

4. 毕赤酵母

毕赤酵母也比较耐盐，它是酿造酱油等调味品的有害菌，常在酱醪或醋醪表面形成黏稠皮膜，并产生不好的气味，影响发酵的正常进行。还能在酱油成品表面形成白花，消耗酱油中的有效成分，产生难闻的气味，降低酱油质量。

（三）酿造酱油及调味品中常用的霉菌

1. 根霉

根霉在自然界分布非常广，它们经常生长在含淀粉质的原料及制品上，其淀粉酶活性很强，常用作制造糖化剂的菌种。与酿造酱油及调味品关系密切的菌种，主要是华根霉和米根霉。

2. 毛霉

毛霉在自然界分布也非常广，大都生长在低温阴暗潮湿处，也是制曲时常见的杂菌。毛霉能糖化淀粉生成少量酒精，有的毛霉能产生大量蛋白酶，有分解大豆蛋白的能力，因此，毛霉有广泛的用途，可利用它制造酒药、豆腐乳及豆豉。

3. 曲霉

曲霉广泛存在于自然界中，是一种重要的生产菌类，主要是提供分解蛋白质和淀粉的酶，常用来生产酒类、酱油、酱类、酶制剂等。但曲霉能引起粮食霉变，是常见的有害菌。曲霉的种类很多，与酿造酱油等调味品关系密切的有黄曲霉群和黑曲霉群。

（1）米曲霉　米曲霉属黄曲霉群，它不仅分解蛋白质的能力较强，又具有糖化能力，因此，人们早就利用空气中的米曲霉生产酱油和酱类。目前酱油生产中广泛应用的就是 AS3.951 米曲霉菌株，除此之外，AS3.324 和沪酿 3.042 也有使用。

（2）黑曲霉　由于黑曲霉具有多种活性强大的酶系，特别是能产生酸性蛋白酶和纤维素酶，所以在酿造调味品酱油和食醋时，常选用黑曲霉作为多菌种发酵的菌种之一。实验证明，在酱油酿造过程中，采用米曲霉与产酸性蛋白酶的黑曲霉混合制曲，所酿造的酱油不仅味道鲜美，而且全氮利用率高。

（3）红曲霉　红曲霉能产生淀粉酶、麦芽糖酶、蛋白酶等，还能产生红曲霉红素和黄曲霉黄素，所以我国劳动人民早在明代就利用红曲霉制造红曲，用于食品及饮料加工中。

二、种曲的制备

种曲即种子。优良的种曲能使曲菌充分繁殖，不仅直接影响酱油曲的质量，而且影响酱醅的成熟速度和成品的质量。因此对种曲制造的要求十分严格，以保证曲菌的纯正和具有良好的性能。制种曲的目的是要获得大量纯菌种，要求菌丝发育健壮、产酶能力强、孢子数量多、孢子的耐久性强、发芽率高、细菌混入量少，为制成曲提供优良的种子。

（一）菌种选择

1. 菌种选择的条件

在选择酱油酿造用菌种时，必须考虑其是否具备以下条件。

（1）不产黄曲霉毒素及其他真菌毒素　高蛋白酶活力的曲霉菌株多集中于曲霉属的黄曲霉菌群。自1960年，英国从霉变的花生饲料中发现黄曲霉毒素以来，人们对黄曲霉在食品上的应用就非常慎重。最近的研究结果表明，在黄曲霉菌群中有40%～60%的菌株能产生黄曲霉毒素。所以在选用酱油生产菌种时，一定要首先检验其是否产生黄曲霉毒素。

应用绿色木霉、橘青霉等和米曲霉混合制曲，可增加成曲中的植物组织分解酶活力，提高原料利用率，但由于绿色木霉、橘青霉等会产生木霉毒素和橘青霉素等真菌毒素，危害人体健康，所以禁止使用。

（2）酶系全、酶活力高，尤其是蛋白酶活力要高　酱油成分中绝大部分来自制曲过程中微生物分泌的多种酶类对原料的分解，在这些酶中，除蛋白酶、淀粉酶等酶系外，还有谷氨酰胺酶、脂肪酶和植物组织分解酶（包括果胶酶、纤维素酶、半纤维素酶等）等。当前国内普遍推广的AS3.951号米曲霉（沪酿3.042），酶系比较全，酶活力较高，适于酿造酱油。但其酸性蛋白酶及纤维素酶活力不高，因此和酸性蛋白酶活力高的黑曲霉AS3.350或纤维素酶活力高的黑曲霉F_{27}混合制曲发酵，能够明显提高原料利用率。

（3）对环境适应性强，生长繁殖快　这样的菌株生长适应期短，孢子萌发快，能迅速居于生长优势地位，抑制杂菌的生长。沪酿3.042米曲霉十几年来在酿造工业一直保持着生命力，最主要原因就在于它对环境的适应性强，制曲管理容易。近几年国内有关单位以沪酿3.042米曲霉为出发菌株，通过诱变育种选育出多株新菌株，如沪酿UE-336（上海酿造所）、$10B_1$（天津轻工业学院等）和W_{S2}米曲霉等，其酶活力均比出发菌株高，但因生长缓慢、制曲时间长，在生产上未能迅速推广应用。

（4）酿制的酱油风味好　优良菌株不仅要求无毒性，酶系全、酶活力高，生长快、制曲容易，而且酿制出的酱油必须风味良好，否则不适用。例如 AS3.374栖土曲霉，蛋白酶活力比米曲霉高 3～5 倍，发酵中只要用 25％成曲就能制出酱油，但因产品带有不愉快的臭气，所以在生产上无法应用。经过生产实践的长期考验，沪酿 3.042 米曲霉酿造的酱油风味好，符合以上四个条件，因此，在我国绝大多数厂家推广应用。

2. 优良菌株的生物学特性

我国 98％的酱油厂现用菌株为沪酿 3.042（也称中科 3.951）米曲霉，近几年采用黑曲霉 AS3.350 或 F_{27}，与沪酿 3.042 混合制曲也推广开来。下面简要介绍三个菌株的生物学特性。

（1）沪酿 3.042 米曲霉的生物学特性　沪酿 3.042 米曲霉是 1976 年上海酿造科研所以米曲霉中科 AS3.863 为出发菌株，通过紫外线诱变和长期驯化得到的优良菌株。和出发菌株相比，其蛋白酶活力显著提高，分生孢子大，数量多，生长繁殖快，抗杂菌能力强，酿造的酱油风味好。

① 形态特征。沪酿 3.042 米曲霉的个体形态是分生孢子梗长 2mm 左右，近顶处直径可达 12～15μm；顶囊球形，直径 40～50μm；分生孢子呈放射状，小梗单层，分生孢子球形或近球形，直径 4～6μm。菌落特征为在察氏培养基上菌落形成较快，培养 10 天直径可达 5～6cm，质地疏松，初为白色、黄色，继而变为黄褐色至淡绿褐色，反面无色。在一般自然培养基上，菌落形成更快，培养2～3 天，不但菌丝生长旺盛，而且已全部生出黄绿色分生孢子。和米曲霉不同的是，黄曲霉的分生孢子小梗单层、双层或单双层并存，会产生曲酸；在0.05％的茴香醛察氏培养基上分生孢子不变粉红色。而米曲霉一般不产曲酸，在0.05％的茴香醛察氏培养基上分生孢子呈粉红色。

② 生活条件。孢子萌发条件是水分活度 0.75～0.90，最适温度 28～32℃，pH 4.5～7.5。菌丝生长条件是水分 34％～45％，最适温度 32～35℃，pH 6.5～6.8。产酶最适温度为 28～30℃，产酶旺盛时期在孢子着生期酶活力最高。

③ 酶系。沪酿 3.042 米曲霉产生的主要酶系及活力见表 2-7。

表 2-7　沪酿 3.042 米曲霉固体曲中的酶系　　单位：U/mL

酶系	中性蛋白酶	碱性蛋白酶	酸性蛋白酶	液化酶	糖化酶	果胶酶	纤维素酶
酶活力	936	735	118	132	1031	112	1220

从表 2-7 可看出，沪酿 3.042 米曲霉的酶系以蛋白酶、淀粉酶系和纤维素酶为主，其中蛋白酶以中性和碱性蛋白酶活力较高，而酸性蛋白酶活力较低。

（2）黑曲霉 F_{27} 的生物学特性　黑曲霉 F_{27} 是华中农业大学酿造教研室从土壤中分离的一株纤维素酶产生菌，经过物理化学因素多次诱变多年选育获得的，于 1984 年通过技术鉴定，并很快推广应用。其个体形态是顶囊球形，小梗两列，分生孢子球形，棕黑色，直径 $3 \sim 5 \mu m$。生活条件和沪酿 3.042 米曲霉基本相同，非常适合与沪酿 3.042 米曲霉混合制曲。酶系以纤维素酶为主，羧甲基纤维素（CMC）酶活力为 937.6mg 葡萄糖/(g·h)，滤纸糖酶活力为 70mg 葡萄糖/(g·h)，且具有较高的酸性蛋白酶、糖化酶和果胶酶活力。与沪酿 3.042 米曲霉混合制曲，丰富了成曲酶系，可使原料蛋白质利用率提高 10% 左右。

(3) AS3.350 的生物学特性　黑曲霉 AS3.350 的个体形态和黑曲霉 F_{27} 基本相同。生长温度为 $25 \sim 32℃$，适宜 pH $4.5 \sim 6.0$，产酶适宜 pH $5.5 \sim 6.0$。具有多种活性强大的酶系，如纤维素酶、糖化酶和果胶酶。

生产上一般采用 AS3.350 黑曲霉和沪酿 3.042 米曲霉分开制曲再混合发酵的方法以提高产品质量。据上海酿造所报道，在沪酿 3.042 米曲霉固体曲中加入 20%AS3.350 黑曲霉，发酵结果原料全氮利用率提高，酱油鲜味增加，谷氨酸含量提高 20% 以上。将 AS3.350 与沪酿 3.042 混合制曲，接种比例为 8：2，也收到了同样的效果。

3. 菌种培养

(1) 斜面试管菌种培养　斜面培养沪酿 3.042 米曲霉、黑曲霉 F_{27} 和 AS3.350 采用专用培养基，配方是：5°Bé 豆汁 1000mL，可溶性淀粉 20g，磷酸二氢钾 1g，硫酸铵 0.5g，硫酸镁 0.5g，琼脂 25g，pH 6.0，121℃灭菌 30min。

豆汁制备方法是：大豆 100g 洗净，加 4 倍清水浸泡 $10 \sim 15h$，中间换水 2 次，使大豆充分吸水膨胀。沥干，另加 6 倍清水，缓缓煮沸 $3 \sim 4h$，随时补水防止煮干。然后趁热用纱布过滤，不要挤压以防止混浊。每 100g 大豆约可制得 5°Bé 豆汁 150mL，多则浓缩，少则补水。或用豆饼（粕）100g，加 $5 \sim 6$ 倍清水，文水煮沸 1h，边煮边搅拌，煮后趁热过滤。每 100g 豆饼约可制得 5°Bé 豆汁 100mL。

斜面培养基接种后，30℃恒温培养 3 天，沪酿 3.042 米曲霉即长满茂盛的黄绿色孢子；黑曲霉 F_{27} 和 AS3.350 长满茂盛的黑褐色孢子。斜面菌种如不及时使用，可置 4℃冰箱保存 $1 \sim 3$ 个月。对于长期保存菌种，可采用石蜡保藏法、砂土管保藏法或麸皮管保藏法。如果菌种出现退化现象，如菌落变薄，正常颜色改变，孢子生长不整齐或明显减少甚至不能形成，酶活力降低等，应进行分离复壮。生产中一般在传代 $3 \sim 4$ 次后就要进行分离复壮。

(2) 三角瓶扩大培养

① 培养料配方　常用的有两种：麸皮 80g、面粉 20g、水 $80 \sim 90mL$，或麸皮 85g、豆饼粉（通过 50 目筛）15g、水 95mL 左右。将原料混匀后，分装于已经干热灭菌的 250mL 三角瓶或玻璃罐头瓶内，料厚度约 1cm 左右，121℃湿热灭菌 30min，灭菌后趁热把曲料摇散。

② 接种培养　待曲料冷至室温，无菌操作接入斜面孢子 $1 \sim 2$ 环，充分摇匀

后，将培养基堆积在瓶底一角，于30℃培养。18~20h后，见白斑及菌丝生长，把培养基充分摇碎并平摊于瓶底。继续培养约6h，菌丝大量生长又结成饼状，进行第二次摇瓶，把小团块亦充分摇松，仍平摊于瓶底培养。约经48h，菌丝充分生长，形成结饼状即可扣瓶（将三角瓶斜倒，使底部曲料翻转，以充分接触空气）。扣瓶后，将瓶横放继续培养至孢子充分长满曲料，共需3天。培养好的三角瓶或罐头瓶曲应及时使用，如果短时间保存，可置于4℃冰箱，时间不宜超过10天。

（3）三角瓶（罐头瓶）种曲的质量标准

① 孢子发育健壮、整齐、稠密、布满培养料，米曲霉呈鲜艳黄绿色，黑曲霉呈新鲜黑褐色。

② 有各种曲霉特有的香味，无异味，无杂菌，内无白心。

③ 孢子数（用血球计数板测定，以个/g干基计），沪酿3.042米曲霉90亿，黑曲霉F_{27}80亿以上，AS3.350 105亿。

（二）种曲制备要求

1. 种曲的原料要求

种曲制备是为了培养优良的孢子，原料必须适应曲霉菌旺盛繁殖的需要。曲霉菌繁殖时需要大量糖分作为热源，而豆粕含淀粉较少，因此原料配比上豆饼占少量，麸皮占多量，同时还要加入适当的饴糖，以满足曲霉菌的需要。为了使曲霉菌繁殖旺盛，大量着生孢子，曲料必须保持松散，空气要流通，如果麸皮过细影响通风，可以适当加入一些粗糠等疏松料，对改变曲料物理性质起着很大的作用，也是制好种曲不可缺少的因素。另外在制种曲时，原料中加入适量（0.5%~1%）的经过消毒灭菌的草木灰效果较好。

制种曲所用原料检验必须认真，发霉或气味不正的原料不应该使用。因为发霉的原料含有杂菌，虽然在蒸料时能够把杂菌杀死，但是杂菌在原料中所生成的有害物质（如毒素等）却无法去除，仍存于原料之中，这些微量有害物质对纯菌种的繁殖有抑制作用，会导致其在制曲过程中不能正常繁殖。

2. 种曲室及其主要设施要求（以盒曲为例）

种曲室是培养种曲的场所，要求密闭、保温、保湿性能好，使种曲有一个既卫生又符合生长繁殖所需要条件的环境。种曲室的大小一般为5m×（4~4.5）m×3m，四周以水泥为墙，以保持平整光滑，便于洗刷。房顶为圆弧形，以防冷凝水滴入种曲中，天棚上最好铺有一定厚度的锯末等保温材料，以利于种曲室保持一定的温度。种曲室必须安装有门、窗及天窗，并有调湿装置和排水设施。

其他设备：蒸料锅（桶）、种子桶（或盆）、振荡筛及扬料机。培养用具：木盘 [（45~48）cm×（30~40）cm×5cm]，盘底有厚度为0.5cm的横木条3根。

（三）种曲制作方法（以盒曲为例）

1. 种曲原料配比（水分占原料总量的含量/％）

① 麸皮 80，面粉 20，水占前两者 70 左右；
② 麸皮 85，豆粕 15，水占前两者 90 左右；
③ 麸皮 80，豆饼粉 20，水占前两者 100～110；
④ 麸皮 100，水占 95～100。

2. 工艺流程（以培养沪酿 3.042 米曲霉为例）

种曲制作工艺流程见图 2-1。

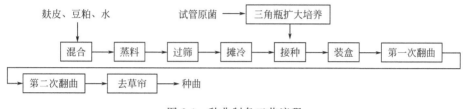

图 2-1　种曲制备工艺流程

3. 操作要点

（1）混合　豆粕加水浸泡，水温 85℃ 以上，浸泡时间 30min 以上，搅拌要均匀一致，然后加入麸皮拌匀，入蒸料锅蒸熟达到灭菌目的及蛋白质适度变性。

（2）蒸料　如采用常压蒸料，一般保持蒸汽从原料面层均匀地喷出后，再加盖蒸 1h，再关蒸汽焖 30min。加压蒸料一般保持 0.1MPa 蒸 30min，蒸料出锅黄褐色，柔软无浮水，出锅后过筛使之迅速冷却，要求熟料水分为 52％～55％。

（3）过筛、摊冷　采用一次加润水法的熟料团块较多，过筛困难，消耗劳动力大，可改用二次加润水法。在混合原料中，先加水 40％～50％，蒸熟后过筛，熟料疏松容易筛，过筛后再加 30％～45％ 的冷开水，为防止杂菌污染，可在此冷水中添加 0.2％～0.3％ 食用冰醋酸或 0.5％～1.0％ 醋酸钠拌匀。

（4）接种　接种温度夏天一般为 38℃，冬天为 42℃，接种量 0.1％～0.5％。接种时先将三角瓶外壁用 75％ 酒精擦拭，拔去棉塞后，用灭菌的竹筷（或竹片）将纯种去除，置于少量冷却的曲料上，拌匀（分三次撒于全部曲料上）。如用回转式加压锅蒸料，可用真空直接冷却到接种温度，并在锅内接种及回转拌匀，以减少与空气中杂菌的接触。

（5）装盒培养　将曲料摊平于盘中央，每盘装料（以干料计）0.5kg，然后将曲盘竖直堆叠放于木架上，每堆高度为 8 个盘，最上层应倒盖空盘一个，以保温保湿。装盘后品温应为 30～31℃，保持室温 29～31℃（冬季室温 32～34℃），干湿球温度计温差 1℃，经 6h 左右，上层品温达 35～36℃ 可倒盘一次，使上下品温均匀,这一阶段为沪酿3.042的孢子发芽期。

(6)第一次翻曲　继续保温培养6h,上层品温36℃左右。这时曲料表面生长出呈微白色菌丝,并开始结块,这个阶段为菌丝生长期。此时即可搓曲,即用双手将曲料搓碎、摊平,使曲料松散,然后每盘上盖灭菌湿草帘一个,以利于保湿降温,并倒盘一次后,将曲盘改为品字形堆放。

(7)第二次翻曲　搓曲后继续保温培养6~7h,品温又升至36℃左右,曲全部长满白色菌丝,结块良好,即可进行第二次翻曲。或根据情况进行划曲,用竹筷将曲料划成2cm的碎块,使靠近盘底的曲料翻起,利于通风降温,使菌丝孢子生长均匀。翻曲或划曲后仍盖好湿草帘并倒盘,仍以品字形堆放。此时室温为25~28℃,干湿球温度计温差为0~1℃,这一阶段菌丝发育旺盛,大量生长蔓延,曲料结块,这个阶段称为菌丝繁殖期。

划曲后,地面应经常洒冷水保持室内温度,降低室温使品温保持在34~36℃,干湿球温度计温差达到平衡,相对湿度为100%,这期间每隔6~7h应倒盘一次。这个阶段已经长好的菌丝又长出孢子,这个阶段称为孢子生长期。

(8)去草帘　自盖草帘后48h左右,将草帘去掉,这时品温趋于缓和,应停止向地面洒水,并开天窗排潮,保持室温(30±1)℃,品温35~36℃,中间倒盘一次,至种曲成熟为止。这一阶段孢子大量生长并老熟,称为孢子成熟期。

自装盘入室至种曲成熟,整个培养时间共计72h。在种曲制造过程中,应每1~2h记录一次品温、室温及操作情况。

4.种曲制作过程中注意事项

① 种曲制作必须尽量防止杂菌污染,因此曲室及一切工具在使用前需经洗刷后消毒灭菌。

制种曲用的各种工具每次使用后要洗刷干净,然后放入曲室待灭菌,曲盘也应移入曲室品字形堆叠,灭菌前将曲室门窗及地沟等洞孔封闭好,按种曲室的空间计算出灭菌剂用量。具体灭菌方法如下:

a.硫黄灭菌。硫黄量25g/m³,硫黄放于小铁锅内加热,使硫黄燃烧产生蓝色火焰,即二氧化硫气体。反应方程式如下:

$$S + O_2 \longrightarrow SO_2 \uparrow$$
$$SO_2 + H_2O \longrightarrow H_2SO_3$$

其中H_2SO_3有灭菌作用,由上式可知采用硫黄灭菌时,曲室及木盒必须呈潮湿状态。燃烧硫黄时,为了产生足够多的H_2SO_3,必须保持密封状态20h以上。同时把曲室暖气开放,提高室温,可提高灭菌效果,又可将木盘烘干。

b.蒸汽灭菌。草帘用清水冲洗干净,100℃蒸汽灭菌1h。

c.甲醛灭菌。甲醛对细菌及酵母的杀灭力较强,但对霉菌的杀灭力较弱,甲醛和硫黄两者可混合使用或交替使用效果更佳。

d. 操作人员的手以及不能灭菌的器件。首先清洗干净，然后用75%的酒精擦洗灭菌。

② 设备及用具使用后要清洗干净，并妥善保管。

③ 严格按工艺操作要求生产，控制好温湿度。

④ 加强生产联系，保证使用新鲜种曲。

⑤ 加强对种曲质量的检查并做好记录。

⑥ 培养好的种曲保藏于低温干燥处。

（四）种曲的保存

新鲜种曲发芽率高，应尽可能使用新鲜种曲。由于新鲜种曲含水量较高，不宜久存。特别是温度较高时，容易造成孢子衰老死亡，降低发芽率，并且易污染菌。因此，暂不使用的种曲应以竹匾存放，厚度不超过2cm，移至阴凉通风处，自然干燥，贮存期为10天左右。或经40～50℃通风干燥至水分10%左右并经真空后可保存2～3个月。

（五）种曲的质量要求

1. 感官指标

菌丝旺盛，孢子丛生而旺盛，米曲霉呈新鲜的黄绿色，黑曲霉呈新鲜的黑褐色，有各菌种特有的曲香，手感发滑，孢子飞扬，无夹心、无异味。无常见的杂菌：灰黑色绒毛（根霉）、蓝绿色斑点（青霉）、灰白色绒毛（毛霉）。无其他异色，不发黏（细菌污染）。

2. 理化指标

孢子数（干基）大于 6×10^9 个/g（以镜检法计数）；孢子发芽率85%以上（以悬滴培养法测定）。

3. 卫生指标

细菌总数小于 1×10^2 个/g（以平皿培养法测定），此为无菌种曲机培养菌种应达到的水平。若采用传统的开放式制备种曲的方法，则细菌总数应小于 1×10^7 个/g（以平皿培养法测定）。种曲标准有严格的要求，特别是对于细菌总数偏高而孢子数偏低，感官杂菌丛生者，必须停止使用，并针对造成的原因，更改后重新培养。

三、制曲工艺

制曲是酱油生产的关键之处，是酿造酱油的基础。没有良好的曲子，就不能酿造出品质优良的酱油。制曲先要选择原料及适当的配比，经过蒸熟处理，然后在蒸熟原料中混合种曲，使米曲霉充分发育繁殖，同时分泌出多种酶（蛋白酶、淀粉酶、氧化酶、脂肪酶、纤维素酶等）。制曲时，从米曲霉菌体中分泌出的酶，不但使原料起了变化，而且也是以后发酵期间发生变化的根源。所以曲的好坏，直接影响酱油品质和原料利用率。

（一）厚层通风制曲工艺流程

厚层通风制曲工艺流程如图 2-2 所示。

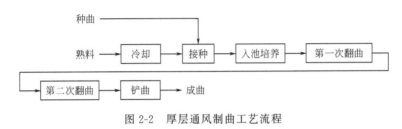

图 2-2　厚层通风制曲工艺流程

（二）操作要点

1. 冷却、接种

经过蒸煮的熟料必须迅速冷却，并把结块的部分打碎，使用带有减压冷却设备的旋转式蒸煮锅，可在锅内直接冷却。出锅后迅速接种，立即用气力输送、绞龙或输送带送入曲池内培养。

没有冷却设备的蒸锅出料以后可用绞龙或其他吹风设备冷却至 40℃ 左右接种，接种量为 0.3％～0.5％。种曲先用少量麸皮拌匀后再掺入熟料中以增其均匀性。操作完毕应及时清洗各种设备、并搞好环境卫生，以免存积的物料受微生物污染而影响下次制曲质量。

2. 入池培养

厚层通风制曲工艺，曲料入池，料层厚度为 30cm 左右，为了保持均匀而良好的通风条件，必须做到料层厚薄均匀，曲料疏松平整。如果接种后曲料温度较高，或者上下层品温不一致，应及时开启通风机调节品温至 32℃ 左右，促进米曲霉孢子发芽。保持室温 28～30℃，曲室相对湿度在 90℃ 以上。入池后，静止培养 6～8h，通常品温开始上升，待品温升至 37℃ 左右即开机通风降温。以后，以开、停风机的方法维持品温在 32～35℃。温度的调节可采取循环风或部分循环风的方式加以控制，使上层与下层的温差尽可能减少。

3. 翻曲

在制曲过程中，自接种后 12～14h，品温上升迅速。此时曲料由于米曲霉菌丝生长而结块，通风阻力随着生长时间的延长而逐渐增大，品温出现下低面高的现象，温差也逐渐增大。虽已通风数小时，品温仍无法控制在 35℃ 以内。此时，应立即进行第一次翻曲，使曲料疏松，减少通风阻力，保持正常品温 35℃ 左右。以后再继续培养 4～6h，根据品温上升情况及曲料收缩裂缝等现象，需要进行第二次翻曲，以疏松曲料，消除裂缝，防止漏风，翻曲后仍继续连续通风培养，维持品温以 30～32℃ 为宜。

4. 铲曲

无论采用机械或人力翻曲方式，均需做到把紧靠假底上的曲料全部翻松。如果翻曲机转速过快，对米曲霉的正常生长将产生负面影响，一般应控制翻曲机的适宜转速为 200～250r/min。如果经过两次翻曲后，曲料再次出现干裂收缩，产生裂缝，品温相差悬殊，可用压曲或铲曲的方法消除裂缝，控制漏风。培养 20h 左右，蛋白酶活力大幅度上升。此后米曲霉开始着生孢子。制曲周期一般为 28～40h。

薄层静置制曲工艺，如竹匾、木盒、帘子制曲，料层厚度为 2～3cm，冬季可适当厚些，夏季可相应摊薄一些。

目前，我国尚有部分企业，采用老曲，制曲周期长达 48～72h。实践证明，采用低盐固态短周期发酵工艺时，由于重点关注蛋白酶、淀粉酶的主发酵完成即可，所以可适当缩短制曲时间，以节约用电，提高设备利用率及降低生产成本。采用高盐稀态长周期发酵工艺时，要求各种酶系的发酵充分而完全，因此，可适当延长制曲时间，以确保酶系全、酶活力高。

（三）注意事项

1. 制曲初期

此时期指接种后 6～8h 的孢子发芽期。此时米曲霉自身不产热，需依靠曲料保持适宜的温度。如品温低于 25℃，孢子发芽缓慢，易造成小球菌、毛霉、青霉等低温型杂菌的污染；如品温高于 38℃，则造成枯草芽孢杆菌的生长。在孢子发芽期需保持曲料 30～34℃，并短暂地间隙通风，以防止兼性厌气性细菌等杂菌的污染。

2. 制曲中期

即接种后 12～14h 的菌丝生长期。米曲霉开始自主产热，品温逐渐上升，应由间隙通风转为连续通风，控制品温 30～36℃。肉眼能看到曲料上生长的白色菌丝。随着菌丝不断增殖，曲料结块、阻力增大、风压升高、风量减少，会出现曲料上层高下层低的温差。此时应进行第一次翻曲。

3. 制曲中后期

其是指接种后 16～20h 的菌丝繁殖期。菌丝发育旺盛，米曲霉大量产热，品温快速上升，应加强控温，连续通风，防止烧曲。严格控制品温在 30～36℃。

随着温度升高、水分不断散发，曲料再次结块，应进行第二次翻曲。此时各种酶大量分泌。由于酶对温度、湿度十分敏感，所以使用循环风，以保持曲料的湿度。米曲霉分泌的酸、中、碱蛋白酶，特别是谷氨酰胺酶、肽酶等均需在较低温度下生成，故品温控制在 30～32℃ 为宜。随后，继续通风，水分持续挥发。当曲料水分降至 35％ 以下时，酶活力则不再增加。

4. 制曲后期

其是指接种后 20～40h 的孢子着生期。水分大量挥发，曲料收缩加剧，常出现裂缝跑风现象，造成品温差异。可采取压曲或铲曲，以保持曲料均匀，品温仍控制在 30℃ 左右。这时分生孢子着生，曲料由淡黄色转至新鲜的黄绿色。制曲后期，通入干风，水分即逐渐排除。制曲周期按设备、配料及培养条件的差异而长短不一，通常是 28～40h。

制曲过程的温度、湿度及空气三要素中，以温度为主，通风、翻曲也是为了调节温度。通风量由小到大，也是按米曲霉不同生长期产生的不同热量而定。湿度以前期控制 45％～50％ 为宜，中期保湿，后期排湿，使成曲水分保持在 30％ 左右。

（四）质量标准

1. 感官指标

（1）外观　优良的成曲内部白色菌丝茂盛，并密密地着生黄绿色的孢子。但由于原料及配比的不同，色泽也稍有各异，曲应无灰黑色或褐色的夹心。

（2）香气　具有曲香气，无霉臭及其他异味。

（3）手感　曲料蓬松柔软，潮润绵滑，不粗糙。

2. 理化指标

（1）水分　一、四季度含水量为 28％～32％；二、三季度含水量为 26％～30％。

（2）蛋白酶活力　1000～1500U（福林法）。

（3）成曲细菌总数　为 50 亿个/g 以下。

（五）制曲过程中污染物来源及防治

制曲过程中，由于所用的原料是蛋白质、淀粉等营养物质，而且受空气自由流通、温湿度适宜等因素的影响，因此极易污染杂菌。尤其是当种曲质量欠佳的情况下，更易生长杂菌，引起成曲质量下降，酶活力低，原料利用率差。同时，杂菌的菌体及其代谢产物转移至发酵过程中，将影响酱油的风味，造成酱油混浊，使成品质量明显下降。

制曲中的杂菌，是指除了有目的培养的米曲霉外，在曲料上生长繁殖的其他微生物，无论是对酱油酿造有益的，还是有害的，统称为杂菌。常见杂菌包括霉菌中的毛霉、根霉、青霉，酵母菌中的鲁氏酵母、球拟酵母、毕赤酵母、醭酵母、圆酵母，细菌中的小球菌、粪链球菌和枯草芽孢杆菌等。

1. 杂菌来源

（1）种曲及麸皮中带入　其杂菌来源最主要的一个方面。由于种曲在培养或者贮存时，难免会带来杂菌。杂菌较多的种曲，本身孢子发芽力弱、发芽率低，成曲质量必定会受到严重影响。因此不合格的种曲，是制曲易受杂菌污染的最主要污染源。此外，接种时，拌和种曲所用的麸皮如果为生麸皮或者灭菌不彻底，自身就带有很多杂菌。

（2）设备和工具的积料中带入　直接接触曲料的设备和工具使用后，要洗刷清洁，并且保持干燥，否则积料中会自然生长出微生物，它与次日下一批曲料相接触，就接种入内，迅速地生长繁殖，尤其是平时不易受人注意的管道、设备死角处的积料上杂菌污染更为严重。

（3）空气中带入　如果制曲室附近环境不清洁，又有杂菌丛生的场所，如酱渣堆放或者尘埃飞扬的场地，空气中杂菌密度高，通风制曲时，空气中的杂菌连续接种于曲料上的机会极大地增加。

2. 杂菌污染防治

（1）工艺上的防治措施

① 保证菌种的纯粹性，要求种曲质量高，菌丝健壮旺盛，孢子浓密且多，发芽率高，繁殖力强，杂菌含量少。由于优良的种曲在制曲开始时，孢子发芽快，并迅速生长菌丝布满曲料颗粒的表面，就能以生长优势来抵御杂菌的侵入。对于投料量少的企业，可以直接使用玻瓶菌种。

② 严格蒸料要求，达到料熟、疏松、灭菌彻底。迅速冷却，减少熟料在开放式环境中的摊冷时间，尽可能减少杂菌的侵入。

③ 掌握好接种温度和接种量，接种要均匀。接种量不宜过少，拌和种曲用的麸皮需要预先干蒸灭菌。还要掌握好接种温度，一般不超过 40℃。曲霉菌的孢子不耐热，它与细菌孢子不同，接种温度越高，孢子发芽越受到影响。接种后孢子与曲料拌和得越均匀越好。如果菌种不均匀，则孢子多的曲料上菌丝生长旺盛后，会骤然使温度上升；相反，孢子少的曲料上，杂菌就会趁机大量繁殖。

④ 加强制曲过程的管理，保持曲料适当的水分，掌握好温度、湿度、通风条件，创造米曲霉生长的最适宜环境，抑制杂菌的污染。

a. 高水分制曲仍是污染杂菌的首要因素，低水分制曲又会影响原料的利用率。所以要掌握好曲料的适当水分，熟料水分是技术关键。

b. 在敞口条件下通风培养，要避免空气环境、工具设备的污染。注意接触熟料的运输设备、管道、工具、曲池等的清洁度。每天工作完毕，需洗净，必要时进行灭菌处理。

c. 制曲初期要保持适当的品温，可通入少量的间隙风，加强整个制曲期间的温湿度管理，注意通风调节。掌握制曲要点。既要防止低温时好气性的小球菌、产醭酵母、青霉菌等的生长；又要防止高温、高湿时好气性枯草芽孢杆菌和厌气性粪链球菌的生长。

（2）曲室及工具的防治措施

① 制曲环境经常保持洁净，曲室、曲池、设备及工具每次使用完毕，要彻底地清除散落的曲料及积垢。可以冲洗的场所和工具还要尽量清洗干净，使杂菌缺乏寄生繁殖的条件。

② 制曲污染严重时，原料处理设备、曲池及其假底可用 0.1％新洁尔灭液喷洒灭菌。

③ 熟料风管用蒸汽灭菌。平时也可用与风管直径相同的钢丝球刷，在每天熟料输送完毕后，在风管内来回拉动几次，用时仅约 5min，再把散落料吹掉，达到清洁风管的目的。

（3）添加杂菌抑制剂 在种曲和通风制曲过程的熟料中添加总原料 0.1％～0.3％的冰醋酸，或醋酸钠 0.5％～1.0％（在原料加水时先与水混合），可有效地抑制细菌的生长。如可使小球菌、链球菌、枯草杆菌明显受到抑制；种曲细菌数可下降约 90％，成曲的细菌数也可显著下降，而酶活力也有所提高，成曲质量明显提高。发酵成熟后，淋油畅爽、生产的酱油细菌数减少，澄清度提高。但使用这个方法，仍然必须以做好上述各项工艺及卫生措施为先决条件，否则不易获得明显的效果。

① 在制种曲时，可在熟料内加入。例如原料总加水量为 90％，可先加水 80％蒸煮，余下 10％的冷开水中加入冰醋酸，拌入过筛后的熟料中，然后接种培养，制得的种曲米曲霉生长良好，而小球菌、链球菌、枯草杆菌等杂菌受到严重抑制，种曲的细菌数明显下降。

② 制大曲，可按总原料 0.3％的冰醋酸先与水混匀，再加入蛋白质原料中，然后蒸料，成曲细菌数可比对照组下降显著，提高了成曲质量，发酵后，取油爽畅，生产的酱油细菌数减少，澄清度提高。

第四节　酱油发酵机理与设备

一、发酵机理

酱油的酿制过程，是在各种微生物的不同酶系作用下，原料中各种有机物发生复杂的生物化学反应，形成酱油的多种成分。这一过程可以简要概括为以下三个方面：成曲中米（黑）曲霉分泌的各种酶类对原料组分主要是蛋白质和淀粉进行酶解；酱醪中的微生物的生长繁殖和发酵作用；发酵后期的其他酶促或非酶促反应。反应形成数百种化学成分，这些成分是构成酱油主成分的物质基础。因此在发酵末期，酱醪已具备酱油所有的基本属性：风味、香气、盐分和色泽等。

（一）发酵过程中的酶解反应

在酱油酿造过程中，利用制曲中米曲霉所分泌的多种酶，如蛋白酶、肽酶、淀粉酶、谷氨酰胺酶、果胶酶、纤维素酶、半纤维素酶等，对原料组分主要是蛋白质和淀粉进行酶解，形成各种次级产物和小分子最终产物，这些是构成酱油主成分的物质基础。

1. 蛋白质水解酶

能使蛋白质水解的各种酶，一般分为蛋白酶和肽酶两大类。

（1）蛋白酶　蛋白酶属内切酶。酿造酱油原料中所含蛋白质经蛋白酶的分解作用，逐步降解成氨基酸，从而构成酱油的营养成分和风味成分。米曲霉所分泌的蛋白酶有三种：碱性蛋白酶（最适 pH 8）、中性蛋白酶（最适 pH 6～7）、酸性蛋白酶（最适 pH 3），以中性和碱性为主，因而在发酵期间要防止 pH 过低，否则会影响到蛋白质的分解作用，对原料蛋白质利用率及产品质量影响极大。

（2）肽酶　肽酶属外切酶，可将蛋白质与多肽的末端氨基酸逐个水解出来，生成游离氨基酸，能提高酱油鲜味和氨基酸生成率。

2. 淀粉水解酶

米曲霉和黑曲霉均可分泌 α-淀粉酶、β-淀粉酶、糖化型淀粉酶。制曲后的原料，还有部分碳水化合物尚未彻底糖化。在发酵过程中继续利用微生物所分泌的淀粉酶将残留碳水化合物分解成葡萄糖、麦芽糖、糊精等。淀粉水解生成的糖类对酱油的色、香、味、体有重要作用。

3. 谷氨酰胺酶

谷氨酸胺也是构成天然蛋白质的氨基酸之一，在蛋白质水解过程中，会游离出谷氨酰胺。它没有鲜味，在谷氨酰胺酶作用下，生成谷氨酸后，才有鲜味。

谷氨酰胺酶是一种胞内酶，要在较长的发酵时间中，菌体细胞自溶后，才能发挥其作用。其作用最适温度 37℃，对热极不稳定，发酵温度高，会使酶很快失活。作用最适 pH 7.4，pH 6 以下酶活力会受到抑制。

4. 果胶酶、纤维素酶及半纤维素酶

在酱油发酵过程中，果胶酶系和半纤维素酶先将大豆组织细胞间质溶解，使细胞游离开来，然后纤维素酶再将细胞壁水解，这样蛋白质、淀粉、脂肪等很容易被蛋白酶、淀粉酶、脂肪酶等水解，从而提高原料利用率。

5. 脂肪酶

米曲霉和黑曲霉都能产生脂肪酶。原料豆饼中残存油脂在3%左右，麸皮含有粗脂肪也在3%左右，这些脂肪通过脂肪酶、解脂酶的作用水解成甘油和脂肪酸，其中软脂酸、亚油酸与乙醇结合成的软脂酸乙酯是酱油香气成分的一部分，从而增加了酱油香气。

（二）微生物的生长繁殖代谢作用

在制曲和发酵过程中，从空气中落入的酵母菌和细菌也进行繁殖、发酵，如由酵母菌发酵生成酒精，由乳酸菌发酵生成乳酸。可见发酵就是利用这些酶在一定条件下的作用，分解合成酱油的色、香、味、体。

1. 耐盐性酵母菌

在酱油发酵过程中，耐盐性酵母菌主要是鲁氏酵母、易变球拟酵母、埃契氏球拟酵母等。

（1）鲁氏酵母　它在发酵早中期进行酒精发酵，产生乙醇、甘油、琥珀酸等，还可与嗜盐足球菌联合作用生成糖醇，使酱油产生特殊的香味。

（2）易变球拟酵母和埃契氏球拟酵母　它们在发酵后期，能生成较多的4-乙基愈创木酚和4-乙基苯酚，形成酱油特殊的香气。

2. 耐盐性乳酸菌

在酱油发酵过程中，耐盐性乳酸菌主要有嗜盐片球菌、酱油片球菌、酱油四联球菌、植物乳杆菌等。这些乳酸菌在酱油发酵到中期，大量繁殖产生乳酸，使酱醪pH下降，当pH 5.5时就抑制了自身生长，这样适量的乳酸，不但可消除酱醪中的氨基酸分解臭，使酱油口味柔和，而且也促使耐盐性酵母菌进行酒精发酵，产生的酒精与乳酸及其他有机酸反应生成酯，提高酱油的香气。

3. 其他微生物

（1）产酸发酵作用　酱醪中的醋酸菌和某些非耐盐的乳酸菌等也能发酵糖类生成醋酸、乳酸、琥珀酸等有机酸，适量的有机酸存在酱油中能增加酱油风味，若含量过多，就会使酱油呈现酸味而影响质量。

（2）氨基酸的脱氨和脱羧作用　在制曲、制醪及发酵过程中，污染的腐败菌能将蛋白质分解成氨基酸，并进一步作用于氨基酸，使氨基酸脱除氨基或羧基生成羧基酸、胺类、游离氨等，产生恶臭味，而影响酱油质量。

（三）其他酶促反应及非酶促反应

发酵后期，酶促反应和非酶促反应进行得相当活跃，生成多种香气成分和色素成分。酱油工业称之为酱醪的后熟作用。酶促反应如曲霉和酵母菌的酯化酶催化各种醇与醋酸、乳酸等有机酸反应生成多种酯类，各具特有的芳香气味。非酶促反应如氨基酸和糖类的美拉德反应生成类黑色素，其反应生成的中间产物如乙醛、丙醛、糠醛、异戊醛、丁醛及甲基-乙基酮等，也是香气成分的组成部分。但是如果美拉德反应速度快（在发酵温度高时），虽能增加酱油色泽，但氨基酸和糖分损失较多，酱油的营养价值降低。

二、其他理化条件对酱油发酵的影响

酱油的酿制过程可以简要概括为酶解、微生物发酵和后熟作用，因此在实际生产过程中，发酵条件的控制要朝着提升酶促反应效率、控制有害微生物和不良代谢产物的方向调整。

（一）发酵温度

发酵温度对酶解作用、微生物的发酵作用以及后熟作用都有很大影响。发酵温度高，如超过45℃以上，高于酶的最适作用温度，蛋白酶系的活性受到抑制，谷氨酰胺酶将很快失活。有益微生物不能生长繁殖，甚至死亡。高温还会加速美拉德反应，耗去较多的氨基酸和糖分。发酵温度低，如低于40℃，低于蛋白酶系最适作用温度，酶解作用缓慢，发酵时间就要延长，但有利于有益微生物的繁殖和发酵作用。

对于固态低盐发酵工艺，生产中控制发酵温度的做法是：在发酵前期，即发酵前10天左右，控制发酵温度在40～45℃，促进酶解作用。在发酵后期，酶解作用基本结束，补充盐分，使酱醅食盐浓度达到15％以上，确保后期低温发酵的安全性，控制发酵温度30℃左右，为有益微生物的发酵作用及后熟作用创造条件，提高酱油风味。这种先中温后低温的控制办法，原池淋油发酵容易做到，而对于移池淋油发酵，一般都不能进行补盐，无法做到。往往采用先中温后高温的控温办法，后期发酵温度提高到45～50℃，这种控温方法虽有利于提高原料利用率，缩短发酵周期，但不利于谷氨酰胺酶活力以及乳酸菌、酵母菌的发酵作用，酱油风味不足。

（二）发酵时间

传统发酵工艺，因酱醅中食盐浓度高，发酵温度低，发酵时间需半年左右。

固态无盐发酵，酶解作用进行迅速，发酵时间在56h左右即可完成原料的水解。但没有微生物的发酵作用，酱油风味欠佳。

固态低盐发酵，发酵时间应至少在10d左右，才能完成原料的水解。为了使微生物的发酵作用以及后熟作用比较充分，在设备允许的情况下，应尽可能地适当延长发酵时间，以提高酱油风味和原料利用率。如果在发酵后期，向酱醅中添加一定比例的乳酸菌和酵母菌培养液或向生酱油中加入一定量的酵母菌进行再发酵，则发酵周期可短些，仍能酿得风味尚好的酱油。

（三）酱醪的 pH

酱醪的 pH 对发酵过程影响较大。在发酵前期，为了有利于蛋白质水解保持 pH 6～7，但在生产过程中，发酵温度较高，由于微生物的发酵产酸使 pH 迅速下降，这是一个很大的矛盾，通过黑曲霉 F_{27} 与米曲霉沪酿 3.042 混合制曲后便可以改善这一矛盾，这是因为黑曲霉产生的蛋白酶是以酸性蛋白酶为主，在 pH 较低的情况下，酸性蛋白酶作用（水解蛋白质的能力）较强。为了充分发挥中性蛋白酶的作用，pH 不宜降得太快。目前限于条件及工艺，应采取控制盐水酸度，往盐水中加碳酸钠（食用纯碱）以提高 pH 至 9，以减缓酱醪发酵前期 pH 的下降速度问题。

（四）食盐浓度

制酱醪时，向成曲中拌入一定量的食盐水，以抑制不耐盐的杂菌繁殖，防止腐败。但是，如果拌入的食盐水浓度高，酱醪中食盐浓度大，还会抑制酶的活性。淀粉酶耐盐性较强，对食盐浓度比较敏感。酱醪食盐浓度对蛋白酶活力影响的试验结果见表 2-8。

表 2-8　食盐浓度对蛋白酶活力的影响

食盐浓度/%	0	2	10	20	30
酱醪中可溶性氮含量/%	1.82	1.76	1.40	0.97	0.87

酱醪中食盐浓度过高，会抑制耐盐性乳酸菌和酵母菌的发酵作用，酱油的香气差；如果食盐浓度低，低于 5%，在没有其他防腐措施的情况下，腐败菌和产酸菌就会大量繁殖，影响酱油质量和原料利用率。

（五）成曲拌（盐）水量

制醪时成曲拌（盐）水量的多少也是酱油固态发酵中的关键问题之一。成曲拌入（盐）水后，可使各种酶类脱离菌体的束缚，游离出来；并使在制曲过程中由于缺水而紧缩了的原料颗粒重新溶胀，有利于蛋白质分子的溶出；水还是酶解反应及其他反应的直接参加者，另外有益微生物的繁殖也需要一定的水分活性。所以，一般来说稀醪发酵比固态发酵的酱油质量好，原料利用率高。

上海市酿造科学研究所试验了固态低盐发酵成曲拌入不同的盐水量对发酵结果的影响（表 2-9）。试验发现，拌盐水量少，产品中全氮和氨基酸含量比较低，原料酶解不充分如处理 A。但酱油色泽深，原因是美拉德反应的底物浓度高，反应速度快。同时发现，酱醪容易升温快，使酱醪焦化，产生苦涩味。表面酱醪因水分大量蒸发和下渗，含水量更低，增加了与氧气接触的空间，暗褐色的氧化层厚。氧化层的生成使酱醅中氨基酸含量减少，同时又产生大量的不利于酵母菌繁殖的糠醛等物质，导致酱油风味和全氮利用率低。

表2-9　成曲拌入不同盐水量的结果

处理	成曲拌盐水之比（总原料）	酱油成分分析/(g/100mL)					酱油浓度/°Bé
		总固形物	全氮	氯化物	糖分	氨基酸态氮	
A	1：1.0	35.62	1.218	19.14	4.05	0.575	23.8
B	1：1.5	35.74	1.369	19.54	4.14	0.626	24.2
C	1：2.0	35.34	1.400	18.54	4.52	0.640	24.0
D	1：2.5	35.54	1.307	18.75	4.59	0.586	23.8

注：1. 原料配比豆饼：麸皮：面粉是100：20：20。

　　2. 酱醅发酵温度为42～45℃，发酵时间为15天，发酵期间采用淋浇的办法。

　　3. 浸出抽滤得到相等的数量后进行成品分析。

成曲拌盐水量过大，酱醅含水量大，对酶解作用有利；原料分解充分，全氮和氨基酸含量高，如处理D，表面氧化层薄，酱醅升温慢，不易焦化。但是，由于酱醅升温慢，生酸菌容易繁殖，加上醅粒质软，易造成淋油困难，尤其是移池淋油时，醅料原有结构被破坏，淋油操作难以顺利进行。另外因美拉德反应底物浓度低，反应速度慢，酱油色泽较淡。

拌盐水量适当，如处理B、C，酱醅升温正常，表面氧化层薄，成熟的酱醅呈鲜艳褐色，酿造的酱油不仅原料蛋白质利用率、氨基酸生成率高，且风味和色泽亦佳。总之，成曲拌（盐）水量应根据本厂实际，通过试验来确定最佳水平。原则是，原料配比麸皮用量大，由于麸皮吸水性强，拌曲（盐）水量可适当加大；采用原池淋油时拌曲（盐）水量比移池淋油可大些。

一般地，固态盐发酵移池淋油时，成曲拌盐水量可控制在酱醅含水量50%左右，原池淋油时酱醅含水量可适当增加。固态无盐发酵，因发酵温度高，酱醅含水量应比固态有盐发酵稍高些。

三、发酵室与发酵设备

（一）发酵室设计

发酵室是容纳发酵容器的场所，酱醅在此进行分解、发酵和成熟。它的位置和结构是否适宜，以及其他条件都对酱油酿造有较大的影响。为此，发酵室的建造，应首先考虑位置的选定和应具备的条件。

1. 发酵室选址及基本设置

（1）地势高亢　发酵室应选择地势高亢处，若地势较低，土地阴湿，易于杂菌繁殖，必须填高后才适用。

（2）地质需坚硬　发酵室内负荷量甚大，因此地质必须坚硬，否则必然使负荷重大的池、桶发生倾斜或渗漏现象。

（3）距离曲室要近，使各工序能紧密地联系起来　通常，以楼上制曲，楼下发酵较为适宜。

（4）保温通风　具有良好的保温及排水设备和必要的通风条件，以保持室内干燥。

（5）方便操作

2. 发酵室的结构

新建的发酵室，多采用钢筋结构。天花板及墙壁需用保温材料，以免冬季热量散失及室内屋顶、墙壁上凝结大量水滴，使发酵室卫生条件恶化。室内墙面一般涂水泥，并在墙底设置流水沟，以便冲洗时作排水之用。

（二）发酵设备及其保温设施

1. 发酵缸

小厂多用发酵缸。缸底靠边处安装一出油短管，管口装上阀门，缸内设一假底，上铺一层篾席，供淋油用。为了保温，可将几只缸编为两组，缸外有保温槽，可用蒸汽保温、水浴保温或暖墙保温，如图 2-3 所示。

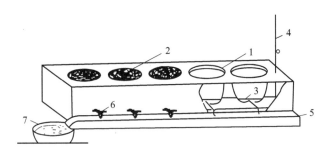

图 2-3　发酵缸

1—发酵缸；2—草盖；3—篾席假底；4—蒸汽管；5—流酱油槽；6—放油阀；7—盛酱油缸

2. 发酵池

发酵池的形状有长方形、正方形或圆形，位置有半地下式及地上式，以地上式为佳。钢筋混凝土结构，池壁涂环氧树脂防腐。池内离底约 20cm 处，设有假底，假底一般使用木栅或有孔钢筋水泥板，上铺竹帘或篾席。假底下面的一侧安装有放油阀和排水阀（图 2-4），可进行原池淋油。保温装置有两种，一种是发酵池四周套水浴池隔层保温，另一种是假底下面安装蒸汽管用蒸汽管保温。

3. 大型发酵池（罐）

采用分酿固稀发酵法或高盐稀醪法发酵（搅拌式），最后都需经过压榨取酱

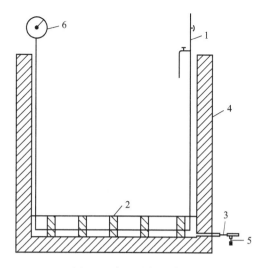

图 2-4　发酵池保温装置

1—蒸汽管；2—假底；3—放油阀；4—发酵池；5—排水阀；6—压力温度计

油。所以发酵池（罐）不受面积和高度的限制。如水泥池有 $3m \times 3m \times 3m = 27m^3$ 的大型发酵池，露天发酵罐有 $60 \sim 100m^3$ 的大型不锈钢发酵罐，罐内装有通气管，用压缩空气通气搅拌。在罐的下部 1/3 处，设有隔层装置，供贮热水调温之用。目前国内多采用玻璃钢（玻璃纤维增强塑料）代替非钢罐，降低造价，容积多为 $60 \sim 200m^3$。这类发酵设备还需配置大型的压榨设备，投资大，适宜于大型企业应用。

4. 采用移动式发酵罐

可实现定点下曲、定点发酵、定点浸淋酱油、定点出渣，并提高机械化程度。移动式发酵罐一般为碳钢容器，优点是可以省去大量成曲输送入池的输送设备，以及浸淋酱油的管道和大量的酱渣移至室外等往返输送的设备，减少卫生死角，改善卫生状况，提高食品安全性。

（三）制醅机

制醅机是将成曲粉碎，拌和盐水及糖浆液成醅后进入发酵容器内的专用设备。由机械粉碎、斗式提升及绞龙拌和兼输送（螺旋拌和器）三个部分联合组成。其形状如图 2-5 所示。绞龙的底部外壳，需特制成一边可脱卸的，便于操作完毕后冲洗干净，以免杂菌污染。

（四）溶盐设备

最简单的溶盐设备是地下池上端置一过滤装置，将盐放置在过滤装置内，水通过盐层促使其溶化成盐水后，调节浓度，浮杂物则大部分留于过滤装置内。有

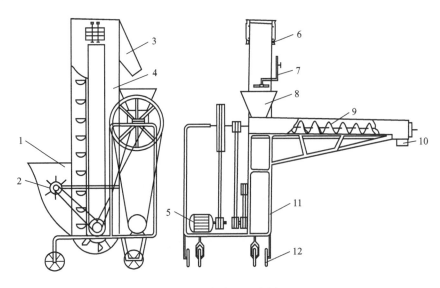

图 2-5　制醅机示意图

1—成曲入口；2—碎曲池；3—升高机出口；4—升高机；5—电动机；6—升高机调节器；

7—盐水管及糖浆液管；8—入料斗；9—螺旋拌和器（绞龙）；10—出料口；

11—铁架；12—轮子

的企业还将过滤后的盐水再通过另一连接的盐水溢出池以得到所需的澄清盐溶液。

第五节　酱油发酵工艺

我国酱油生产常用的发酵工艺归纳起来有五种，分别是天然晒露发酵工艺、高盐稀态发酵工艺、稀醪发酵工艺、固态发酵工艺及低盐固态发酵工艺。目前普遍推广应用的是低盐固态发酵工艺，其次是固态无盐发酵工艺。近几年来，传统的天然晒露发酵工艺因其酿造的酱油酱香浓厚，风味美好，各地纷纷恢复生产。

一、天然晒露发酵工艺

天然晒露发酵工艺俗称老法酱油酿造，是我国沿袭了两三千年的传统酱油生产方法。以大豆和面粉为原料，制曲不用种曲，用竹匾或竹帘为工具，靠空气中自然存在的米曲霉等微生物制成黄子（酱曲），成曲与 20°Bé 盐水混合成酱醅，放入室外大缸内，经三伏炎暑日晒夜露，大约 6 个月即可成熟。

（一）传统工艺流程

传统晒露发酵工艺生产酱油流程如图 2-6 所示。

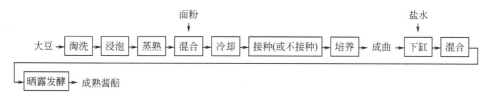

图 2-6 传统晒露发酵工艺生产酱油流程

（二）典型应用

天然晒露发酵工艺是利用自然气温变化规律有序完成，制醪盐水虽不少，因长时间夜露，水分蒸发很多，最终几乎变成浓醪，风味醇厚。湖南省湘潭龙牌酱油、浙江省舟山洛泗座油都是天然稀醪发酵的典型代表。

1. 龙牌酱油酿制方法

湖南省湘潭市南盘岭制酱厂沿用我国传统方法生产的名牌酱油已有 200 余年历史，1915 年获巴拿马国际博览会金奖，产品远销欧美东南亚等地，闻名国内外。

（1）工艺流程　龙牌酱油酿制工艺流程见图 2-7。

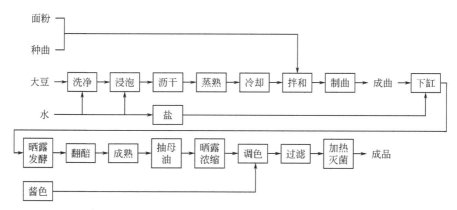

图 2-7 龙牌酱油酿制工艺流程

（2）操作要点

① 原料处理。大豆洗净后加水浸泡，夏季 3h，冬季 5h，以豆粒胀至无皱纹为宜，然后放水沥干，置蒸锅内，常压或加压蒸煮（常压 4～6h，加压 0.15～0.2MPa、40min），蒸至熟透不烂，用手捻时皮脱豆瓣分开为宜。

② 制曲。熟豆出锅摊于拌料台上冷却（拌料台假底有筛网孔可鼓风吹冷），冷却至40℃时按比例拌入面粉，在面粉中拌有沪酿3.042米曲霉种曲（加入量为原料总量的0.3%～0.4%），充分拌匀后，送入曲室厚层通风制曲，制曲时间2～3d，成曲呈黄绿色，混有少量根霉和毛霉。

③ 制醅发酵。发酵用大陶缸，配有竹篷盖，排列于室外进行发酵。每缸放入总原料150kg制成的曲，压实灌入18～20°Bé盐水约200kg，务必使盐水没过曲子，让盐水吸入曲内，次日即把表面干曲撤压至下层，进行日晒夜露，雨天则加盖防雨。经过一定时间的晒露后，酱醅表面呈红褐色，可再翻酱1～2次。经过三伏热天烈日暴晒，整个酱醅呈现滋润的黑褐色，并有酱香味，即已成熟，可供抽油。发酵时间一般要6个月以上，以过夏天的质量为好，故有"三伏晒油，伏酱秋油"之说。

一般是初夏制醅，经三伏天，随气温的升高及周期的延长，酱醅水分挥发量很大，其间补盐水，最后成为浓醅，在这种状态下其内增殖的微生物必然不同于一般稀醅发酵的微生物。特别是酱醅在露天经过三伏炎热气候，酱醅最高温可达45℃，所以浓醅内的微生物必然能耐渗透压极高的特性和高温发酵的性能。

④ 抽母油。成熟酱醅的缸内加入适量盐水，插入细竹编好的竹筒，使液汁逐渐渗入筒内，再以人工或泵抽出原汁。每缸能抽取母油（也称油）75kg。母油再经过较长时间的晒露（约6个月到1年）除去沉淀，加入焦糖酱色10%左右，用布袋多次过滤（将布袋置箩筐内，使酱油在内自然滤出），以离心机检验无沉淀为标准。抽出母油后的头渣（酱醅）加入定量盐水装袋，压榨出一等酱油250kg，二等酱油275kg，作为一般市销酱油。优质产品还要把淋出的酱油经过较长时间的熟成（晒油），提高产品风味。

⑤ 成品。经过晒露过滤后的酱油，加热灭菌得到色泽浓厚、风味独特的成品。每100kg大豆仅产龙牌酱油50kg（不包括市销的一、二等酱油）。传统天然发酵的酱醅管理有独特的技术，天然日晒夜露发酵工艺的夏季温度很高，有时高达48～50℃，因此必须进行控制。另外，制曲过程中原料作为能源被消耗掉一部分。

2. 洛泗座油酿制方法

舟山洛泗座油是浙江的传统名牌产品，已有130余年历史。在浙江、上海及江苏等地有一定声誉。与龙牌酱油相比，其工艺烦琐，在生产上已渐少用，但鉴于其工艺上的独特之处，故予以介绍。

该产品以大豆及面粉为原料，经日晒夜露酿制而成，产品工艺有四个独特之处：

第一，制醅时不加盐水，而是使用三油及食盐制成20°Bé的盐水，发酵至40°Bé，补加12°Bé三油盐水；

第二，面粉与大豆基本上分开制曲、分别发酵，成熟后再混合压榨，这是蛋白质原料与淀粉原料分酿工艺；

第三，大豆与面粉配比反传统，为1∶1.3，淀粉相对密度大，因此产品糖分高，味甜适口，色泽鲜艳；

第四，成熟的大豆发酵醅的处理别具一格。酱醅汁液（俗称座子）与成熟的面酱发酵醅混合，后熟，压榨，而上层的酱醅（俗称双缸）则分三次套榨，榨出的油称双缸油，用于配制洛泗酱醅。

（1）原料配比　每缸元缸酱用大米130kg，面粉37.5kg；每缸面黄酱用面粉112.5kg。

以三缸元缸酱加一缸面黄酱为一组，可配洛泗油酱醅三榨。每榨生产酱油325kg。

（2）工艺流程　洛泗座油生产工艺流程如图2-8所示。

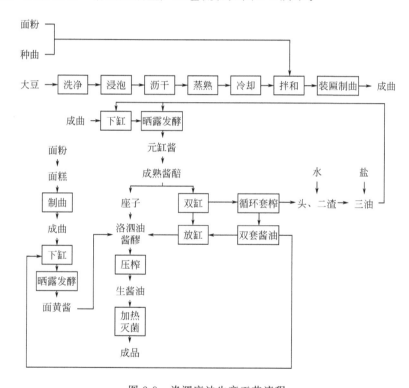

图2-8　洛泗座油生产工艺流程

（3）操作要点

① 原料处理。大豆洗净后夏秋季浸泡2～3h，春冬季浸泡4～5h；将浸透沥干的大豆置加压蒸锅内，在0.2MPa压力下保持30min，再焖20min。取出熟料，冷却到32℃。

② 制曲。把冷却的熟豆拌入面粉（面粉中拌入沪酿3.042米曲霉种曲0.2%），摊入竹匾制曲，曲层厚2cm，制曲周期为3d。

③ 元缸酱晒露。三油加食盐溶化至 20°Bé，将成曲放入缸内，加三油盐水至满缸进行晒露，长时间晒露是洛泗座油特点之一。最好要在伏天之前下缸，因为伏天日照长、温度高，有利酱醅发酵，称为"伏酱"。在整个晒酱过程中至少要推缸（翻揿酱醅）3～4 次。下缸后第 2 天就要进行头次"推缸"，第 3 天进行"二推"，隔 20 天左右进行"三推"。以后根据酱醅成熟情况再适当加推 1～2 次，翻推时要求酱醅底面相翻，达到酱醅成熟均匀下缸。经过一个伏天（7～8 月）晒露，酱醅成熟。在成熟的元缸酱中取出上浮部分的酱醅（双缸酱），以下层的酱汁（俗称"座子"）供配洛泗油酱醅用。取双缸酱的一部分，分次用木榨压榨，压榨采用循环套榨的方法榨 3 次，称为滚榨。第 1 次榨汁为第 2 次养醅用，第 2 次榨汁为第 3 次养醅用，最后榨出的酱油为双套酱油，其中 1/3 作面糕曲下缸配卤，2/3 配"放缸"用。残渣分别榨取三油，即成曲下缸及元缸酱醅翻推时所添加的三油。

④ 面黄酱晒露。用面粉做成厚 3cm、直径 20cm 的圆形面饼，置蒸笼内蒸熟，称为面糕。老法面糕经过天然制曲成为淡黄色的块状曲。现在不做面糕，即面粉加水 30％左右搅拌成碎面块，经蒸熟后冷至 40℃，接种沪酿 3.042 米曲霉种曲 0.3％，制成散黄曲。用双套酱油 250kg 作卤汁，把散黄曲浸透，再补 18°Bé 盐水至满缸。晒露发酵 2～3 个月，随时开耙翻拌，直至成熟为面黄酱。

⑤ 配放缸。余下的双缸酱（抽出座子的上浮酱醅），加入双套酱油，搅匀成为稀酱状态，即为放缸。

⑥ 压榨。取"座子""放缸"及面黄酱的 1/3，配成洛泗油酱醅，再晒露 20 余天，每天开耙搅拌 1 次，最后用木榨压榨，每 1kg 混合原料产酱油 1.5kg 左右。残渣加水榨三油，作下缸或补加卤水用。

⑦ 加热灭菌。生酱油通过 80℃加热，达到灭菌要求，再自然沉淀澄清。洛泗座油具有味鲜、甜，酱香浓，酱色红褐，澄清，有光泽等优点。

二、低盐固态发酵工艺

低盐固态发酵法是在无盐固态发酵法的基础上发展起来的，总结了几种发酵方法的经验，比如前期以分解为主的阶段采用天然发酵的固态酱醅，后期发酵阶段，则仿照稀醪发酵。此外，还采用了无盐固态发酵中浸出淋油的好经验。

低盐固态发酵法可以说是目前我国酱油酿造工艺上最好的一种。酱油色泽深，滋味鲜美，后味浓厚，香气比固态无盐发酵法显著提高。其优点如下：

① 不需添置特殊设备，操作简易，技术简单，管理方便。

② 原料蛋白质利用率及氨基酸生成率较高，出品率稳定，比较易于满足消费者对酱油的大量需要。

③ 发酵周期为 15d 左右，比其他发酵方法的发酵周期短。

④ 低盐固态法制酱油的发酵周期较短，因而在发酵过程中，严格控制其最适量的工艺条件，对提高原料的利用率，改善产品的风味，显得尤为重要。

低盐固态发酵包括三种不同类型的工艺：一是低盐固态发酵移池浸出法；二是低盐固态发酵原池浸出法；三是低盐固态淋浇发酵浸出法。前两种应用较多，但因受工艺及设备限制，没有进行酒精发酵和成酯生香的条件，只做到"前期水解阶段"。后者由于采用淋浇措施，可调节后期酱醅温度及盐度进行酒精发酵，为生产酱香型浓郁的酱油创造了条件。淋浇的方法是定时放出假底下面的酱汁，并均匀地淋浇于酱醅面层，还可借此将人工培养的酵母和乳酸菌接种于酱醅内。

（一）工艺流程

低盐固态发酵工艺流程如图 2-9 所示。

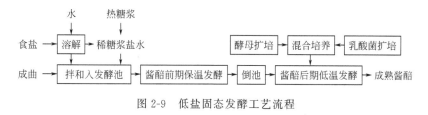

图 2-9　低盐固态发酵工艺流程

（二）操作要点

1. 盐水调制

（1）盐水浓度　食盐加水或低级油溶解，调制成需要的浓度，一般淀粉原料全部制曲者，其盐水浓度要求为 11～13°Bé（氯化物含量在 11%～13%）。盐水浓度过高，会抑制酶的作用，延长发酵时间；盐水浓度过低，杂菌易于大量繁殖，导致酱醅 pH 迅速下降，从而抑制了中性、碱性蛋白酶的作用，同样影响发酵的正常进行。盐水质地一般要求为清澈无浊、不含杂物、无异味，pH 在 7 左右。

（2）盐水温度　一般来说，夏季温度在 45～50℃，冬季在 50～55℃。入池后，酱醅品温应控制在 42～46℃。盐水的温度如果过高会使成曲酶活性钝化以致失活。

2. 拌曲盐水用量

（1）低盐固态发酵（原池工艺）　一般要求将拌盐水量控制在制曲原料总质量的 80% 左右，连同成曲含水相当于原料质量的 120% 左右，此时酱醅水分在 57%～58%。

（2）低盐固态发酵（移池工艺）　一般要求将拌盐水量控制在制曲原料总质量的 65% 左右，连同成曲含水相当于原料质量的 95% 左右，此时酱醅水分在

50%～53%。

拌曲操作时首先将粉碎成 2mm 左右的颗粒成曲由绞龙输送，在输送过程中打开盐水阀门使成曲与盐水充分拌匀，直到每一个颗粒都能和盐水充分接触。开始时盐水略少些，使醅疏松。然后慢慢增加，最后将剩余的盐水撒入醅表面。

发酵过程中，在一定程度内，酱醅含水量越大，越有利于蛋白酶的水解作用，从而提高全氮利用率。因此，在酱醅发酵过程中，合理地提高水的用量是可以的。但是对于移池浸出法，水分过大，醅粒质软，会造成移池操作的困难。所以拌水量必须恰当掌握。

（3）稀糖浆盐水配制　若制曲中将大部分淀粉原料制成糖浆直接参与发酵时，则需要配制稀糖浆盐水。稀糖浆中含有糖分不能从浓度折算盐度，需经化验计算糖浆中含盐量。本工艺要求食盐的质量浓度为 14～15g/100mL（相当于盐水 13.5°Bé），用量与盐水相等。经液化糖化后调整到糖分为 8% 的稀糖浆 250kg，另将食盐 78kg 加水或三油溶成盐水 306kg。两者混合即得稀糖浆盐水 556kg，含盐量可达上述要求。

3. 酵母菌和乳酸菌扩培、菌液的制备

酵母菌和乳酸菌经选定后，必须分别逐级扩大培养，一般每次扩大 10 倍，使之得到大量繁殖而纯粹的菌体，再经混合培养，最后接种于酱醅。逐级培养的步骤：

试管原菌→100mL 三角瓶→1000mL 三角瓶→10L 卡氏罐→100L 种子罐→1000L 发酵罐

培养液用稀糖浆、二油及水配制而成，调整每 100mL 含盐分 8～9g，按常规灭菌及接种。培养温度为 30℃，小三角瓶培养、大三角瓶培养及种子罐培养所需时间各为 2d，主要要求繁殖大量菌体。最后将酵母菌与乳酸菌在发酵罐内混合培养，也可采用专用发酵池进行混合培养。混合培养时间延长至 5d 左右，产生适量的酒精。

制备酵母菌和乳酸菌菌液以新鲜为宜，因而必须及时接入酱醅内，使酵母菌和乳酸菌迅速参与发酵作用。

4. 制醅

先将准备好的盐水或稀糖浆盐水加热到 55℃ 左右（可根据入池后发酵品温的要求，适当掌握盐水或稀糖浆盐水的温度），在绞龙输送成曲过程中拌入盐水或稀糖浆盐水。进入发酵池后，开始时，在距池底 20cm 左右的成曲拌盐水或稀糖浆盐水略少些，然后慢慢增加，最后把剩余盐水浇于酱醅面层，待其全部吸入醅料后盖上食品用聚乙烯薄膜，四周以食盐封边，发酵池上加盖木板。

5. 前期保温发酵

成曲拌和盐水或稀糖浆盐水入池后，品温要求在 43～45℃。如果低于 40℃，

即采取保温措施，务必使品温达到并保持此温度，使酱醅迅速水解。每天定时定点检测温度。前期保温发酵时间为15d。

若采用淋浇发酵工艺（非淋浇工艺静止发酵），入池后次日，需淋浇一次，在前期分解阶段一般可再淋浇2~3次，所谓淋浇就是将积累在发酵池假底下的酱汁，用水泵抽取回浇于酱醅面层。加入的速度越快越好，使酱汁布满酱醅上面，又均匀地分布于整个酱醅之中，以增加酶的接触面积，并使整个发酵池内酱醅的温度均匀。如果酱醅温度不足，可在放出的酱汁内通入蒸汽，使之升至适当的温度。

6. 倒池（限移池工艺）

倒池是指移池发酵工艺，在前期保温发酵结束后，用抓酱机将酱醅移入另外空置的发酵池中继续后期发酵。原池发酵工艺不需倒池。倒池具有三方面作用，一是促进酱醅各部分的温度、盐分、水分以及酶的浓度趋向均匀；二是排除酱醅内部因生物化学反应而产生的有害挥发性物质；三是增加酱醅的氧含量，防止厌氧菌生长以促进有益微生物繁殖和色素生成。倒池的次数可这样确定，发酵周期20d左右的只需在第9~10d倒池一次；发酵周期25~30d的可倒池二次。倒池的次数不宜过多，过多既增加工作量，又不利于保温，还会造成淋油困难。

7. 后期降温发酵

前期发酵完毕，水解已基本完成，品温保持35~40℃，并保持此温度进行后熟作用。若采用淋浇及酵母菌、乳酸菌发酵工艺，此时可利用淋浇方法将制备的酵母菌和乳酸菌液浇在酱醅面层，并补充食盐，使总的酱醪含盐量在15%以上，均匀地淋在酱醅内。菌液加入后酱醅呈半固体状态，品温要求降至30~35℃，并保持此温度进行酒精发酵及后熟作用。后期发酵时间为15d，在此期间酱醅成熟作用得以逐渐进行。第2d及第3d再分别淋浇一次，既使菌体分布均匀，又能供给空气及达到品温一致。

（三）原池发酵与移池发酵特点比较

（1）原池发酵　无需单独建造淋油池，而是在发酵池下面设有假底以利于淋油。发酵完毕时，加入冲淋盐水浸泡后，打开阀门即可淋油。原池淋油与移池淋油操作基本相同，酱醅含水量可增大到57%左右。这样高的含水量有利于蛋白酶进行良好的水解作用，因此全氮利用率就相应得到提高。

（2）移池发酵　主要特点是酱醅疏松，便于移池发酵及淋油，一般配料麸皮用量提高至豆饼用量的60%左右，盐水用量则降低至制曲原料的60%~70%，酱醅含水量常在50%以下。由于醅质疏松，加上每7~10d一次移池的搬运，增加了与空气接触的机会，有利于氧化生色。发酵周期20~30d，但也只完成低盐固态发酵的前期发酵阶段。这一工艺由于麸皮用量过多及酱醅水分过少，不利于设备利用率及氮利用率的提高。

（四）低盐固态发酵生产注意事项

1. 入池前的准备工作

（1）成曲　粉碎要恰当，以保证盐水迅速进入曲料的内部，增加酶的溶出和原料的分解速度。

（2）生产设施和工具　应保持清洁卫生，隔一段时间要进行杀菌。方法为沸水洗净或蒸汽灭菌。

（3）盐水的浓度和温度　一定要控制准确。

（4）出曲前　快速测定曲子水分含量，以便计算总加水量。

2. 成曲拌和盐水操作

拌和盐水要均匀、动作要迅速、盐水用量要准确，要防止盐水流失。绞龙拌曲直接入池时，要严格控制好盐水流量，剩余的少量盐水可浇在上面，使其慢慢淋下去。

（五）低盐固态发酵工艺成熟酱醅的质量标准

1. 感官特性

（1）外观　赤褐色，有光泽，不发乌，颜色一致。

（2）香气　有浓郁的酱香、酯香气，无不良气味。

（3）滋味　由酱醅内挤出的酱汁，口味鲜，微甜，味厚，不酸，不苦，不涩。

（4）手感　柔软，松散，不干，不黏，无硬心。

2. 理化标准

（1）水分　48%～52%。

（2）食盐含量　6%～7%。

（3）pH　4.8以上。

（4）原料水解率　50%以上。

（5）可溶性无盐固形物　25～27g/100mL。

三、高盐稀态发酵工艺

高盐稀态发酵法是在面曲中加入较多的盐水，使酱醅成稀醪，发酵时酱醪为流动状态的一种方法。此种发酵法适合于以大豆、面粉为主要原料（配比一般为7:3或6:4），成曲加入2～2.5倍量的18°Bé/20℃盐水，于常温或保温（40～45℃）条件下经2～6个月的发酵工艺。该法有如下特点：

1. 优点

酱油香气较浓，风味较好；稀醪发酵，便于搅拌和保温，易于输送，适合大规模的机械化生产。

2. 缺点

酱油色泽较淡；发酵周期长，保温发酵设备多。

（一）原料处理

（1）浸豆　大豆浸豆前浸豆池（罐）先注入 2/3 容量的清水，投豆后将浮于水面的杂物清除。投豆完毕，仍需从池（罐）的底部注水，使污物由上端开口随水溢出，直至水清。浸豆过程中应换水 1～2 次，以免大豆变质。浸豆务求充分吸水，出罐的大豆晾至无水滴出才投进蒸料罐蒸煮。

（2）蒸豆　蒸豆可用常压也可加压。若用加压，应尽量快速升温，蒸煮压力可用 0.16MPa 蒸汽，保压 8～10min 后立即排气脱压，尽快冷却至 40℃ 左右。黄豆应蛋白组织变软，有熟豆香气。

（二）接种与制曲

熟豆应与面粉及种曲混合均匀，种曲用量为原料的 0.1%～0.3%，其余操作与低盐固态法制曲要求一致。

（三）发酵

1. 工艺流程

高盐稀态发酵工艺流程见图 2-10。

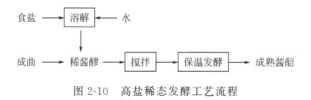

图 2-10　高盐稀态发酵工艺流程

2. 操作要点

（1）盐水调制　食盐水调制成 18～20°Bé，吸取其清液使用。消化型需将盐水保温，但不宜超过 50℃。低温型在夏天则需加冰降温，使其达到需要的温度。

（2）制酱醪　将成曲破碎，称量后拌和盐水，盐水用量一般约为成曲质量的 250%。

（3）搅拌　因曲料干硬，菌丝及孢子在外面，盐水常不能很快浸润而漂浮于液面，形成一个料盖，应及时利用压缩空气来进行搅拌。成曲入池应该立即进行搅拌。如果采用低温型发酵，开始时每隔4d搅拌一次，酵母发酵开始后每隔3d搅拌一次，酵母发酵完毕，一个月搅拌两次，直至酱醪成熟。如果采用消化型发酵，由于需要保持较高温度，可适当增加搅拌次数。

稀醪发酵的初发酵阶段常需要每日搅拌。需要注意的是，搅拌要求压力大，时间短。时间过长，酱醪发黏不易压榨。搅拌的程度还影响酱醪的发酵与成熟，所以搅拌是稀醪发酵的重要环节。

（4）保温发酵　根据各种稀醪发酵法所要求的发酵温度开启保温装置，进行保温发酵，每天检查温度1～2次，同时借控温设施及空气搅拌调节至要求的品温，加强发酵管理，定期抽样检验酱醪质量直至酱醪成熟。

（四）工艺类型

高盐稀态发酵工艺分为常温发酵和保温发酵。常温发酵的酱醪温度随气温高低自然升降，酱醪成熟缓慢，发酵时间较长。保温发酵亦称温酿稀发酵，根据保温的温度不同，分为四种：先低后高温型、先高后低温型、保温型和低温型。

1. 先低后高温型

温度是先低后高。酱醪先经过较低温度缓慢进行酒精发酵，然后逐步将发酵温度上升至42～45℃，使淀粉糖化和蛋白质分解作用完全，同时促使酱醪成熟。发酵周期为3个月。

2. 先高后低温型

温度是先高后低。发酵初期温度达到42～45℃，保持15d，使酱醪中全氮及氨基酸生成速度基本达到高峰。然后逐步降低发酵温度，促进耐盐酵母进行旺盛的酒精发酵和酱醪成熟作用。发酵周期为3个月。产品口味浓厚，酱香气较浓，色泽较其他型深。

3. 保温型

酱醪发酵温度始终保持在42℃左右。耐盐耐高温的酵母菌也会缓慢地进行酒精发酵。发酵周期一般为2个月。

4. 低温型

醪发酵温度始终保持在15～30℃。整个发酵过程分为四个阶段：

（1）谷氨酸生成阶段　此阶段酱醪发酵温度保持15℃、30d，抑制乳酸菌的生长繁殖，保持酱醪pH 7左右，能充分发挥碱性蛋白酶作用，有利于谷氨酸生成和提高蛋白质利用率。

（2）乳酸发酵阶段　30d后，发酵温度逐步升高，开始乳酸发酵。当pH下降至5.3～5.5，品温到22～25℃。

（3）酒精发酵阶段　品温到22～25℃时，由于酵母菌开始酒精发酵，温度升到30℃是酒精发酵最旺盛时期。从酱醪下池2个月后，pH降到5以下，酒精发酵基本结束。

（4）酱醪生香阶段　此阶段为发酵后期，酱醪继续保持在 28～30℃，4 个月以上，酱醪达到成熟。

（五）注意事项

① 加盐水时，应使全部成曲都被盐水湿透。制醪后的第三天起进行抽油淋浇，淋油量约为原料量的 10%。其后每隔一周淋油一次，淋油时由酱醪表面喷淋，注意不要破坏酱醪的多孔性状。

② 发酵 2～6 个月，此时豆已软烂，醪液氨基酸态氮含量约为 1g/100mL，前后一周无大变化时，意味醪已成熟，可以放出酱油。

③ 抽油后，头渣用 18°Bé/20℃ 盐水浸泡，10d 后抽二滤油。二滤渣用加盐后的四滤油及 18°Bé/20℃ 盐水浸泡，时间也为 10d。放出三滤油后，三滤渣改用 80℃ 热水浸泡一夜，即行放油。抽出的四滤油应立即加盐，使浓度达 18°Bé，供下批浸泡二滤渣使用。四滤渣含盐量应在 2g/100g 以下，氨基酸含量不应高于 0.05g/100g。

四、固稀发酵法

固稀发酵法适用于以脱脂大豆、炒小麦为主要原料。其特点是前期保温固态发酵，后期常温稀醪发酵，发酵周期比高盐稀态法短，而酱油质量比低盐固态法好。

（一）原料处理

小麦精选去杂后，于 170℃ 焙炒至淡茶色，破碎至粒度为 1～3mm 的颗粒，与蒸熟的大豆混合均匀（豆粕与小麦配比为 7:3 或 6:4），接入种曲，按低盐固态法操作通风制曲。

（二）发酵

1. 工艺流程

固稀发酵工艺流程如图 2-11 所示。

图 2-11　固稀发酵工艺流程

2. 操作要点

（1）固态发酵　成曲按 1:1 拌入 12～14°Bé 盐水，入池保温（40～42℃）

进行固态发酵 14d。

（2）保温稀醪发酵　固态发酵结束后，补加 2 次盐水，盐水浓度为 18°Bé，加入量为成曲质量的 1.5 倍。此时酱醪为稀醪态，用压缩空气搅拌，每天一次，每次 3～4min。3～4d 后改为 2～3 一次，保温 35～37℃，进行稀醪发酵 15～20d。

（3）常温稀醪发酵　保温稀醪发酵结束后，用泵将酱醪输送至常温发酵罐，在 28～30℃温度下发酵 30～100d，此期间每周用压缩空气搅拌一次。

第六节　酱油提取技术

提取酱油的方法常用的主要有两种，即浸出法和压榨法。因发酵工艺不同往往采用不同的提取方法。一般情况下，天然晒露发酵和稀醪发酵采用压榨法取油，而固态低盐发酵和固态无盐发酵采用浸出法取油。

一、浸出法

浸出法分为原池浸出和移池浸出两种方法。浸出是在酱醪成熟后，利用浸泡与过滤的方法，将其可溶性物质最大限度地从酱醪中分离出来的过程。浸出提取酱油包括浸泡和滤油两个工序。该种方法与传统的机械压榨方法比较有很多优点：①降低了工人的劳动强度；②改善了劳动条件；③提高了劳动生产率；④提高了原料的利用率等。

（一）浸泡与滤油基本原理

1. 浸泡原理

酱醪成熟后，加入二油或清水浸泡，把酱醪中的可溶性物质扩散到液体中去，再通过滤油提取出酱油，达到固、液分离的目的。在浸泡过程中，分子量很大的蛋白质、糊精、有机酸和色素等溶解较慢。因为大分子物质的溶出有个吸水膨胀的过程，所以酱油的浸出必须要先经过一个浸泡的过程。浸泡是一种扩散现象，在一定范围内，影响浸泡的重要因素如下。

① 浸泡温度高，则可溶性物质易于浸出。

② 浸泡时间长，可以增加浸出量，但过长会增加黏度，不利于淋油，所以浸泡时间要适宜。

③ 酱醪与溶剂中浸出物浓度差越大，越易浸出，即在酱醪浸泡中，二油水或盐水与酱醪浓度差越大，越易浸出。

④ 溶剂与溶剂接触面积越大，浸出物越多，所以酱醪要求疏松，防止结块。

⑤ 分子量小的物质容易被浸出，如氨基酸、葡萄糖等。

⑥ 颗粒直径小的物料容易浸出，但颗粒太小会增加黏度，影响淋油，生产。采用的豆粕多呈小片状，以利于浸出。

2. 滤油原理

滤油液面（浸出液）通过滤渣的毛细管流出，即可达到液渣分离的目的。过滤速度与过滤面积、温度和压力成正比，而与黏度、滤渣阻力成反比。

（1）过滤面积　过滤面积越大，滤油越快，所以酱醅料层疏松，形成毛细管多而通畅，则滤油就快。

（2）过滤压力　过滤压力大，滤油快。在浸出法中，过滤的压力由酱醅及浸出液的自重提供。

（3）滤液黏度　滤液黏度越大，滤油越慢。造成黏度大的原因有：原料分解不彻底；污染大量的杂菌；制醅水分不均匀，池底过湿而发生黏底；原料颗粒过细等。

（4）滤渣阻力　滤油时阻力影响滤油速度。形成滤油阻力的因素有：物料颗粒过于细小；滤渣料层厚度过高；滤渣紧实；滤油过程中出现脱水，造成滤层龟裂，使毛细管收缩；其他阻力为过滤介质、假底、管道、阀门等发生部分堵塞现象。

（二）工艺流程

酱油浸出工艺流程如图 2-12 所示。

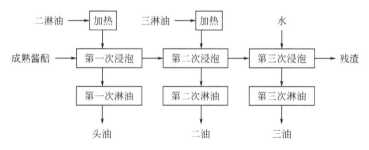

图 2-12　酱油浸出工艺流程

（三）操作要点

酱醅成熟后，若是原池淋油发酵，可在发酵池中直接加入二油浸泡。若是移池淋油，即用抓醅机将酱醅移入淋油池，再加入二油浸泡。

1. 浸泡

（1）加入二油

① 用泵向酱醅中加入已预热到 70～80℃ 的二油。

② 在加入二油时，在酱醅的表面垫一块竹帘，以防酱层被冲散影响滤油。

③ 二油的用量根据生产酱油的品种、蛋白质总量及出品率等因素决定。

④ 热二油加入完毕后，发酵容器仍须用聚乙烯膜盖紧，防止散热。

需要注意的是，在正常情况下，浸泡 2h 左右，酱醅慢慢上浮，然后逐步散开。如果酱醅整块上浮后，一直不散开，或在滤油时，以木棒或竹竿插向池底部有黏块，表示发酵不良，这将会使滤油受到一定影响。

（2）浸泡时间　酱醅淋头油浸泡的原池浸出和移池浸出时间不同。由于原池醅层厚达 1m 左右，而移池醅层厚仅 40～50cm，所以原池浸泡时间要长些，一般浸泡时间 12～20h，有的厂家掌握在 20h 左右，移池浸出不低于 6h。适当延长浸泡时间，可使酱油增色。

（3）浸泡品温　浸泡品温一般维持在 60℃以上，不要低于 55℃。温度适当提高，可显著加深酱油色泽。

2. 滤油

（1）头油

① 酱油贮池内预先放置盛食盐的箩筐，把每批所需要的食盐置于其中。

② 浸泡时间达到后，生头油可从池底部放出，流入酱油贮池中，并通过盐层而逐渐将食盐溶解。

③ 头油流完后（以酱渣不露出液面为宜，不要放得太干），关闭阀门。

（2）二油　在浸出头油后的酱渣（头渣）中，加入 70～80℃的三油，原池浸泡 8～12h（移池不低于 2h）后，放出流入酱油贮池中，并通过盐层而逐渐将食盐溶解，即得二油。二油要及时加热灭菌或保温 70℃，供下批淋头油用。

（3）三油　在浸出二油后的酱渣（二渣）中，加入热水或四油，浸泡 2h 左右，滤出即得三油，并及时加热灭菌或保温 70℃，作为下批套二油用。

（4）四油　在浸出三油后的酱渣（三渣）中，加入清水，浸泡 1h 左右，滤出四油，并及时加热灭菌或保温 70℃，作为下批套三油用。

滤油过程中，头油是产品，二油套头油，三油套二油，四油或热水浸三油，如此循环使用。以上为间歇滤油法，现在有很多酿造厂已经采用连续滤油法，其浸泡的方法一样，但当头油快要滤完，酱渣刚露出液面时，就加入 75℃左右的三油，浸泡 1h，滤出二油；待二油将要滤完，酱渣刚露出液面时，就加入常温自来水，滤出三油。从头油到放完三油总共时间仅 8h 左右。

（四）操作标准

酱渣中残留的酱油成分的数量是衡量浸出操作的标准，通常以残存食盐或可溶性无盐固形物的数量作为衡量指标。若以豆粕（饼）：麸皮＝6：4 原料配比为例，酱渣（干基）中食盐及可溶性无盐固形物含量均不得高于 4％。

（五）主要设备

浸出的主要设备有淋油池、接油池、配油池、浸淋水贮存池、浸清水加热设备、水泵等。

（1）淋油池　根据淋油工序的特点，在建筑施工时要保证淋油池的工程质量，防止因冷热交替而破坏池壁，造成渗漏。假底的空隙可尽量小些，以免存水过多；出油口留在最低位置，确保油放尽后不存水；条件允许时应尽量扩大过滤面积，要求面积大而高度浅，但要和发酵池配套，使酱醅正好装 2～4 个淋油池，不使酱醅有剩余，便于分批生产、分批核算，有利于总结经验。

（2）接油池、配油池、浸淋水贮存池、溶盐池等　应根据生产需要配套，对各池容量要测量准确。

（3）浸清水加热设备　有两种形式：冷热缸（四周有夹层可用蒸汽直接加热）和接触式热交换器。

（六）酱渣的理化标准

（1）水分　80％左右。

（2）粗蛋白　含量≤5％。

（3）食盐　含量≤1％。

（4）水溶性无盐固形物　含量≤1％。

（七）移池浸出工艺

酱醅成熟后，把酱醅移到淋油池中浸出。淋油池的结构与带假底的发酵池相似，但面积要大些。移池浸出工艺除移池工序外与原池浸出工艺基本相同。移池操作时，要注意轻取轻放，过筛入池，醅层厚度 40～50cm，醅面要平整，以保证淋油池各处疏松一致，浸泡均匀。

注意：原池浸出工艺除不需把酱醅移到淋油池，在原池中浸出外，其他工艺同移池浸出工艺。

二、压榨法

（一）传统压榨设备及方法

1. 杠杆式木制压榨机

这种压榨机是最早的压榨设备，结构如图 2-13 所示，主要由支架、加压架、木杠、底板、榨箱、盖板、拉杆及贮油缸等构成。榨箱中放置榨袋，榨袋多用布袋或麻袋，内装豆酱。石块的重力通过枕木加在榨袋上进行压榨。

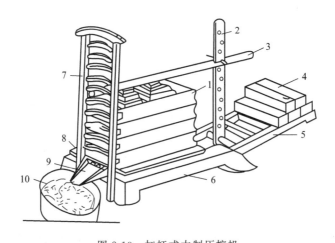

图 2-13　杠杆式木制压榨机

1—水框榨箱；2—拉杆；3—木杠；4—加压石块；5—加压架；6—榨床架；

7—支架；8—底板；9—流酱油槽；10—贮油缸

操作方法：取成熟豆酱 305kg 置于缸内，加入母油 650L 和匀，灌入布袋内，压榨后得 20°Bé 套油 650L。套油中再加成熟豆酱 305kg，轧出 22°Bé 双套油 675L。由头渣及二渣加盐水套榨母油。这种方法的弊端在于，压榨时每次要把石块搬上搬下共有几千斤之多，劳动强度大，且生产能力小。

2. 螺旋式压榨机

比木制压榨机先进的是螺旋式压榨机，榨箱有木制的，也有用钢筋水泥的，榨袋用布袋或麻袋，其结构如图 2-14 所示。

操作方法：将成熟的酱醅加入相同数量的盐水混合成酱醪后浸泡一天，榨出头油；头渣中加入盐水用量约为酱的 80%（根据出品率而定），搅匀后，压榨出二油，加盐成 20°Bé 左右，作为下次榨头油之用。二渣再加入淡水，用量约为酱的 70%，压榨出三油，加盐成 17°Bé，作为下次榨二油用。经过第三次压榨后，残渣从袋中取出作为饲料。

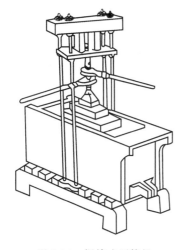

图 2-14　螺旋式压榨机
的一种类型

3. 水压式压榨机

更先进的压榨机是水压式压榨机，榨箱全部采用钢筋水泥，结构如图 2-15 所示。

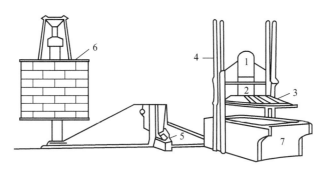

图 2-15 水压式压榨机

1—活塞；2—钢筒部；3—压榨机盖板；4—升降装置；5—水压泵；6—蓄力机；7—压榨机榨箱

操作方法：将酱醪灌入榨袋压榨，初淋出来的酱油比较混浊，用此酱油冲洗榨箱袋壁酱醪，待淋出酱油清澈后，开始逐渐加压，直至榨干后，从麻袋中取出头渣。头渣很坚硬，须以机械轧碎，再放置于贮醪池内，加入三油浸泡，并以压缩空气不断翻拌使其成稠厚的酱醪状，再如法装袋榨干。一般稀醪发酵的酱醪，需要压榨 2～3 次才把成分拔尽。

（二）厚垛压榨法

厚垛压榨是凭借活塞产生强大压力通过压盘对装入酱醪的滤布层施压。

1. 工艺流程

厚垛压榨法工艺流程如图 2-16 所示。

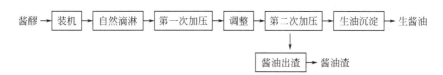

图 2-16 厚垛压榨法工艺流程

2. 操作要点

（1）自然滴淋 滤布装料后可装三排或四排，装完后可由其自重，自然滴淋。

（2）第一次加压 待充分淋出后，活塞及压盘即下降，利用机械重量压榨 2～3h，待淋油变细后，再开动水压机进行强压，在数小时内逐渐提高压力，达到最高压力后，再改变蓄力机的压力进行压榨。蓄力机的压榨宜在夜间无人时进行。

（3）第二次加压 第二天早晨进行倒垛，改成两排或一排，改用 40.6～45.7cm 的压水机、蓄力机进行压榨。

（4）出渣　渣水分一般在 25%～28%。

第七节　酱油加热、配制及防霉

一、酱油的加热

（一）生酱油的静置

经过浸淋或压榨后提取的酱油因未经加热灭菌，称之为生酱油。需要在贮存罐中静置，使其悬浮物质沉降，一般需要 7 天。若沉降时间不足，在沉降未完毕就进行加热，将造成加热后的沉淀物增多，出油率降低，熟酱油的静置期延长，甚至使包装后的酱油产生黑点。因此生酱油必须经过静置沉降，再进行加热。如果放置时间过长，质量低的生酱油在夏季会发生"生白"现象。

（二）加热的目的

滤出的酱油需补加食盐至规定的含量后，用泵输送至加热装置，进行加热。加热对酱油的色、香、味的重要成分有极其重要的作用。

1. 杀菌和灭酶

当生酱油含盐量在 16% 以上时，绝大多数微生物的繁殖受到一定的抑制。病原菌与腐败菌不能生存，但酱油本身带有曲霉、酵母菌及其他菌类，生产过程中又与食盐、空气、管道、设备等接触，极易污染杂菌，尤其是耐盐的产膜性酵母菌，常在酱油表面产生白花，引起酸败变质，降低质量。因此，经过加热，一方面杀灭其内残存的微生物，可延长酱油贮藏期，其中的酵母菌、乳酸菌在 60℃ 加热数分钟即死亡，但是枯草芽孢杆菌的芽孢在 80℃ 不会完全杀灭。另一方面破坏微生物所产生的酶，特别是脱羧酶与磷酸单酯酶，以免它们分解氨基酸而降低产品质量。如添加呈味核苷酸的酱油，必须加热至 85℃，保持 20～30min，才能杀死分解核苷酸的磷酸酶。

2. 调和香气及味道

生酱油经过加热后，其成分会向好的方面发生转变，即香气芳香而圆熟，滋味柔和而醇厚。例如，酱油中的香气如醛类、酚类等成分是通过加热后的化学变化才能显著地增加。但是，加热也会使一部分挥发性香气成分损失。

3. 增加色泽及其稳定性

生酱油的色素较淡，经过加热后，部分水分蒸发，部分糖分转化成色素，由原来的黄棕色变为红棕色，鲜艳有光泽。一般高温时间越长，色泽浓化越显著。

此后色泽变化较少，稳定性提高。但是随着色泽加深，氨基酸含量也相应减少，这是美拉德反应糖分与氨基酸生成色素的缘故。

（三）加热的温度

加热温度因设备条件、酱油品种、加热时间长短以及季节不同而略有差异。一般酱油的加热温度为65～70℃，时间30min。如果采用连续式加热交换器以出口温度控制在80℃为宜。如采用间接式加热到80℃，时间不应超过10min。如果酱油中添加核酸等调味料增加鲜味，为了破坏酱油中存在的核酸水解酶-磷酸单酯酶则需把加热温度提高到80℃，保持20min。

另外在夏季杂菌量大、种类多、易污染，加热温度比冬季提高5℃。高级酱油加热温度可比普通酱油略低些，但均以能杀死产膜酵母及大肠杆菌为准则。

（四）加热设备及加热方法

酱油加热设备常用的有夹层锅（图2-17）、盘管加热器（图2-18）和列管热交换器（图2-19）等。其中以列管交换器应用较为普遍，可以进行连续操作。由于酱油具强腐蚀性，器壁应涂防腐涂料，蛇管、列管以及输送管道应选用紫铜管或不锈钢管。

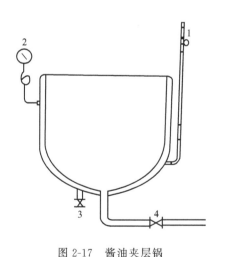

图2-17　酱油夹层锅

1—蒸汽出口；2—压力表；3—排水阀；4—放油阀

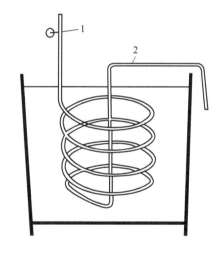

图2-18　酱油盘管加热器

1—蒸汽出口；2—紫铜盘管

板式热交换器（图2-20）是用1～1.5mm薄不锈钢板或钛板加工成波状或半球状传热板所组成的热交换器，各板间有4～5mm间隙。在此狭小波状通路上形成涡流破坏壁面上所形成的膜，因而热传导率极高，这一装置已成为较普遍的酱油加热设备（图2-21）。

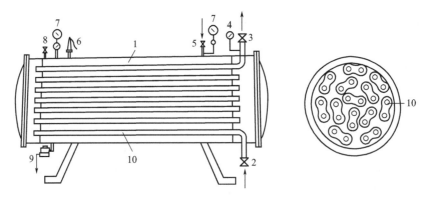

图 2-19　列管热交换器

1—加热器；2—生酱油进口管；3—热酱油出口管；4—指针温度计；5—蒸汽管；
6—安全阀；7—压力表；8—排汽管；9—水汽分离器；10—酱油流通管

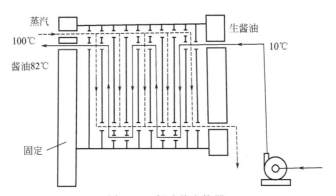

图 2-20　板式热交换器

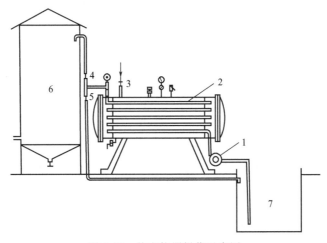

图 2-21　热交换器操作示意图

1—离心泵；2—热交换管道；3—蒸汽阀；4—进入储油桶阀门；
5—进入酱油池阀门；6—储油桶；7—酱油池

酱油加热采用巴氏杀菌法，加热方法一般是：用夹层锅或盘管加热器，加热温度为 65～70℃，维持 30min，不断搅拌，以免受热不均匀、局部过热而焦煳，影响质量。采用列管交换器加热，要求酱油出口温度在 80℃。对于高级酱油，因浓度大、香气足，加热温度要低一些；质次酱油加热温度应稍高些。如果酱油中添加助鲜剂 5′-肌苷酸和 5′-鸟苷酸，则需要把加热温度提高到 80℃，保持 20min，以杀灭分解核酸的磷酸单酯酶。

酱油加热后要及时冷却，防止加热后的酱油在 70～80℃的高温放置时间较长，促使美拉德反应过度进行，导致糖分、氨基酸及 pH 等因色素的形成而下降，影响产品质量。所以列管热交换器宜附有套管式冷却设备。一般工厂无特殊冷却设备，可在不密闭的情况下自然冷却。

二、酱油的配制

由于生产中操作管理等的差异，每批酱油的质量不相同，有的优，有的次。但是要求出厂的成品酱油应不低于（或高于）国家质量标准的等级所规定的各项指标，并保持本厂产品的风格。所以，要根据国家质量标准和本厂标准，将不同批次质量不同的酱油进行配制（又称配兑）。

配制是一项十分细致的工作，配制得当，不仅可以保证质量，而且还可以起到降低成本、节约原材料、提高出品率的作用。调配前，分析每批酱油的有关理化指标及卫生指标，作为是否要调配、调配某项指标及调配数量的根据。

（一）配制目的

达到国家质量标准的等级要求，适应各地不同的风俗习惯，降低成本和提高出品率。

（二）配制方法

通过拼配使酱油成品符合一定质量标准的操作俗称拼格。拼格首先要考虑不符合质量指标的项目，通过拼格使其符合质量标准要求。

配制前，必须了解各批酱油数量、批号、生产日期及分析化验所得数据。

1. 计算配制用量

按配制的品种计算各批配制用量。酱油的理化指标中，主要以全氮、氨基氮和氨基酸生成率来计算。若生产的酱油氨基酸生成率高于 50%，则可不计算氨基氮，而以全氮含量计算配制；若生产的酱油氨基酸生成率低于 50%，则可不计算全氮含量，而以氨基氮计算配制。

配制计算公式如下：

$$a_1b_1+a_2b_2=\rho(b_1+b_2)$$
$$a_1b_1+a_2b_2=\rho b_1+\rho b_2$$
$$a_1b_1-\rho b_1=\rho b_2-a_2b_2$$
$$b_1(a_1-\rho)=b_2(\rho-a_2)$$
$$\frac{b_1}{b_2}=\frac{\rho-a_2}{a_1-\rho}$$

式中　a_1——高于等级标准的酱油质量（全氮或氨基氮的含量）；

　　　b_1——高于等级标准的酱油数量；

　　　a_2——低于等级标准的酱油质量（全氮或氨基氮的含量）；

　　　b_2——低于等级标准的酱油数量；

　　　ρ——标准酱油的质量（全氮或氨基氮的含量）。

2. 添加剂

（1）助鲜剂　助鲜剂有肌苷酸（IMP）、鸟苷酸（GMP），特别是与味精配合使用时效果更为显著。例如味精：鸟苷酸＝50∶1配合时可提高味精鲜味6倍。植物水解蛋白（HVP）是植物蛋白质经盐酸（食用级）水解、Na_2CO_3中和后的混合氨基酸，由于鲜味突出，而被采用。但植物水解蛋白具有水解臭，不宜直接使用，在经过脱臭之后方能作为酱油的添加剂。

（2）甜味料　常用的有白砂糖、饴糖及甘草。

① 白砂糖。高级酱油需要甜味足，如原料配比中虽增加淀粉质原料还不能达到要求时，则可在配制时再适当添加白砂糖来提高甜味。

② 饴糖。饴糖含有多量的麦芽糖及糊精，加入酱油中能增加酱油的甜味及黏稠性。但有人认为添加饴糖的酱油容易发霉变质，因而在使用时一般在发酵时加。

③ 甘草。甘草原是一种中药。由于它的甜味较强，又有对抗咸味之力，所以我国一些地区习惯上在酱油配料中，用它作甜味料。

甘草使用时需熬制成甘草汁。方法是先将水加入锅中，再加入甘草，然后用文火或蒸汽加热煮沸达12h以上，滤出头汁；再加水煮沸12h以上，滤出二汁；最后将头汁与二汁混合后使用。

（3）增色剂　为适应部分消费者习惯，生产红酱油或老抽酱油时可添加适量焦糖酱色。添加焦糖酱色不仅能增色而且能增稠，使酱油有稠厚感。酱色添加数量视各地消费要求、酱油本身色泽及酱色的质量而定，一般用量为1‰～5‰。酱色的质量除了色率之外，必须溶解于酱油后清澈无沉淀。

3. 配制

按各品种计算量准确称量，加入带搅拌的不锈钢罐（桶）中，充分混合均匀即可。为减少因检验存在的误差造成的配制不准，在拼格时需要留有1%左右的安全系数。

三、酱油的防霉

（一）酱油生霉的原因

酱油未经灭菌或灭菌后的成品，在较高气温的地区和季节里，酱油表面常会产生白色的斑点，并且随着时间的延长，逐渐形成白色的皮膜，进一步加厚起皱，颜色也由嫩白逐步变为黄褐色，这种现象称酱油生霉或长白。

酱油生霉是由于微生物特别是一些产膜酵母繁殖，与酱油本身质量有关。若酱油的质量不好，本身抵抗杂菌的性能差，就容易生霉。酱油生产过程中，发酵不成熟，灭菌不彻底，防腐剂添加量不足及防腐剂未全部溶解或搅拌不匀等；酱油包装时容器不清洁或容器里有生水，而被产膜酵母污染等都可以引起发霉。酱油生产贮运过程中，遇到温度高、地方潮湿更容易生霉。

（二）酱油生霉造成的危害

生霉后的酱油，表面会形成令人厌恶的菌膜，香气减少，口味变淡而发苦，酸味增强，甜味和鲜味减少，有时甚至产生臭味。其营养成分被杂菌所消耗，从而也降低了食用价值。酱油生霉后成分的变化如表2-10所示。个别产品除生霉以外，甚至还会再发酵，生成酒精或二氧化碳，产生泡沫降低风味。

表 2-10　酱油生霉后成分的变化

项目	氨基氮 /(g/100mL)	无盐固形物 /(g/100mL)	全氮 /(g/100mL)	pH	糖分 /(g/100mL)	密度
生白前	0.647	20.20	1.428	4.6	6.68	24.2°Bé
生白后	0.612	19.40	1.394	4.5	5.70	24°Bé

（三）酱油防霉措施

1. 生产工艺方面，提高酱油质量

如前所述高质量酱油本身具有较高的抗霉能力，因此应尽可能生产优质酱油。

2. 生产卫生方面，加强管理

酱油的生产操作是在开放的环境下，每个工序都会带入大量杂菌，所以在每个生产环节中，工具用具、生产设备都应有严格的卫生制度，要及时清洗消毒。

操作人员的个人卫生也应该给予高度的重视，以确保淋出的酱油含杂菌较少。储油容器和包装容器应洗刷干净，保持干燥，不可存有洗刷水、生水。运输贮存过程中要防止雨淋或生水污染。

3. 加热灭菌方面，消除杂菌污染

成品酱油应按加热要求进行灭菌，杀灭酱油中的微生物和酶类，从而在一定程度上减缓或抑制生霉现象的产生。

4. 防腐剂的使用方面，防止杂菌丛生

合理正确地添加允许使用的防腐剂，是防止发霉的一项有效措施。常用酱油防腐剂及其使用方法如下。

（1）苯甲酸钠　苯甲酸钠（安息香酸钠）是食品中常用的防腐剂，分子式为$C_7H_5O_2Na$。纯品为白色颗粒或结晶粉末，无臭或微带香气味，微甜，易溶于水，25℃时溶解度为53％，在空气中较稳定。根据规定，在酱油中苯甲酸钠的最大用量为0.1％，一般用量为0.08％～0.09％。北方地区，冬季可以不加防腐剂，夏季可增加用量为0.08％～0.1％，其余季节，使用0.05％～0.07％就可达到防腐效果。

苯甲酸钠在pH 2.5～3.5的酸性溶液中具有较强的防腐性能；在pH 7.0以上的微碱性或碱性溶液中，防腐性能则大大降低。这是因为在酸性溶液中，苯甲酸钠仍呈分子状态，而在微碱性或碱性溶液中呈离子状态。酱油的pH为4.7～5.1，属于微酸性或酸性溶液，可用苯甲酸钠作为防腐剂。另外，苯甲酸钠对酵母菌有较强的抑制能力，若其浓度提高到0.07％～0.1％时，对其他微生物也具有抑制能力。苯甲酸钠或苯甲酸被人体吸收后，在肾脏中与甘氨酸反应生成马尿酸，随尿液排出体外，不会在人体中积累造成危害。

（2）苯甲酸　苯甲酸（安息香酸）是食品中常用的防腐剂，分子式为$C_7H_6O_2$。纯品为白色，有丝光鳞片或针状结晶，微溶于水，易溶于沸水及酒精和氯仿等有机溶剂中，在空气中较稳定，有一定的吸湿性。

苯甲酸含量为0.05％的水溶液对微生物就有抑制作用。用于食品防腐时，最高用量为0.1％。苯甲酸微溶于水，使用前应先与纯碱反应，生成苯甲酸钠，提高其溶解性能。取纯碱（Na_2CO_3）1kg，加水1.2kg，加热至80～90℃，至碱溶解，慢慢加入苯甲酸2.1kg，不断搅拌至完全溶解，最后加入酱油中。也可将苯甲酸加于数倍的酒精中，至全部溶解后，再加入酱油中。

（3）山梨酸和山梨酸钾　山梨酸又名花椒酸，化学名称己二烯酸，分子式为$C_6H_8O_2$，分子量为112.13。纯品为无色针状结晶或白色结晶性粉末，无臭或略带刺激性气味，对光和热稳定，在空气中存放时间过长易氧化着色。山梨酸对霉菌、酵母菌及好气性细菌有抑制作用，能与微生物酶系中的巯基结合，破坏酶系，从而抑制微生物增殖，达到防腐的目的，但对厌气性芽孢杆菌和嗜酸乳杆菌

几乎无效。防腐效果随 pH 的增高而降低。山梨酸和山梨酸钾适用于 pH 在 5～6 以下的食品。山梨酸属于不饱和脂肪酸，在机体内可以正常参与新陈代谢，最终产生二氧化碳和水，无毒性。

酱油中山梨酸的用量以 0.05%～0.1% 为宜。使用时，先把山梨酸溶解在乙醇、碳酸氢钠或碳酸钠中，再加入酱油中。一般在酱油加热灭菌后加入，以免受热挥发。在配制过程中，不得使用铜器或铁器。已霉变的酱油不宜再添加山梨酸。山梨酸钾是山梨酸与碳酸钾或氢氧化钾作用后生成的山梨酸盐类，分子式为 $C_6H_7O_2K$，分子量为 150.22。纯品为无色或白色鳞片状结晶，无臭或稍有臭味，有吸湿性，在空气中不稳定，易溶于水和乙醇。其他性质与山梨酸相同。

第八节　酱油贮存和质量标准

一、酱油贮存及包装

（一）成品酱油的贮存

1. 成品酱油的贮存原因

配制好的酱油可以存放于有调温夹层的露天密闭大罐中，也可存放在室内地下贮池中。在包装以前，要有一段时间的贮存期，其主要有以下考虑。

（1）酱油贮存可以进一步澄清　在酱油静置贮存中，可使微细的悬浮物质缓慢下降，酱油得到进一步澄清，包装后不再产生沉淀物。

（2）贮存能改善成品酱油的风味和体态　在酱油贮存过程中，挥发性成分能进行自然调剂，对酱油起到促进成熟的作用，使滋味适口、香气柔和，各种成分在自然条件下保留其适量。

（3）酱油贮存可以起到调控市场供应的作用　为了连续不断满足市场需求，防止季节性和节日性脱销，成品酱油必须要有一定数量的贮存。

2. 成品酱油在贮存期间注意事项

（1）贮存的场所必须清洁卫生　要防止灰尘携带微生物侵入酱油中，不给微生物侵入和生长繁殖创造任何条件。

（2）贮存酱油的场所要保持低温干燥　因为当湿度大、温度在 20℃ 以上时，非常适合微生物繁殖，在这样的条件下酱油最容易发霉。贮存环境的温度一般应该保持在 15℃ 以下为宜。

（3）应避免日光直接照射　光和热对氧化有着极大的促进作用。日光照射过久，会使成品酱油颜色发乌，造成酱油表层出现一层黑色薄膜。

（4）注意防蝇　苍蝇是酱油污染大肠杆菌的主要媒介，也是生蛆的根源。资料显示一只苍蝇的腿上携带菌类600多万个，夏季酱油中发现的大肠杆菌常常是通过苍蝇传播的。夏季酱油生蛆，也是苍蝇产卵落入酱油中生出来的。一只苍蝇一次能产10～30个卵，这种卵很小，不易发现，在温度适宜时很快就会孵化成蛆。所以彻底搞好环境卫生，避免苍蝇滋生，将成品贮存的场所用纱窗和纱门同外界隔开，使苍蝇无法进入。

（5）贮存管理要严格　酱油要分批贮存，贮油池或贮油罐按顺序编号，并做好日期记录，做到先存先出。贮油池或贮油罐要定期刷洗，防止沉淀物过多影响贮油质量。

（二）包装

酱油成品包装基本要求是清洁、卫生、计量准确。酱油经包装后应该起到的作用包括：巩固成品质量；使酱油便于运输、装卸、销售和计量，便于消费者携带和取用；为销售工作者和消费者减少麻烦。目前，很多酱油生产企业酱油的包装过程中，基本实现了由刷洗容器到成品包装的连续机械化操作，大大改善了劳动条件和卫生面貌。

1. 容器的洗刷

洗刷包装容器时应坚持"一选、二泡、三刷、四消毒、五水冲、六照灯"的原则，严防包装容器造成的污染。

（1）一般酱油瓶的刷洗　先用水冲洗，除去标签，再用碱水浸泡。碱能使微生物细胞蛋白质凝固变性，具有灭菌作用。另外碱还使瓶子内积垢软化，便于刷洗。瓶子经过鬃毛刷与水流同时进行机械刷洗，很容易清除积垢中存在的微生物。机械操作使用温度为40℃、浓度为0.1％的烧碱水，经1～2min就能达到灭菌的效果。手工操作或半机械化操作用浓度0.25％、温度＞40℃的纯碱进行灭菌。

用碱水刷洗容器时，要随时检查碱液的浓度和温度。瓶子刷洗完，必须采用喷射自来水的方法将瓶子冲洗干净，以瓶壁透明不挂水珠为清洗合格的标准。

（2）装过其他油类或药物的瓶子的刷洗操作　先用碱水浸泡，但碱水浓度要适当提高，用纯碱水时浓度为0.5％，用烧碱水浓度为0.2％，碱水温度提高到55℃，浸泡30min再刷洗干净，经检查无异味和积垢，再作为一般酱油瓶对待，进行刷洗步骤。

（3）塑料桶的洗刷　要坚决做到一泡、二刷、三消毒、四控水，对桶盖要用热碱水烫洗，净水冲后再用。灌桶前必须用低压灯进行照射，以检查桶内有无异物后方可使用。

（4）塑料袋包装的原料处理　塑料袋包装的原料在进行包装前以卷状薄膜的

形状存在，在包装机上成袋前要进行紫外灯照射或双氧水消毒处理。

2. 成品包装

包装容器有瓶、坛、塑料桶及木桶等多种。瓶装适于家庭用，分玻璃瓶和塑料瓶两种，容量一般 500mL，用装瓶机装瓶。小厂用虹吸法装瓶机或半自动连续装瓶机，大厂多用自动式装瓶机，洗瓶、装油、加盖、灭菌和贴商标等工序连续进行。坛、塑料桶及木桶适用于公共食堂或供应销售商店。塑料桶一般用 25kg 聚乙烯塑料桶，木桶一般由杉木制成，容量有 25L、50L、100L 等几种。

不管用什么包装物，包装前要做好准备，明确产品等级，测定相对密度，检查注油器或流量计，保证计量准确。包装时灌瓶要灯照，包装室要经常保持清洁卫生，不得有苍蝇进入包装室。包装好的产品要做到清洁卫生、计量准确、标签整齐，并标明包装日期，存放于干燥清洁，避免阳光直射或雨淋的成品库房内。出货时要按照"先入先出"的原则。成品出厂后的质量保证期限：瓶装在三个月内不得发霉变质，袋装在一个月内不得发霉变质。

二、成品酱油质量标准

（一）酿造酱油国家标准（GB 18186—2000）

1. 感官特性

酿造酱油感官特性应符合表 2-11 的规定。

表 2-11　酿造酱油感官特性

项目	要求							
	高盐稀态发酵酱油（含固稀发酵酱油）				低盐固态发酵酱油			
	特级	一级	二级	三级	特级	一级	二级	三级
色泽	红褐色或浅红褐色，色泽鲜艳，有光泽		红褐色或浅红褐色		鲜艳的深红褐色，有光泽	红褐色或棕褐色，有光泽	红褐色或棕褐色	棕褐色
香气	浓郁的酱香及酯香气	较浓的酱香及酯香气	有酱香及酯香气		酱香浓郁，无不良气味	酱香较浓，无不良气味	有酱香，无不良气味	微有酱香，无不良气味
滋味	味鲜美、醇厚、鲜、咸、甜适口	味鲜，咸、甜适口	鲜咸适口		味鲜美，醇厚，咸味适口	味鲜美，咸味适口	味较鲜，咸味适口	鲜咸适口
体态	澄清							

2. 理化指标

酿造酱油理化指标应符合表 2-12 的规定。

表 2-12 酿造酱油理化指标

项目	指标							
	高盐稀态发酵酱油 （含固稀发酵酱油）				低盐固态发酵酱油			
	特级	一级	二级	三级	特级	一级	二级	三级
可溶性无盐固形物/(g/100mL)≥	15.00	13.00	10.00	8.00	20.00	18.00	15.00	10.00
全氮(以氮计)/(g/100mL)≥	1.50	1.30	1.00	0.70	1.60	1.40	1.20	0.80
氨基酸态氮(以氮计)/(g/100mL)≥	0.80	0.70	0.55	0.40	0.80	0.70	0.60	0.40

3. 卫生指标

卫生指标按 GB 2717—2018《食品安全国家标准酱油》执行。

4. 铵盐（以氮计）的含量

铵盐（以氮计）的含量不得超过氨基酸态氮含量的 30%（最新征求意见稿中规定不得超过氨基酸态氮含量的 28%）。

5. 标签

标签标注内容应符合 GB 7718—2011 的规定，产品名称应标明"酿造酱油"，还应标明氨基酸态氮的含量、质量等级，用于"佐餐和/或烹调"。

（二）《食品安全国家标准 酱油》（GB 2717—2018）

1. 酱油定义

以大豆和/或脱脂大豆、小麦和/或小麦粉和/或麦麸为主要原料，经微生物发酵制成的具有特殊色、香、味的液体调味品。

2. 技术要求

（1）原料要求 原料应符合相应的食品标准和有关规定。

（2）感官要求 感官要求应符合表 2-13 的规定。

表 2-13 感官要求

项目	要求	检验方法
色泽	具有产品应有的色泽	取混合均匀的适量试样置于直径 60～90mm 的白色瓷盘中，在自然光线下观察色泽和状态， 闻其气味，并用吸管吸取适量试样进行滋味品尝
滋味、气味	具有产品应有的滋味和气味，无异味	
状态	不混浊，无正常视力可见外来异物， 无霉花浮膜	

（3）理化指标　理化指标应符合表 2-14 的规定。

表 2-14　理化指标

项目		指标	检验方法
氨基酸态氮/(g/100mL)	≥	0.4	GB 5009.235

（4）微生物限量　微生物限量应符合表 2-15 要求。

表 2-15　微生物限量

项目	采样方案[①]及限量				检验方法
	n	c	m	M	
菌落总数/(CFU/mL)	5	2	$5×10^3$	$5×10^4$	GB 4789.2
大肠菌群/(CFU/mL)	5	2	10	10^2	GB 4789.3 平板计数法

① 样品的采样及处理按 GB 4789.1 执行。

第九节　酱油生产技术发展方向

近些年来，我国的酱油生产取得了长足发展，新技术、新设备的应用大大地提高了酱油的生产效益，各项酱油国家标准和行业标准的制定让企业生产有规可依。但也存在基础研究薄弱，添加剂超标，酱油发展重数量轻质量使企业发展缺乏后劲，企业间技术交流渠道不畅导致企业发展缺乏活力等方面的问题。由此可见，我国的酱油生产企业在技术层面和经营管理层面的不断创新和突破仍是未来努力方向。

一、技术层面

1. 酶制剂在酱油酿制中的应用

随着生物技术的快速发展，酶制剂作为生物工程的一个产物在各行各业得到了广泛的应用。在酱油酿造工艺过程中，制曲工序既是关键的工序，又是在实际生产中较难掌握的工序，在设备上也是仅次于发酵工序的大容量设备。制曲的最终目的就是要获得蛋白质降解的蛋白质酶和淀粉降解的适量的淀粉酶。我们可以利用多种酶配制的酶制剂取代繁重的制曲工序，同时提高发酵质量及缩短发酵周期，使用得当还可以提高原料全氮利用率。所以在选育优良菌种及改进生产工艺等方面还需要更多尝试，以提高蛋白酶活力。同时还要研究酿造多种酱油品种的其他酶制剂，配制成复合酶制剂，使酶制剂的使用量达到更理想的状态。

2. 创新添加风味剂，提高酱油质量

酱油作为人们日常生活中不可缺少的调味品，其色、香、味、体等感官质量是决定其被消费者认可与否的关键指标。近些年研究发现在酱油中适量添加酱油香型和味型的酱油添加剂，可以大大改善包括香味在内酱油的感官质量。目前认为酱油香味与 4-乙基愈创木酚（4-EG）、呋喃酮类（HEMF、HDMF、HMMF）等有较为密切的关系。另外核苷酸（$5'$-IMP 和 $5'$-GMP）及酵母提取物已经得到一定程度的应用，相信随着酵母菌及核苷酸工业的发展，酱油的口味很有可能超过传统的优良酱油。

3. 应用固定化技术改善酱油风味

生物反应器的诞生给酿造工业发展带来了又一项新技术。并且在酿造行业的成功应用，在国内外已经有很多的相关报道。生物反应器是将酶或含酶的生物固定于载体上，反应底物经过生物反应器，从而高效率地加速生化反应的进行。近年来国内外酿造科研工作者研究采用固定化技术，使酱油制品风味已逐渐接近高盐度、长周期发酵的制品。经深入研究，现在已利用鲁氏酵母、球拟酵母参与固定化发酵。复合载体及多孔质载体的强度与使用寿命也正在不断提高，以适应工业上的应用。在此项技术上如果未来能够有更大的突破，酱油生产上渴望摆脱高盐度、长周期发酵及用压榨法提取酱油的束缚将成为可能，酱油工业将获得重大改革。

4. 发展高端产品

随着人民生活水平在不断提高，有相当一部分消费者需要更好的酿造酱油，高端酱油产品的需求不断增加。目前比较成熟的生产工艺，如高盐稀醪浇淋法及先固后稀、添加酵母菌后熟淋浇浸出法等都是历年来科学研究及生产实践总结的成果，既可省却繁重的压榨工序，又是切实可行易于投产的生产高档油的良好工艺。所以，以此成熟的先进的工艺生产高档酱油是今后的一个重要方向。此外，我国各地有很多传统特色品牌酱油，应该以现代的技术予以改进，革除其不合理部分，保留其特色风味，同时加强生产技术和卫生管理，以稳定、提高产品质量。这类产品是我国饮食文化的一个重要组成部分，应使之丰富市场供应及开拓国际市场，以增加外汇收入。

二、经营管理层面

1. 积极开展科研攻关，加强企业间的技术交流

近年来，我国酱油业有较大的发展，在引进先进技术、更新设备方面取得了一些成果。但我们在引进技术方面对酱油的酿造机理研究还不够深入，诸如原料蒸料程度对酱油原料利用率的影响及其如何测定，制曲过程中的微生物变化及对

发酵的影响，发酵过程中蛋白质的变化及变化程度的测定，酱香的形成与测定等研究不够彻底，导致我国酱油生产很难实现完全自动化。传统酱油酱香浓郁，但生产周期长，制曲、发酵时间多有讲究，如何在继承传统发酵工艺的基础上，缩短发酵周期，同时保证酱油质量，这些问题包含很深的生化理论。理论研究的成果才能推动实践进步，这种理论研究是一项长期而持久的工作。企业间的技术交流对于企业的技术进步、推动科研攻关有一定的意义，行业要发挥协会的作用，构筑企业技术交流的平台。

2. 行业应加强对酱油生产企业的监管力度

酱油是人们一日三餐离不开的调味品，与人们的健康息息相关，行业应加强对酱油生产企业的监管力度，定期对企业生产的酱油抽样检查，防患于未然。我国酱油中除广泛添加酸解氨基酸调味液外，还添加焦糖色素，焦糖色素的色率由过去的 23000EBC 单位上升至近 50000EBC 单位，氨的加入量由过去的 5% 上升至现在的 30%，希望行业开展对酱油中 4-甲基咪唑含量的测定工作，制定适合的标准。

3. 组建企业发展的航空母舰，增强企业抵御风险的能力

企业的发展靠产品数量和产品质量。我国酱油企业规模小，分散经营，很难发挥规模效益。组建企业发展的航空母舰，使企业有能力进行科技创新、科研攻关，及时解决生产实际中存在的技术难题。比如我国酱油存在沉淀量大及使用或贮存过程中变色的现象，影响我国酱油的出口，沉淀量大的技术难题已基本解决，但变色问题一直无法解决，其原因是对变色机理缺乏研究，企业规模小根本无力开展这一方面的研究工作，使生产只能在现有的条件下简单重复。

4. 增进环保意识为企业发展提供条件

环境保护是一件不容忽视的事情，必须摆在重要的地位，企业要发展必须走可持续发展的道路。20 世纪末，我国对污染较大的造纸、皮革企业进行整顿，环境得到较大的改观。酱油企业的污水、废渣治理也势在必行。从现在开始，就要着手这方面的研究工作，避免被动。

第三章
食醋生产技术

第一节　概　述

一、我国传统酿造食醋发展历史

食醋是我国一种传统酿造调味品，有着悠久的历史。中国是世界上最早使用谷物酿醋的国家，也是最早应用食醋的国家。食醋历史上有"醯""酢"之称。3000多年前周朝就已经有醋的记载，春秋战国时期民间也逐渐出现专门的酿醋作坊，汉代已开始普遍生产食醋，北魏农学家贾思勰所著《齐民要术》中更是详细罗列了醋的二十四种酿造方法，制作工艺进一步趋于完善，这也是我国现存史料中对谷物酿醋工艺的最早记载。

《齐民要术》对食醋工艺的记载包括以下几个方面：丰富的酿醋原料；熟练应用和制曲；快速的酿醋工艺；成熟的酿醋技术（温度、浓度、质量控制）；醋衣（即醋酸菌膜）和醭（主要为膜醭酵母）的认识。这些记载充分说明了当时我国酿醋工艺的先进性和多样性。到了唐宋时期，醋已经是人们饮食生活中的必备品。明清时期，随着技术的进步，酿醋业进一步发展。醋的品种日益增多，有米醋、麦醋、曲醋、糠醋、葡萄醋等数十种风味各异的食醋。

二、食醋的保健功效

中国幅员辽阔、南北气候不同，各地消费习惯和口味不一，各地食醋的酿造工艺在选料和操作方面各具特色，人们在长期的酿醋生产实践中创造出多种富有地方特色的制醋工艺和品牌食醋。著名的有山西老陈醋、镇江香醋、四川麸醋、江浙玫瑰米醋、福建红曲醋、东北白醋等。食醋不仅是人们喜爱的调味佳品，还具有多种营养保健和药用功能。

（1）食醋具有消除疲劳的功能　人们经过一定时间的运动、工作之后会有疲劳感，这是由于体液 pH 呈酸性所致。当激烈运动时，体内生成大量乳酸，乳酸存在于血管中，使血液成为酸性过多状态，这就使焦性葡萄糖不变成柠檬酸而促进乳酸生成，这是疲劳的原因。在这种情况下食用醋酸后，焦性葡萄糖→活性醋酸→柠檬酸，可进入三羧酸循环，疲劳也就随之消除。

（2）食醋有降血压、预防动脉硬化的作用　据报道，在日本用硅酸治疗动脉硬化的例子很多。通过实验确认，当血液呈弱碱性时这种硅酸就会排泄到尿中，同时起到降低血压的效果。所以，经常食用食醋能防止体液呈酸性，有降低血压、预防动脉硬化的功能。

（3）食醋具有增进食欲、帮助消化等作用　由于食醋中的挥发性物质、氨基酸和有机酸类刺激大脑中枢，使消化系统机能亢进，促使消化液分泌，有助于消化功能加强。

（4）食醋有增强肝脏机能及肾功能作用　醋中含有丰富的氨基酸、有机酸等营养物质，有提高肝功能、解毒及促进新陈代谢功能，从而有利于降低肝病的发病率。

（5）食醋有较强的防腐杀菌功能　能提高胃肠的杀菌能力。在调味品中，食醋能防止食品中腐败菌在人体内的繁殖，而且对病原菌也有杀灭效力，对葡萄球菌、肠杆菌、痢疾杆菌、嗜盐菌等都有很强的杀伤作用。

（6）食醋能调节体液的酸碱平衡　维持人体内环境的相对稳定。

（7）食醋具有美容护肤和预防衰老作用　醋能抑制和降低人体衰老过程中过氧化脂质的形成，减少老年斑。

（8）食醋具有防治肥胖作用　醋除了可促使人体内过多的脂肪转变为体能消耗外，还可使摄入的糖、蛋白质、脂肪等营养物质的新陈代谢顺利进行，因而具有减肥的作用。

三、食醋的分类

（一）按原料分类

（1）粮谷醋或米醋　以粮谷为原料生产的醋，有些地区以原料名称为醋名。如大米醋、高粱醋、小米醋、黑米醋、薏米醋等。

（2）薯干醋　用薯类为原料生产的醋。

（3）麸醋　用麸皮为原料生产的醋。

（4）糖醋　用饴糖、废糖蜜、糖渣、蔗糖等为原料的醋。

（5）果醋　用水果、果汁或果酒生产的醋。

（6）酒醋　用白酒、酒精、酒糟等酿制的醋。

（7）陈醋　以高粱为主要原料，大曲为发酵剂，采用固态醋酸发酵，经陈酿而成的粮谷醋。

（8）香醋　以糯米为主要原料，大曲为发酵剂，采用固态分层醋酸发酵，经陈酿而成的粮谷醋。

（9）熏醋　将固态发酵成熟的全部或部分醋醅，经间接加热熏烤成为熏醅，再经浸淋而成的粮谷醋。

（10）再制醋　在酿造醋中添加糖类、酸味剂、调味料、香辛料等制成的酿造醋。

（二）按原料处理方法分类

（1）熟料醋　原料经过蒸煮。

（2）生料醋　原料未经过蒸煮。

（三）按生产工艺分类

1. 按制醋用糖化曲分类

（1）麸曲醋　以麸皮和谷糠为原料，人工培养纯种曲霉菌制成的麸曲做糖化剂，以纯培养的酒精酵母作发酵剂酿制的食醋称为麸曲醋。用麸曲作糖化剂具有淀粉出品率高，生产周期短，成本低，对原料适应性强等优点。但麸曲醋风味不及老法曲醋，麸曲也不易长期贮存。

（2）老法曲醋　老法曲是以大麦、小麦、豌豆为原料制的麦曲，是野生菌自然培育制成的糖化曲。由于曲子的酶系统较复杂，所以老法曲酿制的食醋风味优良，曲子也便于长期贮存。但老法曲醋耗用粮食多，生产周期长，出品率低，生产成本高，故除了传统风味的品牌醋使用外，多不使用。

2. 按醋酸发酵方式分类

（1）固态发酵醋　用固态发酵工艺酿制的食醋，风味优良。固态发酵是我国传统的酿醋方法。其缺点是生产周期长，劳动强度大，出品率低。

（2）液态发酵醋　用液态发酵工艺酿制的食醋，其中包括传统的老法液态醋、速酿塔醋及液态深层发酵醋。其风味和固态发酵醋有较大区别。

（3）固稀发酵醋　食醋酿造过程中的酒精发酵阶段为稀醪发酵，醋酸发酵阶段为固态发酵，出品率较高。

（四）按颜色分类

（1）浓色醋　有的地区叫黑醋，其颜色呈黑褐色或褐色。

（2）淡色醋　呈浅棕色。

（3）白醋　呈无色透明状态。

（五）按风味分类

传统的品牌醋在酿造方法上都有独到之处，使其风味差异很大。如陈醋的酯香味较浓，熏醋具有特殊的焦香味，甜醋则需人工添加食用糖等甜味剂，还有的添加中药材、植物性香料等，形成风味不同的食醋。

（六）按制醋工艺流程分类

（1）酿造醋　酿造醋是以淀粉质、糖质、酒质为原料，经过醋酸发酵酿制而成的。

（2）合成醋　合成醋是用冰醋酸加水兑制而成的。其口味单调、颜色透明。如醋精、白醋精等。

（3）再制醋　再制醋是在酿造醋中添加各种辅料配制而成的食醋系列花色品种。添加的辅料并未参与醋酸发酵过程，所以称再制醋。例如，海鲜醋、五香醋、姜汁醋、甜醋等是在酿造过程品中添加鱼露、虾粉、五香液、姜汁、砂糖等而制成的食醋。

四、传统酿造食醋行业发展面临的挑战

目前，我国传统酿造食醋产品呈现出一品一格、百品百味、风味万千的景象，这与传统酿造工艺的不断传承发展和长期以来酿造微生物群落的驯化演变密不可分。我国制醋的工艺技术、生产设备都有了长足的发展，不但产品质量好，而且产量高，并积极创品牌产品，开发营养产品、风味产品、专业产品、方便产品等，深受消费者的欢迎。

传统酿造食醋中蕴含着各具特色、丰富的微生物资源，是行业发展的战略性资源。深入开展酿造菌株改良和功能菌种的挖掘，促进传统酿造微生物向工业菌种高效转化，是提升产业技术水平、促进产业升级的核心技术问题。因此，采用现代生物技术手段，加快微生物种质资源开发与改良亟待加强。

第二节　食醋酿造的原理

食醋酿造是由淀粉质原料在各类微生物所产生的酶参与下，经过一系列复杂的生物化学反应形成的。酿醋大致可分为三个重要的生化反应过程：①淀粉降解

生成糖的糖化作用；②糖发酵生成酒精；③酒精氧化生成醋酸。

除了上述三个主要的生化反应过程外，在酿醋过程中，还存在其他多种生化反应和物理、化学变化——陈酿后熟，这些复杂反应形成了食醋的主体成分和色、香、味、体。

一、糖化作用

淀粉质原料经润水、蒸煮糊化及酶的液化成为溶解状态，由于酵母菌缺少淀粉水解酶系，因此，需要借助糖化的作用使淀粉转化为葡萄糖供酵母菌利用。成曲中起糖化作用的酶主要有 α-淀粉酶和糖化酶。

（一）α-淀粉酶

α-淀粉酶属于内切酶，能将淀粉分子的 α-1,4 键在任意位置上切断，迅速形成糊精及少量的麦芽糖，使淀粉黏度很快下降，流动性上升，这一过程称作液化，α-淀粉酶因而又称为液化酶。但该酶对 α-1,6 键不起作用。所以，α-淀粉酶对淀粉的分解是不彻底的，其最终产物是含有 α-1,6-糖苷键的糊精、少量麦芽糖和葡萄糖。酿醋中常用的 α-淀粉酶制剂是由枯草芽孢杆菌 BF7658 产生的；大曲、小曲、红曲和麸曲中的 α-淀粉酶制剂分别是由曲霉、根霉等产生的。

（二）糖化酶

糖化酶包括淀粉-1,6-糊精酶和淀粉-1,6-葡萄糖苷酶，该酶属于外切酶。淀粉-1,6-糊精酶专一性地作用于分支淀粉的分支点，即专一性切断 α-1,6 键，将整个侧支切掉；而淀粉-1,6-葡萄糖苷酶仅对分支淀粉中带有一条多糖直链的分支点的 α-1,6 键有作用，形成一条单独的多糖直链和去掉直链的残余部分。糖化酶则是从淀粉链的非还原性末端开始，顺次逐个切开 α-1,4 键，水解成葡萄糖分子。糖化酶是淀粉糖化的极为重要的酶，在根霉、曲霉中普遍存在，是大曲、小曲、红曲和麸曲中的主要酶。酿醋中常用的糖化酶制剂是由黑曲霉产生的。

由于以上酶的共同作用，淀粉被水解成葡萄糖：

$$(C_6H_{10}O_5)_n + nH_2O \xrightarrow{\text{淀粉酶系}} n(C_6H_{12}O_6)$$

（三）影响糖化的因素

1. 淀粉浓度

① 淀粉浓度越高，糖化效果越差。这是因为酶与底物结合，当底物浓度低时，底物糖化完全；当底物浓度高时，因为底物不能完全与酶结合，所以就会出现底物过剩。

② 当产物移去或被消耗时，余下的底物与酶结合再生成产物。因此，进行固态发酵时，一般采取边糖化边发酵的方法；而进行液态发酵时，则可将糖化和发酵分开，目的都是为了提高糖化和发酵效果。

2. 糖化曲用量

① 曲使用过量会使醋产生苦涩味，并造成酵母增殖过多而增加耗糖量，导致原料利用率下降。糖化速度过快，糖积累过多时，容易招致生酸细菌生长繁殖，从而影响酒精发酵。用曲量大也使生产成本上升。

② 用曲量过少时，糖化速度变慢，糖的生成速度跟不上酵母菌对糖的需求，会使酿醋周期延长。

二、酒精发酵

（一）原理

淀粉水解后生成的葡萄糖被酵母菌细胞吸收后，大部分用于发酵生成酒精，小部分用于细胞的增殖和生成副产物。酒精发酵是在厌氧条件下，经过酵母菌体内一系列酶的作用，把可发酵性糖转化成酒精和 CO_2，然后通过细胞膜把产物排出菌体外的过程。

参与酒精发酵的酶称为酒化酶系，它包括糖酵解（EMP）途径的各种酶以及丙酮酸脱羧酶、乙醇脱氢酶。葡萄糖发酵生成酒精分为三步：①葡萄糖在糖酵解（EMP）途径的各种酶的催化下生成丙酮酸；②丙酮酸在丙酮酸脱羧酶的催化下生成乙醛和二氧化碳；③乙醛在乙醇脱氢酶催化下生成酒精。具体反应如下：

$$C_6H_{12}O_6 + 2NAD + 2H_3PO_4 + 2ADP \xrightarrow{\text{EMP 途径的酶}} 2CH_3COCOOH + 2NADH_2 + 2ATP$$

$$CH_3COCOOH \xrightarrow[\text{Mg}^{2+}]{\text{丙酮酸脱羧酶}} CH_3CHO + CO_2$$

$$CH_3CHO \xrightarrow[\text{NADH}_2\ \text{NAD}]{\text{乙醇脱氢酶}} CH_3CH_2OH$$

总反应式为：

$$C_6H_{12}O_6 + 2ADP + 2H_3PO_4 \xrightarrow{\text{酒化酶系}} 2C_2H_5OH + 2ATP + 2CO_2$$

注：NAD 是脱氢酶的辅酶。

（二）酒精发酵过程

酒精发酵过程从外观现象可分为以下三个不同的阶段。

1. 前期发酵

在接入酵母后，醪液中的酵母细胞数还较少，由于醪液中含有少量的溶解氧和适量的营养物，酵母菌迅速繁殖，达到一定数量。这一时期醪液中的糊精继续被糖化酶作用，生成糖分，但由于温度较低，糖化作用进行得较为缓慢。从外观看，发酵作用不强，酒精和二氧化碳产生得很少，发酵醪表面显得比较平静，糖分消耗也较慢。前发酵阶段时间长短与酵母的接种量有关。量大则短，反之则长。同时由于前发酵期间酵母量不多，发酵作用不强，品温上升也不快，如接种温度26～28℃，则前发酵期品温一般不超过30℃。如果温度太高，会造成酵母早期衰老；而温度太低，又会使酵母生长缓慢。

2. 主发酵期

此阶段酵母细胞已大量形成，细胞数可达10^8个/mL以上，由于发酵醪中氧气已接近消耗殆尽，故酵母菌基本停止繁殖而主要进行酒精发酵作用。表现为醪液中糖分迅速下降，酒精逐渐增多，产生大量二氧化碳，醪液温度上升较快。生产上应加强这一阶段的温度控制。根据酵母菌的性能，主发酵温度最好控制在30～34℃，这是酒精酵母最适发酵温度。如温度太高，易使酵母早期衰老，降低酵母活力，另外高温也较容易造成细菌污染。一般生产食醋的酒精发酵容器并不完全密闭，高温时更容易污染杂菌。

3. 后发酵期

随着酒精的蓄积和糖分的减少，酵母的生命活动和发酵作用变弱，此时即进入了后发酵期。此阶段糖分大部分已被酵母消耗，尚残存的部分糊精继续被分解，生成葡萄糖。由于这一阶段糖化作用进行得极为缓慢，生成糖分很少，故发酵作用也十分缓慢，接近尾声。此时品温逐渐下降，温度应控制在30～32℃；如过低，将使糖化酶作用减弱。淀粉质原料的后发酵阶段一般需40h左右。

三、醋酸发酵

醋酸发酵是继酒精发酵之后，酒精在醋酸菌分泌的酶作用下，氧化生成醋酸的过程。

（一）醋酸发酵机理

该过程分为两步：

① 酒精在乙醇脱氢酶的催化下氧化生成乙醛，具体反应如下：

$$CH_3CH_2OH + NAD \xrightarrow{\text{乙醇脱氢酶}} CH_3CHO + NADH_2$$

酒精　　　辅酶Ⅰ　　　　　　　乙醛　　　还原型辅酶Ⅰ

② 乙醛在乙醛脱氢酶的作用下氧化生成乙酸。具体反应如下：

$$CH_3CHO + NAD + H_2O \xrightarrow{\text{乙醛脱氢酶}} CH_3COOH + NADH_2$$

乙醛　　　辅酶Ⅰ　　水　　　　　　　乙酸　　　还原型辅酶Ⅰ

即：

$$C_2H_5OH + O_2 \xrightarrow{\text{乙醇脱氢酶,乙醛脱氢酶}} CH_3COOH + H_2O$$

酒精　　　氧　　　　　　　　　　　　乙酸　　　　水

（二）影响醋酸发酵的主要因素

1. 醋酸菌

醋酸菌发酵能力的强弱，决定着发酵速度的快慢、出品率的高低以及产品质量的好坏，所以醋酸发酵中应使用发酵速度快、转酸率高的菌种，并要求能产生一些其他有机酸和芳香酯类，对醋酸进行氧化分解作用较弱。

2. 氧气

在醋酸发酵过程中，氧气也起着非常重要的作用。主要表现在以下几个方面：

① 在含高浓度乙醇的醋酸培养基中，醋酸菌对氧的含量特别敏感。深层发酵条件下，当乙醇和乙酸的浓度均高时，短时间的中断通气会伤害醋酸菌，甚至造成死亡。在乙醇和乙酸浓度都低的情况下，特别是在低温，醋酸菌对空气不足的敏感性较差。

② 深层发酵生产食醋时，应特别注意通风量，发酵前期为醋酸菌发育的初期，发酵液中菌体量很少，通风量应适当降低；发酵中期，产酸达到高潮时，需增大通风量；发酵至后期，醋酸菌进入衰弱及死亡时期，产酸速度减缓，应减小通风量。

四、陈酿后熟

食醋品质的优劣取决于色、香、味三个要素，而色、香、味的形成是十分复杂的，除发酵过程中形成外，很大一部分与陈酿后熟有关。

（一）色素形成机理

色素的形成除原料本身和原料处理时产生的色素外，主要来自酿制和陈酿后熟过程中。食醋中的糖类与氨基酸发生美拉德反应（氨基羰基反应）生成类黑素；熏醅时由多种糖经脱水、缩合而成的焦糖色素，能溶于水，呈黑褐色或红褐色。另外，陈酿后熟时间越长，作用温度越高，供气越充足，色泽变得越深。

（二）香气形成机理

食醋的香气主要来自食醋酿造过程中产生的酯类、醇类、醛类、酚类等物质。酯类物质除酿造过程中微生物代谢产生外，主要来源于陈酿后熟阶段。食醋中含有的多种氨基酸，通过酯化反应，与醇结合生成多种酯。所以食醋贮存时间越长，成酯的数量也越多，这也是速酿醋香气较差的原因。

（三）味形成机理

1. 酸味

食醋是一种酸性调味品，其主体酸味是在酿造过程中形成的挥发性的醋酸。经过陈酿后，醋的水分大量散失，醋酸浓度和风味物质增加，酸度增高。醋酸是挥发性酸，酸味强，尖酸突出，有刺激性气味。还含有一定量的非挥发性的有机酸，如琥珀酸、苹果酸、柠檬酸、乳酸、葡萄糖酸等。由于有机酸的存在可使食醋的酸味变得柔和。另外，食醋在陈酿过程中，水和醇分子间会发生缔合作用，减少醇分子中的活度，可使食醋味变得柔和。

2. 甜味

食醋的甜味来自醋液中残存的糖和发酵过程中形成的甘油、二酮等。

3. 鲜味

原料中的蛋白质水解产生氨基酸。酵母菌、细菌的菌体自溶后产生各种核苷酸，如 $5'$-鸟苷酸、$5'$-肌苷酸，它们是强烈助鲜剂。钠离子是由酿醋过程中加入食盐提供；食醋中的鲜味就是因为存在氨基酸、核苷酸的钠盐而呈鲜味。

4. 咸味

酿醋过程中添加食盐，可以使食醋具有适当的咸味，从而使醋的酸味得到缓冲，口感更好。

第三节　食醋生产原料及处理

一、食醋生产原料

食醋生产的原料分为主料（如淀粉质原料、糖类原料、酒精原料等）、辅料、填充料、添加剂和水。

（一）主料

凡含有淀粉、糖和酒精等成分，最终能被醋酸菌利用的物质原则上都可用作酿醋原料。为适应工业生产，选择酿醋原料时主要考虑以下几点要求：淀粉（或糖、酒精）含量高；资源丰富，产地离工厂近；容易贮藏；无霉烂变质，符合卫生要求。

1. 淀粉质原料

（1）谷类原料

① 粟。粟在北方又称为"谷子"，去壳后叫"小米"。谷子有黄、白、红、黑四种籽色。其中，黄谷子占53%，白谷子占39%。小米营养丰富，含有碳水化合物、氨基酸、蛋白质、脂肪、维生素、脂肪酸和矿物质等营养物质，且各种营养成分比例适中，是食品工业中良好的淀粉质原料，用于酿酒、酿醋、酿造酱油等，制米后副产物谷壳、谷糠也是固态发酵醋的优质填充料。

② 高粱。高粱亦称"蜀黍"，籽实可供食用、酿造或制作饴糖。高粱品种有以直链淀粉为主的粳高粱和几乎全部是支链淀粉的糯高粱（黏高粱）。前者主产于北方，是酿酒、制醋的主要原料；后者多产于南方，淀粉的吸水性强，极易糊化。高粱含有少量的单宁，发酵时能生成特殊的芳香物质，因此高粱醋有独特的香味。

③ 玉米。玉米碳水化合物中，除含淀粉外，尚含有少量葡萄糖及戊糖等，戊糖约占无氮抽出物的7%（质量分数）。由于戊糖不能被酒精酵母所利用，所以淀粉含量虽不低于高粱，但出酒率并不高。另外，玉米淀粉的结构紧密，难于糊化，糖化时支链淀粉不能被完全水解，出酒率低，如用玉米酿醋时，要注意原料的蒸煮及糖化工艺。由于玉米中含有较多的植酸，发酵时能促进醇甜物质的生成，玉米醋的甜味较突出。

④ 大米及糯米。大米含淀粉70%～75%，也是以颗粒形式存在于胚乳细胞内。糯米含支链淀粉多，黏度大，糖化速度缓慢，用于制醋因残留糊精和低聚糖较多，使成品醋的口味浓甜，风味佳，所以常被用作酿造品牌香醋的原料。生产上为了降低成本，多利用碎米酿醋。

（2）薯类原料　薯类作物产量高，块根或块茎中含有丰富的淀粉，并且原料淀粉颗粒大，蒸煮易糊化，是酿醋的较理想的原料。使用薯类原料来酿醋可节约粮食。常用的薯类原料有甘薯和甘薯干、马铃薯和马铃薯干、木薯和木薯干等。日本人把马铃薯制作的醋称为"命醋"，认为比米醋更有利于人体健康，其生理保健功用显著。

（3）农产品加工副产物　一些农产品加工后的副产物，含有较为丰富的淀粉、糖或酒精，可以作为酿醋的代用原料。常用有碎米、麸皮、细谷糠、米糠、高粱糠、淀粉渣、甘薯、醪糟、糖蜜等。利用农产品加工的副产物酿醋，不仅可以节约粮食，还可综合利用农产品，达到变废为宝的目的。

2. 糖类原料

（1）果蔬类原料　水果和有的蔬菜中含有较多的糖和淀粉，在果蔬资源丰富地可以采用果蔬类原料酿醋，这样既增加食醋品种，又丰富人民生活需要，还为国家创造财富。常用的水果有太平果、罗汉果、沙棘、无花果、梅子、芒果、五味子、野生拐枣、珍珠梅、袖子、火龙果、杏果、枣、猕猴桃、柿子、苹果、菠萝等，或其残果、次果、落果及果品加工后的皮、屑、仁等。能用于酿醋的蔬菜有番茄、山药、莲藕、大蒜、胡萝卜、南瓜等。

（2）食用糖与糖蜜　食用糖可以作酿醋的原料，使用方便。由于日常生活中食用糖消耗量大，故使用糖蜜更为经济，如甘蔗糖蜜、甜菜糖蜜、蜂蜜等。糖蜜又称废糖蜜，是甘蔗或甜菜厂的一种副产物，含糖量较高，含有相当数量的可发酵糖，可直接被酵母利用。

3. 酒精原料

食用酒精、白酒、果酒、啤酒等酒类可以用于酿造食醋，简化生产工序、缩短生产周期、提高劳动效率。但对于醋酸菌的增殖，因其营养不足，必须添加营养物质。如添加蛋白胨、多肽和氨基酸等作为氮源，添加葡萄糖和麦芽糖等物质提高成品醋的质量。

（二）辅料

酿醋需要大量辅助原料，为微生物活动提供所需要的营养物质，丰富了食醋中糖分和氨基酸含量，与食醋的色、香、味有密切的关系。在固态发酵中，辅料还起着吸收水分、疏松醋醅、贮存空气的作用。辅料一般采用细谷糠（也叫统糠）、麸皮或豆粕。因为在米糠、麸皮或豆粕中，不但含有碳水化合物，而且还含有丰富的蛋白质、维生素和矿物质。这些辅料中的某些化学组分，在酿造过程中和主料一样参与水解、合成等生化反应或理化反应。

（三）填充料

食醋生产中用作固态发酵或速酿过程的疏松剂（载体性质）辅料，称为填充料。其主要作用是疏松醋醅、调整淀粉浓度、吸收酒精及浆液、积存和流通空气等，以利于醋酸菌的好氧发酵，并用作醋酸菌细胞的吸附载体。常用的填充料有谷壳、稻壳（砻糠）、高粱壳、玉米秸、玉米芯、高粱秸、刨花、浮石、多孔玻璃纤维等。

（四）添加剂

食醋生产中的添加剂一般是指能增进食醋的色、香、味，赋予食醋以特殊风味或增加食醋固形物、改善食醋体态的物质。酿制食醋常用的添加剂有食盐、蔗糖、香辛料、中草药、炒米色和防腐剂等。

1. 食盐

食醋生产中加入食盐的目的主要有以下两个方面：①调和食醋风味；②醋酸发酵成熟后加入食盐，可抑制醋酸菌活动，防止其对醋酸进一步分解。

2. 蔗糖

主要起增加甜味、调和风味的作用。

3. 香辛料

如茴香、桂皮、生姜等香辛料赋予食醋特殊的风味。

4. 炒米色

增加成品醋的色泽及香气。

5. 防腐剂

为了防止食醋霉变可加入防腐剂。常用的防腐剂有苯甲酸钠、山梨酸钾，当食醋酸度在 60g/L（以醋酸计）以上时可不加防腐剂。

（五）水

酿醋用水最好为软水，如水的硬度过大，应处理后再使用。水质需符合食用水卫生标准，受到污染的水不能用来酿醋。

二、原料的处理

原料要经过检验，霉变等不合格的原料不能用于生产。无论选用何种原料、何种工艺酿造食醋，对原料都要进行处理。

1. 除去杂质

制醋原料多为植物原料，在收割、采集和贮运过程中，往往会混入杂物，若不去除这些杂质，将会磨损机器设备，堵塞管路、阀门及泵，严重的能导致停产，造成经济损失，同时也会影响产品质量。主要包括以下几个方面：剔除霉变的原料，这是必不可少的首道除杂工序；清除泥石、金属之类的杂物；清除尘土和轻的夹杂物等。

谷物原料中杂质清除，一般采用分选机处理，在分选机中将原料中的尘土和轻质夹杂物吹出，并经过几层筛子把谷粒筛出来。鲜薯类的处理多采用搅拌棒式洗涤机洗涤的方法，以除去附着于薯类表皮上的泥土。

2. 粉碎与水磨

对于制醋所用的粮食原料，通常呈粒状，外有皮层包裹，不能被微生物充分利用。为了利于原料吸水，增加原料同酶的接触面积，缩短液化糖化时间，充分利用其中的有效成分，在多数情况下，粮食类原料要先进行粉碎，然后再蒸煮糖化。

原料粉碎粗细度以细为好，一般为 40～60 目。采用酶法液化制醋工艺时，用水磨法粉碎原料，这样淀粉更易被酶水解，也避免了干粉时的尘土飞扬。原料粉碎常用设备有：锤式粉碎机、辊式粉碎机、刀片式粉碎机及钢磨。原料水磨使用的钢磨，要根据处理量来选择，如日处理米800kg，钢磨可选用65-260型钢片式。磨浆前米应先进行浸泡淘洗，浸泡时间根据水温和季节来确定。

3. 原料蒸煮

酿醋所用的淀粉质原料，在蒸煮过程中（生产上常用的原料蒸煮温度在100℃或100℃以上），由于加水和温度的上升，促使淀粉和纤维素吸水膨胀，使原料组织和细胞彻底破裂，细胞间的物质和细胞内的物质开始溶解，同时也使植物组织细胞壁遭到破坏。原料所含的淀粉质吸水膨胀，由颗粒状态转变为溶胶状态。

目前制醋按糖化工艺可分为煮料发酵、蒸料发酵、酶法液化发酵、生料发酵四种方法，前三种方法都要进行原料蒸煮。蒸煮方法包括常压蒸煮和加压蒸煮。常压蒸煮一般蒸1h，加压蒸煮一般蒸汽压力0.1MPa、蒸料30min。原料蒸煮的温度都在100℃或100℃以上。高温蒸煮不仅能杀灭原料中的微生物，减少酿醋过程中的污染，还能破坏原料中某些有害物质，提高食醋的质量和风味，同时，蒸煮后的原料易被淀粉酶糖化。

第四节　糖化发酵剂

以淀粉质原料酿制食醋，需经过糖化、酒精发酵和醋酸发酵三个生化阶段，上述三个阶段所对应的发酵剂分别为糖化剂、酒母和醋酸菌。

一、糖化剂

糖化剂就是把淀粉转变成可发酵性糖所用的催化剂。我国食醋生产采用的糖化剂主要有大曲、小曲、麸曲、红曲、液体曲等几种。

（一）大曲

它是以根霉、毛霉、曲霉和酵母为主，兼有其他野生菌杂生而培制成的糖化剂。

优点：大曲作为糖化剂微生物种类多，成醋风味佳，香气浓，质量好，便于保管和运输。

缺点：制作工艺复杂，糖化力弱，淀粉利用率低，用曲量大，生产周期长，出醋率低，成本较高。

（二）小曲

小曲也是我国的传统曲种之一。小曲以米粉、碎米或米糠为主要原料，添加或不添加中草药，接入纯种酵母、根霉或接入曲母培养而成。小曲的品种有药小曲、无药白曲、无药糠曲、酒曲饼等。小曲中的主要微生物是根霉和酵母菌。小曲根霉不仅糖化酶丰富，而且有一定的酒化酶能力。

优点：小曲的糖化力强，用量少，便于运输和保管；酿制的醋品味纯净，颇受江南消费者欢迎。

缺点：小曲对原料的选择性强，适用于糯米、大米、高粱等作酿醋原料，而对薯类及野生植物原料的适应性较差。

（三）麸曲

麸曲是以麸皮为制曲原料，接种纯培养的曲霉菌，采用固体培养法制得的曲，是国内酿醋厂普遍采用的糖化剂。

优点：制曲周期短，糖化力强，出醋率高，生产成本低，对酿醋原料适应能力强。

缺点：该曲不宜长期保存。

（四）红曲

红曲是将红曲霉接种培养于米饭上，使其分泌出红色素和黄色素，并产生较强活力的糖化酶，是我国特色曲之一，被广泛用于食品增色剂及红曲醋、玫瑰醋的酿造。

（五）液体曲

将曲霉菌在发酵罐中进行深层液体通风培养，得到含有丰富酶系的培养液，这种培养液称之为液体曲。液体曲含有淀粉酶及糖化酶，可直接代替固体曲用于酿醋。其生产过程是在机械化和无菌状态下完成的。

优点：可节约制曲原料，并采用糖化力较强的菌种，糖化效果好；生产机械化程度高，可减少曲室面积约80％；生产效率高，出醋率高。

缺点：生产设备投资大，技术要求高，酿制出的醋香气较淡，醋质较差。

二、酒母

酒母指含有大量能将糖类发酵成酒精的酵母培养液，在酿酒、酿醋中被广泛使用。进行酒精发酵的生物催化剂是酵母菌。传统的酿醋工艺是在醋生成之前的酒精发酵阶段依靠曲中以及空气中落入物料的酵母菌自然接种、繁殖后进行生产的。这种依靠自然接种的方法，菌种多而杂，酿制出的食醋具有以下特点：①优点：食醋风味好、口味醇厚复杂；②缺点：质量很难保持稳定，而且出醋率低。

为了提高生产效率，提高出醋率，提高产品质量稳定性，现在常采用人工选育优良酵母菌菌种用于酿醋。发酵性能良好的酵母有拉斯 2 号、拉斯 12 号、K字酵母、南阳五号（1300）等。

三、醋酸菌

醋酸菌也叫醋母，原意是"醋酸发酵之母"，就是含有大量醋酸菌的培养液，是醋酸发酵中极重要的菌，制醋生产过程中可使酒精氧化为醋酸。传统法酿醋，是依靠空气、原料、曲子、用具等上面附着的野生醋酸菌，自然进入醋醅进行醋酸发酵的，因此，生产周期长、出醋率低。现在多使用人工选育的醋酸菌，通过扩大培养得到醋酸菌种子，再将其接入醋醅或醋醪中进行醋酸发酵，使生产效率大为提高。目前国内生产厂家常用的纯种培养有沪酿 1.01 和 AS1.41 号醋酸菌、奥尔兰醋酸杆菌、许氏醋酸杆菌、恶臭醋酸杆菌、攀膜醋酸杆菌、胶膜醋酸杆菌、AS1.41 醋酸菌、沪酿 1.079 醋酸菌等。

第五节　食醋酿造工艺

我国食醋酿造工艺很多，根据醋酸发酵阶段物料状态不同，可将食醋酿造分为固态发酵工艺和液态发酵工艺。

固态发酵要求在发酵过程中几乎不含有游离水，微生物利用的培养基是固态的天然物料为主，通过微生物对固态培养基中有机物的分解利用来产生醋酸，在我国食醋的酿造历史中是一种比较传统的酿造方式。固态发酵过程中菌株结构比较复杂，包括不同的酵母、醋酸菌以及各种霉菌。固态发酵的原料有酒醪、谷糠、麸皮等，在原料基础上加入一定量的辅料，辅料的加入极大程度上丰富了产物的种类。固态发酵周期较长，会经历几个月甚至一年，但也正因此，固态发酵所含有的成分复杂，产生的醋香味浓郁，在色、香、味、体俱佳。固态发酵工艺包括一般固体发酵工艺、酶法液化通风回流酿醋工艺、生料酿醋工艺。

液态发酵法主要分为两种，分别为液态静置发酵法及液态深层发酵法。液态深层发酵法相比于静置发酵是一种更加先进的发酵法，被很多发达国家采用。它利用大型的发酵罐发酵，可以自己控制温度，能随时控制发酵过程中发酵液中各种指标的变化，从而以更加直观的方式调节发酵过程的条件，保证发酵在最优条件下进行，通常发酵周期较短。表面发酵法是在酒精原料的基础上接种醋酸菌，然后在发酵液表面会形成一层菌膜，如浙江的玫瑰醋就是用这样的方式酿造。液态发酵法发酵周期通常比固态短，但是产生的气味，以及醋的品质比固态发酵要差。液态发酵工艺包括表面液体发酵酿醋工艺、速酿醋工艺、浇淋法酿醋工艺、液体深层发酵工艺等。

一、一般固态发酵法

食醋的整个生产过程在固态条件下进行。制醋时需拌入较多的疏松材料如砻糠、小米壳、高粱壳及麸皮等，使醋醅疏松，能容纳一定量的空气。此法酿制的食醋醋香浓郁、口味醇厚、色泽好。采用此法制醋比较典型的产品有山西老陈醋、镇江香醋等。

（一）原料配比

原料配比见表 3-1。

表 3-1　原料配比　　　　　　　　　　　　单位：kg

原料	甘薯干	细谷糠	水	麸曲	酒母	粗谷糠	醋酸菌	食盐
质量	100	175	275＋125	50	40	50	40	7.5～15

（二）工艺流程

以甘薯干或碎米为制醋原料为例，介绍固态发酵制醋工艺，如图 3-1 所示。

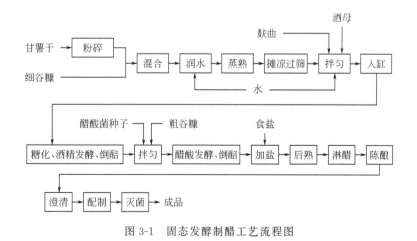

图 3-1　固态发酵制醋工艺流程图

（三）操作要点

1. 原料处理

（1）粉碎和润水　薯干粉碎成粉，与细谷糠混合均匀。加入50％的水润料3～4h，使原料充分吸收水分。润料时间夏天宜短，冬天稍长。用手握成团，指缝中有水而不滴为宜。

（2）蒸熟　润水完毕后进行蒸料，蒸料分常压蒸料和加压蒸料。常压蒸料是把润好水的原料用扬料机打散，装入常压蒸锅中。注意边上气边轻撒，装完待上大气后计时，蒸1h，停火焖1h。加压蒸料常采用旋转式蒸煮锅，在140～150kPa的蒸煮压力下蒸料30min。

2. 添加麸曲、酒母

熟料要求夏季降温至30～33℃，冬季降温至40℃以下后，再第二次撒入冷水，翻拌均匀后摊平，将细碎的麸曲铺于面层，再将搅匀的酒母均匀地撒上，然后进行一次彻底翻拌，即可装入缸内。醋醅含水分量以60％～62％为宜。

3. 糖化、酒精发酵

原料入缸后，压实，赶走醅内空气，用无毒塑料布密封缸口发酵。糖化和酒精发酵应做到低温下曲、低温入缸、低温发酵。品温过高容易烧曲、降低糖化力，所以，把下曲温度控制在30～32℃。入缸温度低是低温发酵的前提，冬季把入缸温度控制在18～25℃，夏季入缸温度不超过28℃，夏季气温高，可在凉爽的时刻入缸；酒精发酵期间采用降低室温和倒缸的方法使发酵温度控制在28～32℃。夏季多采用严密封缸减少氧气控制品温，采用倒缸降温的效果不理想，使发酵期间品温不超过36℃。冬季发酵6～7d，夏季发酵5～6d，品温自动下降，抽样检查酒精含量6～8度时，酒精发酵基本结束。

4. 醋酸发酵

酒精发酵结束后的醅拌入谷壳、粗谷糠，麸皮和醋酸菌种子液，调制好的醅料装入缸中进行醋酸发酵。醋酸发酵属于氧化发酵，醋醅内需容纳足够的空气，每天需翻醅1次，通风供氧和调转品温。醋酸发酵温度不宜过高，掌握在38～41℃比较稳妥。倒缸操作要迅速倒醅，要分层，缸底缸壁要扫尽，做到倒散、倒匀、倒彻底，倒后表面摊平，严封缸口。经过12～15d醋酸发酵，品温开始下降，每天品温应降至36℃以下，醋酸发酵基本结束，醋酸含量能达到7％～7.5％。

5. 加盐

为了防止成熟醋醅过度氧化，一定要在醋酸发酵结束时及时加入食盐。通常一般每缸醋醅夏季加盐3kg，冬季加盐1.5kg，拌匀，再放置2d，作为后熟。

6. 淋醋

淋醋是用水将成熟醋醅的有用成分溶解出来，得到醋液。淋醋采用淋缸三套循环法，具体的操作流程如图3-2所示。

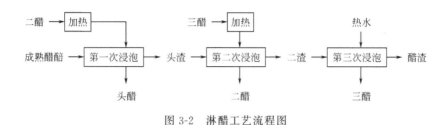

图 3-2　淋醋工艺流程图

7. 陈酿

陈酿是延长食醋发酵时间，增加食醋风味物质的过程。陈酿有两种方法：一种是醋醅陈酿，将加盐成熟固态醋醅压实，上盖食盐一层，并用泥土和盐卤调成泥浆密封缸面，放置20～30d；另一种是醋液陈酿，将成品食醋封存在坛内，一年四季日晒夜露，经过三伏一冬的陈酿后，醋色变浓，浓度升高，陈酿时间9～12个月。

8. 灭菌

头醋经澄清池沉淀后得澄清醋液。灭菌常用的方法有直火加热和盘管热交换器加热等，直接加热法应防止焦煳，灭菌温度应控制在85～90℃，灭菌时间为40min左右。必要时可要加入0.1%苯甲酸钠防腐剂。灭菌后包装即得成品。

二、酶法液化通风回流法

酶法液化通风回流法制醋工艺，是利用自然通风和醋汁回流代替固态发酵中人工多次倒醅。其特点是：①糖化和酒化阶段在液态下进行，采用α-淀粉酶制剂进行液化，速度快，节约能源，再加麸曲进行糖化，可提高原料利用率。②酒精发酵结束，酒醪内直接拌入生麸皮制成固态的醋醅，在改进过的醋酸发酵池内进行醋酸发酵。该种发酵中采用液态酒精发酵、固态醋酸发酵的液-固发酵工艺。

（一）原料配比

酶法液化通风回流法制醋原料见表3-2。

			表 3-2 原料配比								单位：kg
原料	碎米	氯化钙	碳酸钠	中温 α-淀粉酶	麸曲	酒母	水	食盐	麸皮	砻糠	醋母
质量	1200	2.4	1.2	2.4	60	500	3250	100	1400	1650	200

（二）工艺流程

酶法液化通风回流法制醋工艺流程如图 3-3 所示。

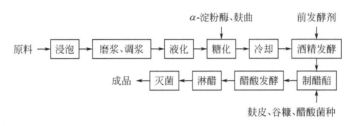

图 3-3　酶法液化通风回流法制醋工艺流程

（三）操作要点

1. 磨浆、调浆

碎米用水浸泡使米粒充分膨胀，将米与水按 1∶1.5 比例送入磨粉机，磨成 70 目以上粉浆，送入调浆桶，用碳酸钠调 pH 6.2～6.4，再加入氯化钙和 α-淀粉酶，充分搅拌。

2. 液化

在液化桶内加水与蒸汽管相平，将水升温至 90℃时，开搅拌器，然后打开调浆桶出料阀，将粉浆缓缓放入液化桶。控制液化浆温 85～92℃，待浆粉全部进入液化桶后，保温 10～15min，用碘液检查，反应呈棕黄色表示液化完全。再缓慢升温至 100℃，保温 10min，达到灭酶和灭菌。

3. 糖化

将液化醪用泵送入糖化桶中，冷却至（63±2）℃时，加入麸曲，糖化 3h，待糖化醪冷却至 27℃时，用泵送入酒精发酵罐中。

4. 酒精发酵

在送入酒精发酵罐的 3000kg 糖化醪中，加水并调 pH 4.2～4.4，接入酒母，发酵温度控制在 33℃左右，发酵 64h 左右，醪液酒精含量 8.5% 左右，酸度 0.3%～0.4%。

5. 醋酸发酵

将酒醪、麸皮、砻糠及醋酸菌种子在制醋机内充分混合，送入醋酸发酵池内。面上耙平，盖上一个塑料布，进池温度控制在 40℃ 以下，最适温度为 35～38℃。面层醋醅的醋酸菌生长繁殖快，所以面层醋醅的温度也升得快，24h 可升至 40℃，但中间醋醅温度低，因此要进行松醅，即将上面和中间的醋醅尽可能疏松均匀，使温度保持一致。松醅后在醅温达到 40℃ 时，即可回流，使醋醅降至 36～38℃。若温度升得快，可将通风洞全部堵塞，每天回流进行 6 次，每次回流醋汁 100～200kg，一般回流 120～130 次醋醅即可成熟。通常醋酸发酵时间 20～25d，夏季时间稍长。

醋酸发酵结束，将食盐置于醋醅面层，用醋汁回流溶解食盐使其渗入醋醅中。及时加入食盐的目的是抑制醋酸被醋酸菌氧化分解成 CO_2 和 H_2O。

6. 淋醋

淋醋仍在醋酸发酵池内进行。把二醋浇淋在成熟醋醅面层，从池底收集头醋，当流出的醋汁醋酸含量降到 5g/100mL 时停止。以上淋出的头醋可配制成品。头醋收集完毕，再在醋醅面层浇入三醋，下面收集到的是二醋。最后在醅面加水，下面收集三醋。二醋和三醋供下批淋醋循环使用。

7. 灭菌

与固态发酵制醋相同。

三、液体深层发酵法

深层发酵法是在醋酸发酵阶段采用深层发酵罐进行发酵。它可使发酵周期缩短，原料利用率提高，减轻劳动强度；占地面积小，不加填充剂，原料利用率高，生产成本低。但产品风味稍差。

（一）工艺流程

液体深层发酵法制醋工艺流程如图 3-4 所示。

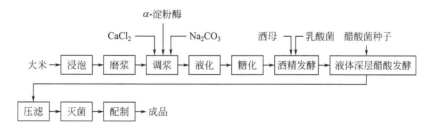

图 3-4　液体深层发酵法制醋工艺流程

（二）操作要点

1. 大米的液化、糖化及酒精发酵

操作方法与酶法液化通风回流制醋相同。

2. 液体深层醋酸发酵

（1）发酵罐灭菌　检查发酵罐及连接管路阀门是否正常，然后清洗干净，用蒸汽将空罐及连接管路常压灭菌 1h，或用蒸汽在 0.15MPa 下灭菌 30min。

（2）进酒醪　将酒醪用泵送入发酵罐，定容 70% 左右。开搅拌器通风，保持温度 32℃。

（3）接种　醋酸菌种子按 10% 接种量逐级扩大，一级种子罐 200L，二级种子罐 2000L，培养液均为酒液，风量 1:0.1，温度 32~35℃，时间 24h 左右。

（4）发酵　温度控制在 32~35℃，当酒精氧化完，酸度不再上升，发酵结束。一般发酵时间 65~67h。

（5）采用分割法取醋　当醋醪发酵成熟，即可放出 1/3 醋醪，同时补入 1/3 酒醪，继续进行醋酸发酵，这样每隔 20~24h 取醋一次。当发现菌种老化时，及时更换菌种。该法的优点是：可省去醋酸菌的培养；加快发酵速度；能防止杂菌污染；有利于提高食醋质量和原料利用率。值得注意的是在取醋和补充酒液时，必须不间断地连续通风。

3. 压滤

醋酸发酵结束后，为提高食醋糖分以达到出厂标准，可在醋醪里加入一定量糖液，混合均匀后，用板框压滤机压滤。

4. 灭菌、配制

加盐配兑合格后，通过列管式热交换器加热至 75~78℃灭菌，然后输入成品贮存罐，到期进行包装。

第六节　各类地方名醋的酿制

一、山西老陈醋

（一）原料配比

高粱 100kg，大曲 62.5kg，麸皮 73kg，谷糠 73kg，食盐 5kg，香辛料（花椒、茴香、桂皮、丁香等）0.05kg，水 340kg（蒸前水 50kg、蒸后水 225kg、入

缸前水 65kg)。

（二）工艺流程

山西老陈醋工艺流程如图 3-5 所示。

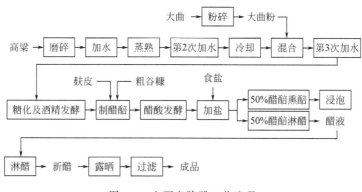

图 3-5　山西老陈醋工艺流程

（三）操作要点

1. 高粱加水、蒸熟及冷却

原料进厂后要进行精选除杂，去除霉坏、变质、有邪杂味的原料。高粱粉碎成 4～6 瓣，细粉不超过 1/4。将粉碎好的高粱按 50%～60% 的水进行润料。冬天最好用 80℃ 以上的水润料，润水 4～6h，使高粱充分吸收水分。润水后的物料用常压蒸料，上汽后蒸 1.5～2h，要求熟料无生心、不黏手。取出锅后，加 2～2.5 倍 70～80℃ 热水，拌匀后焖 20～30min，使之充分吸水。将料冷却至 25℃ 左右备用。

2. 糖化及酒精发酵

（1）前发酵　将上述物料入缸发酵，入缸料温控制在 20～25℃。入缸后物料边糖化边发酵，品温缓慢上升。入缸后的最初 3d 每天打把 2 次，当发酵进入第 3d 时品温可上升到 30℃，第 4d 时可升至 34℃，这是发酵最高峰，此时要增加打把次数。

（2）后发酵　高峰过后品温逐渐下降，用塑料薄膜封住缸口，上盖草垫，进行后发酵，品温在 20℃ 左右，发酵时间为 16d。

（3）发酵后酒醪　酒精发酵结束时，酒精含量达 6%～7%，酸度在 2.5 以下，酒醪色黄、澄清。

3. 醋酸发酵

（1）拌醋醅　把发酵好的酒精缸打开。先把麸皮和谷糠放于搅拌槽内，翻拌均匀后再把酒精液倒在其上翻拌均匀，不准有块状物，然后移入醋酸发酵缸内，每缸放2批料，把缸里的料收成锅底形备用。

拌好醋醅的质量要求为水分60%～64%，酒精体积分数4.5%～5%。

（2）接种　取已发酵的、醅温达到38～45℃的醅子10%作为种子接到拌好的醋醅缸内，用手将醋酸菌种子和新拌的醋醅翻拌几下，同时把四周的凉醋醅盖在上边，收成丘形，盖上草盖，保温发酵。待12～14h后，料温上升到38～43℃时进行抽醅。如有的缸料温高，有的缸料温低时要进行调醅，使当天的醋酸发酵缸在24h内都能因正常发酵产生热量，而且温度比较均匀，为下批接种打下基础。

（3）移种　接种经24h培养后称为火醅，醅温达到38～42℃就可以移种，取火醅10%按上法给下批醅子进行接种。移种后的醅子，根据温度高低，进行抽醅，如温度高抽的深一些，温度低抽的浅一些，尽量采取一些措施使缸内的醋醅升温快且均匀。

（4）翻醅　根据醅温情况，掌握灵活的翻醅方法，料温高的翻重一些，料温低的翻轻一些，醅温高的要和醅温低的互相调整一下，争取所有的发酵醋醅都发酵均匀一致，避免有的成熟快，有的成熟慢，影响成熟醋醅的质量和风味。

接种后第3～4d，醋酸发酵进入旺盛期，料温可超过45℃，而且80%～90%的醅子发酵正常产生热量，当醋酸发酵9～10d时料温自然下降，说明酒精氧化成醋酸已基本完成。

4. 熏醅与淋醋

（1）熏醅　取成熟醅50%放入熏醅缸内，用温火加热，醅温70～80℃，每天翻拌1次，熏火要均匀，所熏的醅子无焦煳味，而且色泽又黑又亮。经过4d得到熏醅，熏醅可以增加醋的色泽和醋的熏香味。

（2）淋醋　在另外50%成熟醋中加入上次淋醋后得到的淡醋液，再补加冷水，使其为醋醅质量的2倍，浸泡12h后淋醋，得到醋液。

5. 露晒、过滤

新醋只是半成品，还要经过一年左右的陈酿才能成为老陈醋。新醋要经过"夏伏晒，冬捞冰"，日晒蒸发和冬捞冰后，醋变得色浓而体重。浓缩后的老陈醋经过过滤后方可包装出厂。

（四）酿造特点

1. 以曲带粮

山西老陈醋的高粱、麸皮的用量比高至1:1，使用大麦豌豆大曲为糖化发酵剂，大麦豌豆比为7:3，大曲与高粱的配料比高达55%～62.5%。名为糖化发酵剂，实为以曲代粮，其原料品种之多，营养成分之全，特别是蛋白质含量较高。经检测，山西老陈醋含有 18 种氨基酸，有较好的增鲜和融味作用。

2. 曲质优良

山西老陈醋采用红心大曲酿造，红心大曲的微生物种群主要有根霉、酵母、黄曲霉、红曲霉等，丰富的微生物种类使得山西老陈醋形成特有的香气和气味。

3. 熏醅技术

熏醅是山西食醋的独特技艺，可使山西食醋获得典型风味——熏香味。同时熏醅也可使山西老陈醋不需外加调色剂即可获得满意色泽。

4. 突出陈酿

山西老陈醋是以新醋陈酿代替醋醅陈酿，陈酿期一般为 9～12 个月，有的长达数年之久。传统工艺称为"夏伏晒，冬捞冰"，新醋经日晒蒸发和冬捞冰后，其浓缩倍数达 3 倍以上。由于陈酿过程中醋酸转化，醇醛缩合，不挥发酸比例增加，使老陈醋陈香细腻，酸味柔和。山西老陈醋总酸在 9～11 度，其相对密度、浓度、黏稠度、可溶性固形物以及不挥发酸、总糖、还原糖、总酯、氨基酸态氮等质量指标，均可名列全国食醋之首。

二、镇江香醋

镇江香醋酿造始于 1850 年，是我国南方最著名的食醋之一，素以"酸而不涩，香而微甜，色浓而味鲜"驰名海内外。由于其得天独厚的地理环境与独特的精湛工艺，该醋存放时间越久，口味越香醇。镇江香醋的特点是：①以优质糯米为原料。②利用酒药和麦曲作糖化发酵剂。麦曲是以生小麦为原料，经轧碎机或石磨粉碎成 3～5 片，拌水后用稻草包好捆紧，自然接种，保温培养而成。麸曲中的微生物主要是黄曲霉、根霉及毛霉，是酿酒和制醋的良好的糖化、发酵剂。③采用固态分层的醋酸发酵工艺。

（一）原料配比

镇江香醋生产原料配比见表 3-3。

表 3-3　原料配比　　　　　　　　　　单位：kg

原料	糯米	麦曲	砻糠（稻壳）	酒药	麸皮	炒米色	水	食盐	食糖
质量	500	30	475	2	850	196	1500	29	8.7

（二）工艺流程

镇江香醋生产工艺流程如图 3-6 所示。

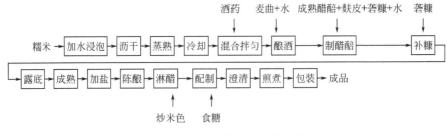

图 3-6　镇江香醋生产工艺流程

（三）操作要点

1. 糯米选取

选用优质糯米，淀粉含量在 72％左右，无霉变，技术指标应符合 GB 1350—2009 的规定，主要选用产自镇江市及镇江市附近地区，少数产于江苏省其他地区。

2. 加水浸泡

按照米与浸渍水比例为 1∶2 加水浸泡糯米 15～24h，使淀粉组织吸水膨胀，体积约增加 40％，便于充分糊化。将浸泡过的米捞出，用清水冲去白浆，沥尽余水。

3. 蒸熟

将沥干的米料放入常压蒸锅中蒸 1.5～2h，蒸后饭粒要无硬心，蒸透可出锅。

4. 冷却

出锅后应迅速用凉水冲淋，温度降至 28℃左右。这样可使饭粒遇冷收缩，降低黏度，以利于通气，适合于微生物繁殖。

5. 酿酒

（1）加酒药　在米饭中拌入酒药粉 2kg，拌匀，置于缸中成 V 字形饭窝，缸口盖上盖。通过保温和散热来维持品温在 28～30℃，发酵 3～4d，使酒药中的根霉和酵母菌对淀粉完成一定程度的糖化和酒精发酵。

（2）加麦曲产酒醪　加水 150kg，麦曲 30kg，28℃下保温 7d，即得成熟酒醪。每 100kg 糯米可产 330kg 酒醪，酒精含量为 13％～14％，酸度在 0.5 以下。

6. 制醋醅、补糠

采用大缸发酵。每缸加 165kg 酒醪和 75kg 麸皮，拌匀成半固态酒麸混合物，将砻糠 5～6kg 与缸内 1/10 深度的酒麸混合物拌和均匀，成为酒麸糠层，取 5～

6kg 发酵旺盛状的醋醅与酒麸糠层混合物拌匀，接种即结束。然后再将 5kg 砻糠铺在已接种的酒麸糠层上，让醋酸菌繁殖发酵。

7. 露底

将上面覆盖的砻糠和表层发热的酒麸糠层与其下面 1/10 深度未发热的酒麸混合物翻拌混合均匀，然后再将 50kg 砻糠铺在上面。24h 后，按同样方法，再将上层发热的醋醅与其下面 1/10 深度未发热的酒麸混合物充分拌匀，并在上面铺 50kg 砻糠。如此 24h 向下翻拌一层，加一次砻糠。由于大糠的逐步加入，醋醅内水分含量降低，中途需适当洒水，使醋醅含水量保持在 60% 左右。这样既保持了醋醅的含水量和透气性，又利于醋酸菌生长繁殖和生长。经过约 10d 翻醅到缸底，全部醋醅制成。

8. 陈酿

醋醅成熟后，立即加盐、并缸（10 缸并成 7～8 缸），将醋醅压实后，用泥土、醋、盐卤混合调制成的泥浆密封缸面（现改用塑料薄膜），以隔绝空气，防止醋酸被氧化。陈酿时间一般为 30d 左右。

9. 淋醋

利用物理的方法将醋醅内所含的醋酸溶解在水中叫淋醋。方法是取陈酿结束的醋醅 150kg，置于淋醋缸中，按比例添加炒米色和 100kg 二淋醋，浸泡 4h，淋出头醋。再以 100kg 三淋醋浸泡 4h，放出二淋醋。再用热水浸泡醋醅 2h，放出三淋醋。每缸淋 3 次，三淋醋结束，出渣换新醋醅。

10. 配制、煎煮

生醋加入食糖配制，再用常压煮沸灭菌。煮沸后的香醋，基本达到无菌状态。待温度降到 80℃，即可灌坛、密封、贮存。

三、江浙玫瑰米醋

传统江浙玫瑰米醋至今已有上百年的历史，是我国食醋调味品中保留传统工艺较完整的一种产品，产品因色泽鲜艳的玫瑰红色而闻名。江浙玫瑰米醋生产工艺采用陶制容器和竹木工具，依靠空气中的多种微生物，通过在蒸熟的米饭上自然繁殖，依据菌落群的优胜劣汰，在达到微生物生长平衡的同时使原料中的淀粉分解、酒化、醋化和酯化，形成了极具地方特色的一种食醋。

（一）原料要求

以籼米为主，符合 GB/T 1354《大米》的规定。水，符合 GB 5749《生活饮用水卫生标准》的规定。食盐，符合 GB/T 5461《食用盐》质量标准的规定。

（二）工艺流程

玫瑰米醋生产工艺流程如图 3-7 所示。

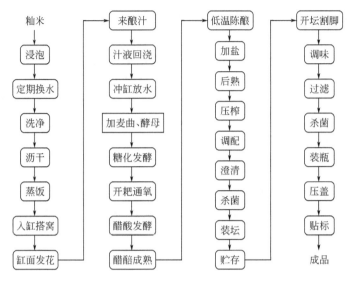

图 3-7　玫瑰米醋生产工艺流程

（三）操作要点

1. 浸泡

将籼米倒入容量为 500L 定制的陶缸中，加水浸泡，水约高出米面 15cm，同时在缸的中央插一空心竹箩桶，竹箩桶要高出水面，以后每隔 3d 换水 1 次，换水时要在竹箩中加水，直至浸泡水不混浊。一般浸泡时间在 8～10d，此时，米粒呈粉性疏松。

2. 洗净

将米捞出，放入竹米箩内，再用清水冲淋，洗净黏附在米粒上的黏性浆液，这样可以使蒸饭时的蒸气能均匀通过。否则，这种黏性浆液会使蒸气产生局部不畅，从而达不到蒸饭的目的。

3. 蒸饭

将沥干的籼米置于蒸锅内蒸熟，蒸料时中间加一次水，水温一般在 75～85℃之间，蒸熟后，立即取出。

4. 入缸搭窝

将蒸熟后的米饭，倒入容量为 500L 的大缸中，每缸倒入米饭量约为 200kg，之后用木锹将米饭打散，同时达到降温的效果。第二天米饭的温度下降到 45℃

左右时，应将米饭中间挖空，搭成"U"形窝，最后在缸口上半盖草缸盖。

5. 缸面发花

米饭发花的过程，其实质就是培菌和糖化。米饭落缸 1～2d 后就会有灰白色的菌丝出现，之后饭面上开始出现红、黑、黄或绿等杂色微生物，呈不规则分布，俗称"五色花"。发花期间，品温会逐渐升高，但以不超过 40℃ 为宜。发花时间一般在 10～12d。

6. 汁液回浇

发花 5～6d 后，在"U"形窝底会析出混浊汁液，尝之甚甜，10d 后已有 20% 左右。米饭的表面由于微生物生长使品温上升、水分挥发及淀粉的糖化，饭面会逐渐下陷，脱离缸沿，此时饭醅内部的渗透压增大，此时要及时将窝里的汁液回浇至饭缸面上，使汁液均匀地渗透到饭醅的各个部位，同时有利于调节饭醅各部位的温度，保证糖化能正常进行。

7. 冲缸放水

通过上述酿汁回浇过程，在米饭入缸 10～12d 后，缸内的醅温会逐渐下降到 36～38℃。汁液甜中有酸，有正常的酸香味。然后打散饭醅，放水冲缸。放水量每缸按米饭重量的 1.2 倍加入，在放水过程中，要及时搅拌，并将饭醅打碎，可有利于酒精发酵的进行。放水后盖上草缸盖，进行发酵。

8. 糖化、醋酸发酵

在加水后的 1～3d，发酵醅的品温逐渐上升到 32℃ 以上时，要及时开头耙降温，并将浮于发酵醅表面上的醅团捏碎，以后每天都要开耙 1 次。开耙的目的是将发酵醅搅匀，排出 CO_2，有利于酒精的生成。

经过 15～25d 后，酒醅自然下沉，发酵醅表面出现一层醋酸菌的菌膜，并布满缸面，同时可闻到醋酸味，这时发酵醅进入了醋酸发酵的过程。然后隔天用耙将发酵醅表面轻轻搅动，以增加空气中氧气的溶入，并盖好草缸盖。在醋酸发酵过程中，要经常轮换草缸盖，直到发酵醅呈玫瑰红色、醅液清晰可见缸底的醅糟和有玫瑰米醋清香味时，醋酸发酵结束。

9. 加盐、后熟

醋酸发酵结束后，要立即加入成熟发酵醅质量 2%～3% 的食盐，加盐的目的主要是抑制不耐盐的醋酸菌的生长，阻止醋酸被进一步氧化分解，同时起到增加玫瑰米醋风味的作用。成熟发酵醅加入食盐后要陈酿后熟一段时间，形成玫瑰米醋中风味物质。风味物质主要由有残余活性的酶继续与原料中的成分及发酵代谢产物相互作用、相互转化而形成。

10. 压榨

玫瑰米醋传统压滤方式是采用杠杆式木榨压滤。将醋醅装入绢丝袋后，用细绳扎紧袋口，放入木榨箱内进行压滤，收集滤液，第 1 次压滤完后，取出滤渣，加清水捏碎后浸泡 24～30h，再进行第 2 次压滤，得第 2 次滤液。将两次滤液混合后存放，进行沉淀处理。

11. 杀菌与装坛

取样化验，配成 4.5g/dL 醋酸浓度，进行过滤，然后在 80～85℃ 温度条件下灭菌。将杀菌后的醋灌装，即为玫瑰米醋成品。

（四）注意事项

1. 浸米

浸米可以使米中的淀粉吸水膨胀，同时溶解出一部分淀粉，而这部分淀粉通过米粒自身所带的淀粉酶的作用，被部分水解为可发酵性糖，再在乳酸菌等微生物的作用下，转化成乳酸等有机酸，使米质微酸化。这样的微酸化环境，将有助于在自然发花阶段时米曲霉和红曲霉等有益微生物的生长、繁殖和产酶，从而确保醪液的正常发酵及后期形成玫瑰米醋的色、香、味。

2. 蒸饭

蒸饭的目的是使米粒中的淀粉糊化，易于淀粉酶水解糖化。由于籼米中的直链淀粉含量在 25% 左右，而直链淀粉是呈有规则的螺旋状排列，分子间的吸引力较强，造成米粒的淀粉颗粒紧密。因此，在蒸饭过程中，为了使米粒再次吸水膨胀，中途要补加水，同时适当延长蒸饭时间，可使米饭蒸熟。籼米经蒸饭后，要求颗粒完整，手捻饭而无白心。一般控制出饭率在 200% 左右。如果出饭率较低，米饭含水量低，在后期发花时，微生物生长繁殖产酶时由于缺少水分，会造成酶活力低，搭窝来酿时汁少，糖分不高，造成米饭的糖化不彻底。

3. 入缸搭窝

将米饭搭成 "U" 形窝，如饭面有塌窝的现象，要及时修补好，否则，会造成米饭中间发花不好，饭温持续不降，形成米饭有馊酸味。

4. 发花

发花的目的是培养各种微生物，由于草缸盖、容器及空气中的微生物落到饭面上，在一定温度、湿度和 pH 的条件下，微生物以营养丰富的米饭为培养基生长繁殖。其中，以各种曲霉为主，少部分是细菌和酵母。发花期间如果品温过高，应及时开盖以利于降温。此时的气温比较适合微生物的生长繁殖，同时米饭又呈微酸性，将更加有利于黑曲霉、红曲霉和米曲霉等产酶菌的生长，有利于玫瑰米醋色泽和风味的形成。

5. 陈酿

（1）色泽变化　由于醋中的糖分和氨基酸结合（称为羰氨反应）产生类黑素

等物质，使醋色泽加深。一般经过 3 个月贮存后，氨基酸态氮下降约 2%，糖分下降约 2%。这些成分的减少，与增色有关。

（2）风味变化　与风味有关的变化主要有以下两类反应。

① 氧化反应。酒精氧化生成乙醛；另一类是酯化反应，醋中含有多种有机酸，它们与醇结合后，生成各种酯。醋的陈酿时间越长，形成酯的数量也就越多。酯的生成还受温度、醋中前体物质的浓度及界面物质等因素的影响。气温越高，形成酯的速度越快；含醇越多，形成的酯也就越多。

② 缔合作用。水和醇分子间产生缔合作用，减少了醇分子的活度，使其风味变得醇和。

四、福建红曲醋

福建红曲醋选用糯米为原料，以红曲为糖化发酵剂，加入芝麻调香、白糖调味，采用分次添加，进行液体发酵，并经多年陈酿精制而成。它是一种色泽棕黑，酸而不涩，香中有甜，风味独特的调味佳品。

（一）原料配比

原料配比见表 3-4。

表 3-4　原料配比　　　　　　　　　　　　　　单位：kg

原料	糯米	古田红曲	米香液	炒芝麻	白糖	冷开水
质量	270	70	100	40	5	1000

（二）工艺流程

红曲醋生产工艺流程如图 3-8 所示。

（三）操作要点

1. 原料浸泡、蒸熟

将糯米加水浸泡 6～12h（冬春 10～12h，夏秋 6～8h），要求米粒浸透、不生酸。浸米完成后将米捞起，用清水洗去白浆，适当沥干，将沥干的糯米进行蒸料，要求充分熟透。

2. 拌曲、入缸

趁热将糯米饭取出并置于饭盘上冷却至 35～38℃，按照米量的 25% 拌入古田红曲，拌匀后入缸。分 2 次加入 30℃ 左右的冷开水，总加水量为糯米饭质量的 2 倍。入缸后第一次加水为总加水量的 60%。

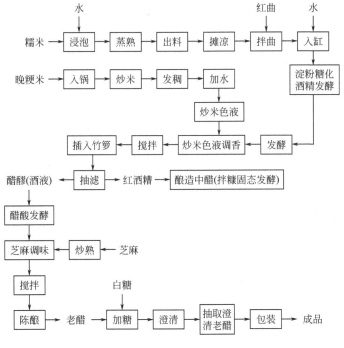

图 3-8 红曲醋生产工艺流程

3. 淀粉糖化、酒精发酵

将饭、水、曲三者充分混合,铺平,盖上缸盖,进行以糖化为主的发酵,品温控制在 38℃。经 24h 后,发酵醪变得清甜,此时可以第二次加入冷开水(按总加水量的 40% 加入),进入以酒精发酵为主的发酵阶段,品温不高于 38℃,每天搅拌一次。第 5d 时加入米香液,每隔 1d 搅拌一次,直至红酒糟沉淀。然后,将竹笋插入酒醪中,以便抽取澄清的红酒液。酒精发酵 70d 左右,酒精含量在 10% 左右。

4. 醋酸发酵

采用分次添加进行液体发酵酿醋。方法是从发酵贮存三年已成熟的老醋缸中抽出 50% 醋液入成品缸,从贮存两年的醋缸中抽取 50% 醋液补足三年存的醋缸,再从贮存一年的醋缸中抽取 50% 醋液入两年存的醋缸中,而红酒液抽入一年存的醋缸中补足体积。如此循环进行醋酸发酵。在一年存的醋缸中要加入醋液量 4% 的炒熟芝麻用来调味。在醋酸发酵期间,每周搅拌醋液一次,品温最好控制在 25℃ 左右,在醋液表面会有菌膜形成。

5. 陈酿、加糖及澄清

将贮存三年已陈酿成熟、酸度在 8g/100mL 以上的老醋抽出过滤,加入 2% 白糖,搅匀,任其自然沉淀。吸取上面澄清液,包装即为红曲老醋成品。

第七节　其他食醋酿造工艺

一、果醋

（一）油橄榄果醋

橄榄油生产过程中产生的副产物油橄榄果汁中不仅含有橄榄油中所含有的营养物质和微量元素，还含有大量的多酚类化合物，如果不对其进行合适的利用而直接作为废物丢弃，不但会造成资源浪费，而且会污染环境。橄榄果汁中含有高含量的橄榄苦苷，这会使油橄榄果汁带有令人不愉悦的苦涩味。利用油橄榄果汁酿造食醋首先需要去除油橄榄果汁中原本过重的苦涩味，对于丰富食醋品种和实现橄榄油生产副产物的资源化利用都将产生积极的作用。

1. 工艺流程

油橄榄果醋生产工艺流程详见图 3-9。

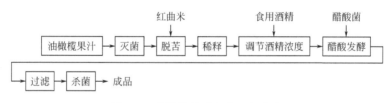

图 3-9　油橄榄果醋生产工艺流程

2. 操作要点

（1）脱苦　添加 10％的红曲米到油橄榄果汁中，不间歇振荡，60℃水浴保温 24h。

（2）调节酒精浓度　将红曲米脱苦后的油橄榄果汁中加入食用酒精，使酒精含量调节到 6％。

（3）醋酸发酵

① 菌种活化。从斜面将醋酸菌接入液体培养基，8 层纱布封口，在 31℃、转速 170r/min 条件下活化 24h，使醋酸菌浓度至少达到 10^7 个/mL。

② 发酵。醋酸菌接种量为 4％时，在恒温 31℃、转速 170r/min 条件下发酵 10d。

（二）葡萄醋

传统葡萄醋发酵工艺多以固态发酵为主，但发酵周期较长，劳动强度大，占地面积广，原材料利用率低。新型葡萄醋生产工艺主要是采用液态发酵法，通过酒精发酵和醋酸发酵，最终得到的产品不但有果醋的营养价值，同时兼备葡萄酒的风格与特征。

1. 工艺流程

葡萄醋生产工艺流程详见图 3-10。

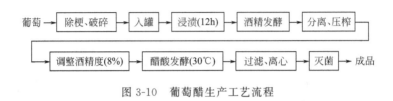

图 3-10　葡萄醋生产工艺流程

2. 操作要点

（1）葡萄破碎　称取 1kg 巨峰葡萄，经过除梗破碎后，装入 2.5L 玻璃罐中，添加 30mg/L SO_2、20mg/L 果胶酶。

（2）酒精发酵　葡萄破碎浸渍结束恢复常温后，将活化后的酵母加入罐中进行发酵。每天测定其温度、密度和糖度，当密度和糖度不再变化时，发酵结束。

（3）醋酸发酵　将部分原酒酒度调至 8%，接入 5% 醋酸发酵种子液，于 30℃ 恒温培养箱中静止培养，随时测定醋酸含量的变化，直至醋酸含量不再增加。

（4）离心、灭菌　将发酵完成的原醋离心（6000r/min，10min）后于 70℃下灭菌 10min，得到澄清葡萄醋样品。

（三）苹果醋

1. 工艺流程

苹果醋的生产工艺流程详见图 3-11。

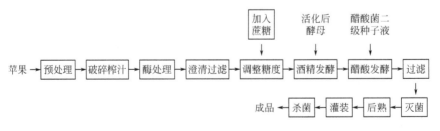

图 3-11　苹果醋的生产工艺流程

2. 操作要点

（1）破碎榨汁　将苹果洗净剔除霉烂后，破碎成 1～2mm 的小块，在 0.1%

的维生素 C 护色液中浸泡 10min，然后用水果打浆机将其破碎取汁。此过程应避免与空气接触，以防果汁发生褐变。

（2）酶处理 将榨得的苹果浆中加入 2mg/L 的果胶酶，作用 1.5h，控制温度在 45℃、pH 4.0～4.5，此条件下果胶物质得以分解，有利于色素及芳香性物质的浸出，避免了蛋白质、糖类等大分子物质在放置过程中发生反应，造成液体混浊。酶解后的果汁用 80 目滤布过滤。

（3）调整糖度 在酒精发酵过程中，由于果汁的初始糖度不同，最终的酒精度及生成量也有很大差异，导致产品的风味各异。本实验酒精度最终控制为 8%，当糖分含量达不到这一要求时，可通过补加蔗糖来进行调整。补加蔗糖时，先加入 4 倍糖量的水，加热至 95～100℃，灭菌 10min 过滤，冷却至 45℃ 左右时加入果汁中，将最终糖浓度调至 15%。

（4）酒精发酵 酒精发酵这一过程要避免与空气接触，加入 8% 活化好的活性干酵母进行发酵，搅拌均匀、密封，温度控制在 30～32℃，整个酒精发酵过程需 8d。在此过程中，每天需定期观测发酵液颜色、状态等的变化及时记录，并抽样检测糖度和酒精度，当所测酒精度达到 8% 以上且不再升高，残糖降至 2% 以下且不再下降时，即可认为酒精发酵结束，转入醋酸发酵。

（5）醋酸发酵 将发酵后的苹果酒液，在无菌状态下加入醋酸菌二级种子液（装液量 500mL），控制温度在 30～32℃。整个醋酸发酵期间要定期通入无菌空气，整个醋酸发酵过程为 8d，每天定期检测醋酸发酵液中总酸和酒精度的变化，当酸度趋于稳定且基本不再增加，发酵液中检测不到酒精时，即认为醋酸发酵结束。

（6）后熟 醋酸发酵后的苹果醋经过灭菌，在密闭容器中放置 1 周左右，进行后熟。

（四）柿子醋

1. 工艺流程

柿子醋的生产工艺流程如图 3-12 所示。

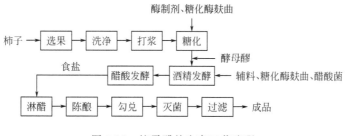

图 3-12 柿子醋的生产工艺流程

2. 操作要点

（1）选果、打浆、糖化　选择成熟新鲜的柿子，清洗干净，加水 50％打浆，调整好糖度，然后加热至 85～90℃灭菌，转入发酵罐中，待温度下降至 15～40℃后，加入质量分数 1％的纤维素酶、3％的果胶酶和 3％的麸曲进行糖化。

（2）酒精发酵　接种活化干酵母于上述果浆醪中，进行酒精发酵，温度控制在 28～33℃，时间 3～5d，酒度达 6％～8％，总酸＜0.8％时酒精发酵结束。

（3）醋酸发酵　拌入果浆量 30％的辅料、10％的糖化酶麸曲、10％的醋酸菌种子液和 15％～20％的填充料，进行堆积发酵。发酵过程中应注意翻醅，品温不要超过 41℃，待醋醅的醋酸质量分数达到 6％～8％时，加入果浆量约 2％的食盐，再发酵 2d 后淋醋。

（4）淋醋　将醋醅装入淋醋池，进行淋醋，要求醋的酸度在 5％以上。

（5）陈酿　陈酿 2 个月后倒缸，抽取上清液，清除沉淀，再封缸发酵 1 个月。

（6）灭菌、过滤　按常规工艺进行巴氏灭菌，按要求的标准将柿子醋风味、色调整好，加热至 80～85℃，保持 10min，冷却后过滤包装即为成品。

（五）红枣果醋

1. 工艺流程

红枣果醋的生产工艺流程如图 3-13 所示。

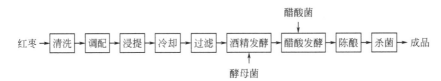

图 3-13　红枣果醋的生产工艺流程

2. 操作要点

（1）红枣　选择个体统一、色泽红润、无明显外伤、无病虫害的红枣。

（2）浸提　将清洗后的红枣，置于 65℃的浸提容器中，加入 5 倍的水，浸提 8h，用纱布过滤，将过滤后的样品置于容器中。

（3）酒精发酵　取酵母 0.1％、0.2％、0.3％，分别加入装有红枣汁的锥形瓶中，加入 SO_2，置于 30℃恒温水浴锅中发酵，加入提前在 35℃下活化 2h 的酵母。

（4）醋酸发酵　将活化好的醋酸菌按 5％的接种量接入发酵好的红枣果酒中，在发酵温度 35℃的恒温箱中发酵 8d，最终酸度可达到 40.3g/L。

二、粮谷醋

（一）紫薯醋

紫薯颜色独特，碳水化合物含量较高，不失为酿醋的理想原料。

1. 工艺流程

紫薯醋的生产工艺流程如图 3-14 所示。

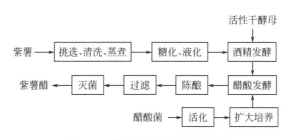

图 3-14　紫薯醋的生产工艺流程

2. 操作要点

（1）原料的挑选、清洗　将新鲜紫薯清洗干净，去皮后用刀切成紫薯丁，烘干后粉碎。

（2）液化、糖化　将蒸煮后的紫薯放置在 65℃ 恒温水浴中，按照 0.06g/dL 添加 α-淀粉酶，恒温水浴 15min，再按照 0.1g/dL 加入糖化酶，恒温水浴 60min，液化和糖化完成后，将紫薯浆放置于 90～95℃ 条件下灭酶，30min 后取出，用 4 层无菌纱布对糖化液进行过滤、冷却，滤液用于酒精发酵。

（3）酒精发酵　将过滤后的糖化液转移至酒精发酵瓶中，按每 100mL 接种 10mL 酵母菌种子液，进行酒精发酵，于 25℃ 恒温发酵。每天取样测定发酵液的酒精度，酒精含量不再增加时，停止酒精发酵。

（4）醋酸发酵　将酒精发酵完全的酒醪液进行过滤并转入发酵瓶中，装液量为发酵瓶容积的 70%。按每 100mL 醪液接种 10mL 醋酸菌种子液，用 4 层无菌纱布封口，35℃、120r/min 振荡培养。每天测定发酵液的总酸含量，以总酸含量不再增加时为发酵终点。

（5）陈酿　将醋酸发酵结束后的发酵液进行煎醋、静置、过滤，得到澄清醋液，在醋液中添加 2% 的食盐，转入陈酿罐中陈酿 30d。

（6）灭菌　以上述制得的紫薯醋为醋原液，加入一定比例的蔗糖、果葡糖浆和水进行调配，混匀，4 层纱布过滤，90℃ 高温灭菌 10min，趁热灌装入无菌玻璃瓶，封盖，冷却后得成品。

（二）小米醋

1. 工艺流程

小米醋生产工艺流程如图 3-15 所示。

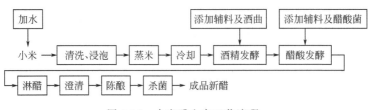

图 3-15　小米醋生产工艺流程

2. 操作要点

（1）蒸米　蒸米目的是糊化小米中的淀粉，使之更容易转化为糖类物质。要保证蒸至熟而不黏、内无生心的状态。蒸米所需水米比例为 2∶3，蒸米大约 10min 即可。

（2）添加辅料及酒曲　待小米冷却至 30℃，加入原料 20% 的辅料及活化的酿酒曲（10 倍 32～35℃ 的温水，活化 10min），混合后搅拌均匀入缸，密封发酵。

（3）酒精发酵　酒精发酵采用低温发酵，放入大缸，室温 25℃ 进行酒精发酵，在酒精含量达到 8% 的情况下停止酒精发酵。

（4）醋酸发酵　酒精发酵结束后，添加辅料使料醅水分含量达到 50% 左右后接种醋酸菌，在 27℃ 左右室温下进行醋酸发酵。醋酸发酵期间需每天翻醋醅两次，以起到通氧与降温散热的作用，保证品温不超过 40℃，醋酸发酵正常进行。

（5）淋醋　以 80℃ 的热水按醋醅重 1.2 倍的质量将醋醅浸泡 24h，用淋醋装置进行淋醋，为提高澄清度需反复多次进行，待获得比较澄清的醋液淋醋停止。

（6）陈酿　将所得的醋液置于 4℃ 的冰箱进行陈酿。

（7）杀菌　将所得醋液于 95℃，保温 10min 以达到杀菌的目的，杀菌冷却后即得成品新醋。

（三）荞麦醋

1. 工艺流程

酶法和曲法生产荞麦醋的工艺流程分别如图 3-16 和图 3-17 所示。

（1）酶法

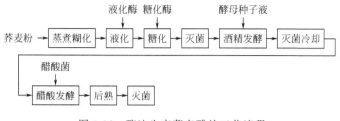

图 3-16　酶法生产荞麦醋的工艺流程

（2）曲法

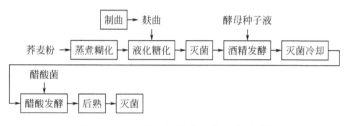

图 3-17　曲法生产荞麦醋的工艺流程

2．操作要点

（1）酶法

① 荞麦预处理　荞麦清洗晾干，粉碎。

② 蒸煮糊化　取荞麦粉加水搅拌均匀，100℃蒸煮糊化。

③ 液化　糊化液中按 1％加入液化酶，90℃液化 15min。

④ 糖化　液化液中按 0.5％加入糖化酶，60℃糖化 30min。

⑤ 酒精发酵　将灭菌后的糖化液接入 0.2％的活化酵母菌（酵母活化：取 15 倍于干酵母量的 35～38℃蒸馏水，将干酵母搅拌并溶解于其中，复水活化 20min）35℃发酵 3～4d，至可溶性固形物含量不再降低时终止发酵，灭菌，测酒精度。

⑥ 醋酸发酵　将酒精发酵后的发酵液定量置于 500mL 灭菌的三角瓶中，透气封口膜封口，按 3％接入活化后的醋酸菌（醋酸菌活化：取酒精度 4％～5％的酒醪，接入醋酸菌于 30℃通风培养，待种子液总酸度达 1.5％～2.0％，即可接种使用），至总酸不再上升时终止发酵。灭菌后，测定总酸。

⑦ 后熟　醋酸发酵完毕后，按 1％加入食盐，后熟 2～3d。

⑧ 灭菌　筛网过滤去除杂质，70℃灭菌 30min。

（2）曲法

① 荞麦预处理　荞麦清洗晾干，粉碎。

② 蒸煮糊化　荞麦粉加水搅拌均匀，100℃蒸煮糊化。

③ 制曲　按照无菌操作要求，将黑曲霉斜面菌种制成孢子悬浮液，接种到麸曲液体培养基中，置28℃恒温振荡培养，待菌丝丰满有较浓的曲香时于4℃冰箱中保存备用。

④ 液化与糖化　在糊化完毕的发酵液中接入制备好的麸曲28℃恒温振荡培养2～3d，至糖度不再上升时终止糖化，灭菌冷却待用。

⑤ 酒精发酵　将灭菌后的糖化液按0.2%接入酵母菌（酵母活化同酶法）。35℃发酵3～4d，至可溶性固形物含量不再降低时终止发酵，灭菌，测酒精度。

⑥ 醋酸发酵　将酒精发酵后的发酵液定量置于500mL灭菌的三角瓶中，透气封口膜封口，按3%接入活化后的醋酸菌（醋酸菌活化同酶法），至总酸不再上升时终止发酵。灭菌后，测定总酸。

⑦ 后熟　醋酸发酵完毕后，按1%加入食盐，后熟2～3d。

⑧ 灭菌　筛网过滤去除杂质，70℃灭菌30min。

（四）马铃薯醋

1. 工艺流程

马铃薯醋生产工艺流程如图3-18所示。

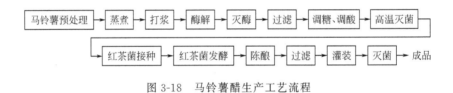

图3-18　马铃薯醋生产工艺流程

2. 操作要点

（1）原料预处理、蒸煮、打浆　将马铃薯进行清洗、去皮、切分，蒸熟晾凉后，加入马铃薯质量4倍的水进行打浆，制成马铃薯原液。

（2）酶解、灭酶、过滤　在马铃薯原液中加入0.23% α-淀粉酶、0.23%糖化酶，在60℃恒温水浴锅中进行液化、糖化4h，90℃水浴10min，灭酶并过滤，制成马铃薯糖化液。

（3）调糖、调酸　在马铃薯糖化液中加入白砂糖、柠檬酸，将糖度调至18.0%，pH调至3.80。

（4）高温灭菌　马铃薯糖化液在121℃条件下高压灭菌15min，冷却待用。

（5）红茶菌接种与发酵　将冷却后的马铃薯糖化液接入活化后的红茶菌中，放入恒温培养箱中进行红茶菌发酵，测定总酸含量接近2.5g/100mL后结束发酵。

（6）陈酿、过滤　将发酵结束的原醋陈酿 60d，离心、过滤制得马铃薯醋。

（7）灌装、灭菌　选择合适的包装瓶，将马铃薯醋液灌装进去，封好进行巴氏杀菌。

（五）芋头醋

1. 工艺流程

芋头醋生产工艺流程如图 3-19 所示。

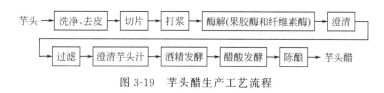

图 3-19　芋头醋生产工艺流程

2. 操作要点

（1）原料预处理　为了不影响芋头汁的色、香、味及减少微生物的污染，必须剔除有病虫害和腐烂品等劣质果实。选好果后，采用流水漂洗，洗净芋头上泥土，去除杂污物。洗净的芋头用刮皮刀去除芋头表皮后切成小块，放入捣碎机，过 80 目的筛滤分离出芋头浆。

（2）酶解　加入 0.07%（体积分数）纤维素酶及 0.1%（体积分数）果胶酶，于 45℃酶解 90min。经酶解处理后的果汁用糖度测量计测定糖度，将糖度调整到 17°Bx。

（3）酒精发酵　酶解后的芋头汁中接入活化好的酵母菌培养液（酵母菌活化：取原料量 0.1%的活性干酵母，按照 1∶20 的比例投放于 38℃的温水中，调成乳液，在 35～38℃的恒温水中复水活化 2h 即可使用）。酒精发酵在密闭容器中进行，温度保持在 28℃，发酵 7d。当酒精含量达到 7.0%以上、残糖量控制在 2%左右时就可转入醋酸发酵。

（4）醋酸发酵　加入活化好的醋酸菌进行醋酸发酵，发酵时间控制在 7d 左右，定期测量其醋酸含量，若其含量达 6%以上且酸度升高缓慢时，醋酸发酵即结束。

（5）陈酿　将得到的醋放入瓷缸中，密封，在避光恒温环境中陈酿 2～3 个月，得到陈酿芋头醋。

三、其他新型食醋

（一）辣木醋

辣木为辣木科辣木属多年生落叶乔木，广泛种植于亚洲、非洲的热带和亚热带地区。每 100g 辣木叶中蛋白质含量约为牛奶的 2 倍、维生素 A 含量约为胡萝卜的 4 倍、维生素 C 含量约为鲜橙的 7 倍、钙含量约为牛奶的 4 倍、铁含量约为菠菜的 3 倍、钾含量约为香蕉的 3 倍。

1. 工艺流程

辣木醋生产工艺流程如图 3-20 所示。

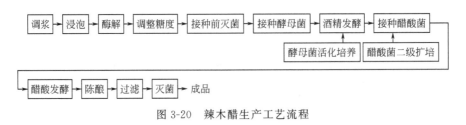

图 3-20　辣木醋生产工艺流程

2. 操作要点

（1）调浆　所选用的辣木叶粉为优质新鲜辣木叶烘干、粉碎后过 200 目筛制成。将辣木粉与纯净水按照 1∶10 的质量比例混合，并搅拌均匀，成为原料液待用。

（2）酶解　将复合酶（纤维素酶、木聚糖酶和 β-葡聚糖酶）按一定比例添加到原料液中，在恒温条件下用增力电动搅拌器搅拌原料液，使复合酶与原料液中的辣木叶粉充分接触。

（3）调整糖度　为使酵母菌能在发酵原料液中更好地生长，要对原料液的糖度和酸度进行调整，利用碳酸钙和柠檬酸将酶解后的原料液的 pH 调整到 4.5，用红糖将原料液的糖度调整到 18%。

（4）灭菌　将置于大锥形瓶中并用封口膜密封好的发酵原料液于高压灭菌锅中 70℃灭菌 30min，然后用冰水以水浴的方法将发酵原料液快速冷却到 4～5℃，之后置于洁净工作台中，升温至室温后待用。

（5）酒精发酵　将活化的酿酒酵母菌接种到灭菌后的发酵原料液中，用封口膜密封好摇匀，于恒温生化培养箱中进行酒精发酵。

（6）醋酸发酵　在洁净工作台中，将活化并扩大培养的醋酸菌种子液接种到完全发酵的辣木酒中，透气封口膜封口后，在恒温培养摇床中以 200r/min 的转速振荡培养。为保证发酵液中的氧气量，每日在洁净工作台中通气 3 次，并每日检测发酵液的酸度，若发酵液中酸度 3d 内无变化，则说明醋酸发酵阶段结束。

（7）过滤　在陈酿的过程中，辣木醋中的不溶物会因为静置沉淀，取上清液进行过滤。

3. 注意事项

① 调浆时辣木叶粉不能过细也不能过粗，过细不便于过滤，过粗则不利于酶解。

② 复合酶中纤维素酶分解纤维素产生寡糖和纤维二糖，最终水解为葡萄糖；木聚糖酶可将半纤维素水解为低聚糖和木糖；β-葡聚糖酶可以降解植物细胞壁中的结构性非淀粉多糖。该复合酶处理辣木叶粉原料液，不仅能充分利用辣木叶粉中的多糖类物质，还能使辣木叶粉中的微量元素更好地溶出。

（二）绞股蓝醋

1. 工艺流程

绞股蓝醋生产工艺流程如图 3-21 所示。

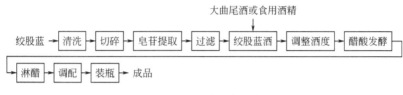

图 3-21　绞股蓝醋生产工艺流程

2. 操作要点

（1）绞股蓝酒的制备　将绞股蓝清洗干净后，晾干，切碎，然后在夹层锅中煮沸 30min 左右，过滤得汁液。反复 2 次，将 3 次汁混合后，加入大曲尾酒或 95％ 的食用酒精，调整酒精度为 6°～7°，即得绞股蓝酒。

（2）醋酸发酵

① 醋酸菌的培养。醋酸菌采用液态培养，经过三级种子扩大培养得到生产用发酵剂，前二级培养基选用葡萄糖 1％、酵母膏 1％、碳酸钙 1.5％、酒精 2％、pH 自然，后一级培养直接采用绞股蓝酒液，在 32～34℃ 温度下培养。工艺流程如图 3-22 所示。

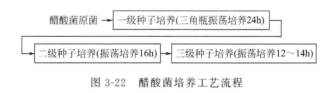

图 3-22　醋酸菌培养工艺流程

② 发酵。用大口酒缸，将谷壳和酒糟混合（树枝、芦苇）干蒸，入酒缸内作为填料层。绞股蓝酒接入 10％ 醋酸菌，入缸发酵。酒液入缸后，盖上盖子，表面盖 50～80mm 厚稻壳保温，盖上棉被。第 2～3d 醋液温度上升，当温度上升到 40℃ 时，开始淋浇，即打开底部龙头接酒液，从上泼入，每日 1～2 次，发酵旺盛期每日 3～4 次，温度下降到 35℃ 时停止淋浇，醋温不得超过 42℃。淋浇的目的是排除缸内的二氧化碳，达到散热降温作用，并带进新鲜空气，以利于醋酸菌的发酵。当醋液温度自然下降到 35℃ 以下，酸味刺鼻时，取样化验，酸度达

到 6%以上，酒精度 0.5%～0.8%时发酵结束，及时加入 2%食盐，陈放 1d 后进行加热处理，加热到 85～90℃即可。

（3）调配　刚发酵好的绞股蓝醋只是粗品，总酸含量在 5%～6%，需要贮存一段时间，然后根据各地消费者的嗜好进行调配，经加热灭菌、过滤后灌装制得绞股蓝醋成品。

第八节　食醋质量标准

由于食醋酿制中适用的原料种类、配比、制造方法等不同，成品醋的各种成分及色、香、味、体会有较大的差异。因此，食醋的质量标准包括感官指标、理化指标和卫生标准三部分。

一、酿造食醋国家标准

目前《酿造食醋》国家标准仍主要参照 GB/T 18187—2000 进行检测。酿造食醋感官指标见表 3-5，理化指标见表 3-6。

表 3-5　酿造食醋感官指标

项目	要求	
	固态发酵食醋	液态发酵食醋
色泽	琥珀色或红棕色	具有该品种固有的色泽
香气	具有固态发酵食醋特有的香气	具有该品种特有的香气
滋味	酸味柔和,回味绵长,无异味	酸味柔和,无异味
体态	澄清	

表 3-6　酿造食醋理化指标

项目		要求	
		固态发酵食醋	液态发酵食醋
总酸(以乙酸计)/(g/100mL)	≥	3.50	
不挥发酸(以乳酸计)/(g/100mL)	≥	0.50	—
可溶性无盐固形物/(g/100mL)	≥	1.00	0.50

二、食品安全国家标准

酿造食醋的卫生标准按中华人民共和国《食品安全国家标准　食醋》（GB

2719—2018）执行，微生物限量应符合表 3-7 所示标准。

表 3-7　食醋微生物限量

项目	采样方案[①]及限量				检验方法
	n	c	m	M	
菌落总数/(CFU/mL)	5	2	10^3	10^4	GB 4789.2
大肠菌群/(CFU/mL)	5	2	10	10^2	GB 4789.3 平板计数法

① 样品的分析及处理按 GB 4789.1 执行。

第四章

发酵酱类生产技术

第一节　发酵酱品的分类

"酱"字可以分为两部分，上半部分是"将"字，将的本义是涂抹肉汁木片，引申为涂抹，下半部分是"酉"字，本义是腐败变质，因此酱的本意就是一种经过腐败变质过程，而制成的涂抹类辅助食品。

发酵酱类又称为酱品，它是以粮油作物为主要原料，经过微生物发酵而制成的一种半固体黏稠状调味品。酱的品种很多，主要有豆酱、面酱两大类。豆酱中又有大豆酱、豆瓣酱、蚕豆酱等；以及以酱为主料，配以芝麻、花生、虾米、辣椒、大蒜等制成的花色酱品。发酵酱的分类如下。

一、按制酱原料分类

发酵酱按照原料可以分为植物性原料酱、动物性原料酱。植物酱又可分为谷物酱、果蔬酱。

（一）植物性原料酱

1. 面酱

面酱，也称甜酱，是以面粉为主要原料生产的酱类，由于其味咸中带甜而得名。它利用米曲霉分泌的淀粉酶，将面粉经蒸熟而糊化的大量淀粉分解为糊精、麦芽糖及葡萄糖。曲霉菌丝繁殖越旺盛，则糖化程度越强。糖化作用在制曲时已经开始进行，在酱醅发酵期间，则更进一步加强。同时面粉中的少量蛋白质，也经曲霉菌所分泌的蛋白酶的作用分解成为氨基酸，在酱醅发酵过程中还有自然接种的酵母菌、乳酸菌等共同作用，生成具有鲜味、甜味等复杂的物质，从而形成面酱的特殊风味。

2. 豆酱

豆酱是以豆类为主要原料所做的酱，有的地方也叫黄酱，老北京人又称黄酱为"老坯酱"，东北人称其为"大酱"，上海人称其为"京酱"，武汉人称其为"油坯"等。以大豆为原料者称为大豆酱，其中以黄豆为原料者称为黄豆酱（黄酱）。黄豆酱又分干态和稀态黄豆酱，俗称黄干酱和黄稀酱，前者在发酵过程中控制较少水量，使成品外观呈干润状态，后者在发酵过程中控制较多水量，使成品呈稀稠状态。以蚕豆为原料者称为蚕豆酱，而蚕豆酱中蚕豆往往以成形的豆瓣存在，故又称豆瓣酱；在制豆瓣酱时加入辣椒，故又出现了豆瓣辣酱的特殊种类。以豌豆或其他豆类及其副产物为主要原料者称为杂豆酱。此外还有甜米酱，是介于面酱和豆酱之间的产品，所用原料黄豆占 50%，面粉和大米各占 20%，进行糊化分解，而只用 10% 的生面粉与黄豆拌和进行通风制曲，温酿发酵；该产品味道香甜、酯香浓郁。以玉米原料代替部分大豆原料的盘酱，其具有豆酱和面酱两种产品的风味。

（二）动物性原料酱

动物性原料酱统称为肉酱，肉酱也是酱最早的类别。贾思勰的《齐民要术》是总结了公元 6 世纪以前黄河中下游地区劳动人民农牧业生产经验、食品的加工与贮藏、野生植物的利用的史书，其中记载了几种肉酱的具体做法。

（1）传统的肉酱法　将牛、羊、獐、鹿、兔等新鲜肉去肥、切丁加辅料装瓮，泥封。

（2）快速成酱的卒成肉酱法　将肉及辅料入瓶，放坑，覆土，土上烧粪。

（3）豆酱腌制法　将肉放入豆酱清中进行腌渍。

（4）鲜鱼制酱法　用鲜鱼去鳞、去骨，加辅料入瓮泥封。

目前我国尚在食用的肉酱种类极少，食用范围有限。虾酱是目前传统肉酱的一种，主要在沿海地区有食用。福建、广东省的沿海一带的制作方法是把虾捣碎变成酱状，短时间发酵制成虾酱，干燥加工成固体形状制成虾膏。

二、按制酱方法分类

1. 曲法制酱

曲法制酱即传统制酱法，它的特点是把原料全部先制曲，然后再经发酵，直至成熟而制得各种酱。制酱的方法与酱油生产工艺相似，机理也基本一致，仅因酱的种类不同而在原料品种、配比及其处理上略有不同。曲法制酱在生产过程中，由于微生物生长发育的需要，要消耗大量的营养成分，从而降低了粮食原料的利用率。

2. 酶法制酱

酶法制酱是先用少量原料为培养基，纯种培养特定的微生物，利用这些微生物所分泌的酶来制酱，同样可以达到分解蛋白质和淀粉，从而制成各种酱品的目的。酶法制酱可以简化工艺，提高机械化程度，节约粮食、能源和劳动力，改善食品卫生条件。目前也有很多企业不自行制酶，而是采用购买酶制剂来酿制酱品。

三、按酱品发酵方式分类

1. 自然发酵法

发酵多采用天然晒露的方式，周期较长（多为半年以上），占地面积较大，但风味良好，是我国传统的制酱方式。目前很多名优酱品仍然沿用此生产方式。

2. 速酿保温发酵法

采用人工保温措施控制在一定温度进行发酵，周期短（一般1个多月），占地面积小，不受季节限制，可长年生产，但由于发酵时间短，故味道不如自然发酵法。由于食盐对微生物酶的抑制作用，也有在酱品发酵中采用低盐、无盐发酵的方式，但目前不普遍。

第二节　面酱的酿造

一、曲法面酱的酿造

（一）原料

1. 面粉

面粉是制面酱的主要原料。面粉在制酱过程中作用：①提供微生物生长繁殖的能量。②增加制成品的黏度。面粉分特制粉、标准粉和普通粉。制面酱一般用标准粉（表4-1）。在高温高湿季节，面粉往往容易变质。变质后的面粉其脂肪会分解而产生令人不愉快的气味，糖类也会发酵产酸，面筋质会变性而失去弹力或黏性。严重时甚至发生虫害，这更影响面酱的质量，因此贮藏期间须妥善保管，尽量使用新鲜面粉。

表 4-1　标准粉的一般成分　　　　　　　　单位：%

成分	水分	粗蛋白质	粗淀粉	粗脂肪	灰分
含量	9.5~13.5	9~11	72~77	1.2~1.8	0.9~1.1

2. 食盐

（1）食盐的作用食盐是制面酱的重要原料。它在酱类发酵过程中，可抑制杂菌的污染，使酱醅安全成熟，保证酱品的质量，同时也是酱咸味的主要来源，是提供酱类风味的主体成分之一。

（2）用盐要求由于面酱一般直接食用，应选择含杂质极少的再制盐，氯化钠含量为98%左右。

3. 水

酱类成品中有55%左右的水分。此外，在酱类加工中也需要大量的水，因此水也是制酱的重要原料。一般凡能生活饮用的水，均可使用。

（二）工艺流程

曲法面酱生产工艺流程见图 4-1。

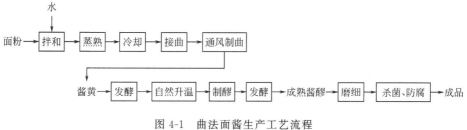

图 4-1　曲法面酱生产工艺流程

（三）操作要点

1. 拌和

面粉按比例加水，用人工或机械拌和成蚕豆般大的颗粒或面块碎片，或者面粉拌水后以辊式压榨机面板再切成面块。拌和应做到水分均匀，避免局部过湿和有干粉存在；面块大小也要均一，以利于蒸熟和蒸透心；控制面粉和水的比例，避免拌和后的面块或面条过硬或过软，影响蒸料和制曲；拌和时间不宜过长，以防止杂菌滋生。

2. 蒸熟

蒸熟面块的设备有甑锅或面糕连续蒸料机。采用甑锅蒸料的方法是边上料边通蒸汽，面粒或面块持续放入甑锅。上料结束片刻上层全部冒汽，加盖再蒸

5min 即可出料。蒸熟的面块呈玉白色，嘴嚼不粘牙，且有甜味。采用面糕连续蒸料机蒸料，应控制好蒸汽流量和面块在蒸料机中运行的速度及经过的时间，连续蒸料 1h 能蒸面粉约 750kg。既节约劳动力，又能提高蒸料质量。

3. 接曲

将蒸熟的面糕冷却至 40℃，按 100kg 面粉接种曲 0.3kg 的比例，将与面粉拌和后的种曲均匀撒在面糕表面，再拌和均匀。

4. 通风制曲

将曲料疏松平整地装入曲箱。曲料入箱后立即通风，使曲料温度均衡至30～32℃，温度最高不超过 36℃。当肉眼能见到曲料全部发白或略带黄色即可出曲。一般 36～38h 可制好曲。

5. 发酵

发酵是制曲的延续和深入，是曲料在发酵容器中加入盐水、淀粉酶和蛋白酶等酶系分解原料中的淀粉为糊精、麦芽糖和葡萄糖，分解原料中的蛋白质为肽和氨基酸，同时在酱醅发酵过程中还有自然接种的酵母菌、乳酸菌等共同作用，生成具有鲜味、甜味等复杂的物质，形成具有甜面酱特殊风味的成品。面酱发酵方法一般有传统法和速酿法，下面主要对速酿法进行叙述。

根据加盐水方式的不同，制醅分为两种方法：一种是一次加足盐水发酵法，另一种是分次添加盐水发酵法。

（1）一次加足盐水发酵法　首先将面糕曲送入发酵容器内，耙平后自然升温至 40℃，并随即从面层四周徐徐一次注入制备好的热盐水（加热至 60～65℃，并经澄清除去沉淀物），让它逐渐全部渗入曲内，最后将面层压实，加盖保温发酵。品温维持在 53～55℃，每天搅拌一次，4～5d 时面糕曲已吸足盐水而基本糖化，7～10d 后酱醅成熟，制成浓稠带甜的酱醅。

（2）分次添加盐水发酵法　先将盐水加热到 65～70℃，同时将面糕曲堆积升温至 45～50℃，第一次盐水用量为面粉的一半，用制醅机将面糕曲与盐水充分拌和后，送入发酵容器内，此时要求品温维持在 53℃以上。入料完毕，食盐盖面，维持 53～55℃发酵 7d。发酵完毕，再加入剩下的一半盐水，翻拌均匀，即得浓稠带甜的酱醅。

6. 磨细

酱醅成熟后总带有些小疙瘩，口感不适，需经过磨细工序。磨细的面酱再经过滤，除去小的稠块，更能保证成品质量。一般采用石磨或螺旋出酱机磨细。石磨磨细效力低，劳动强度大；螺旋出酱机劳动强度显著减低，工作效率较高。

7. 灭菌、防腐

将面酱加热至 65～70℃，同时添加 0.1%的苯甲酸钠搅拌均匀，这样可保证面酱的质量。具体操作通常是直接通入蒸汽，加热酱醪。没有蒸汽条件的厂也可应用直火加热，用直火加热，应不断翻拌，以防受热不均匀，酱醪焦煳。

二、酶法面酱的酿造

与传统曲法制酱工艺相比，酶法面酱是在其基础上改进而来，面酱糕不用于制曲，只制少量粗酶液。此法可缩短面酱生产周期，同时因采用酶液水解，有利于减少杂菌污染。但此法制得的面酱风味比曲法面酱稍差。

（一）原料

面粉100kg（蒸熟后面糕重138kg）；食盐14kg；黄曲霉（即米曲霉）10kg；甘薯曲霉3kg；水66kg（包括酶液）。

（二）工艺流程

酶法制酱工艺流程如图4-2所示。

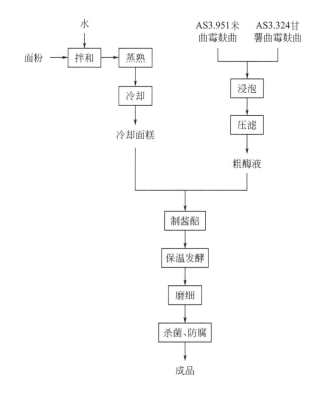

图 4-2　酶法制酱工艺流程

（三）操作要点

1. AS3.951米曲霉麸曲和AS3.324甘薯曲霉麸曲

酶法面酱的制作通常选用两种曲霉：米曲霉和甘薯曲霉。甘薯曲霉耐热性强，其在60℃糖化时效果最好，在50～58℃时有较持久的酶活力；其在酶解过程中还能产生有机酸，使面酱风味调和，增加适口性。而米曲霉糖化酶活力高，制成的酱色泽风味较好，但其糖化酶活力持久性差。所以酶法酿制面酱时将二者混合使用，这样既增加了糖化酶活力的持久性，又增进了产品的风味和色泽。

2. 粗酶液

（1）制备麸曲 以麸皮为原料，分别接种甘薯曲霉和米曲霉，制备麸曲。

（2）粗酶液浸提 按面粉质量的13%（其中米曲霉占10%，甘薯曲霉占3%）将以上两种麸曲混合、粉碎，放入浸出容器内。加入曲质量3～4倍的45℃温水浸泡，提取酶液，时间为90min，其间充分搅拌，促进酶的溶出。过滤后残渣应再加入水浸提一次。

（3）混合 两次酶液混合后备用。浸出酶液在炎热天气易变质，可适当加入食盐。

3. 蒸熟

面粉与水（按面粉质量28%）拌和成细粒状，待蒸锅内水煮沸后上料，圆汽后继续蒸1h。蒸熟后面糕水分为36%～38%。

4. 保温发酵

当面糕冷却至60℃时下缸，按原料配比加入萃取的粗酶液、食盐，搅拌均匀后保温发酵。为了使各种酶能迅速起作用，入缸后品温要求在45℃左右。发酵24h后，当缸四周开始有液体渗出，面糕开始膨胀软化，这时即可进行翻酱。维持酱温45～50℃，第7d后升温至55～60℃，第8d视面酱色泽的深浅调节温度至65℃。

注意事项：

① 为了保证酶的活力，面糕出锅温度在80～90℃，不能立即与酶液混合，一定要冷却到要求温度。

② 酶浸出液数量要掌握好，宜少不宜多。酶液少，浓度高还可加水；酶液多，浓度低就难处理。

③ 要认真检查酶浸出液的变质情况，如已变质就不能应用。

④ 在保温发酵过程中，应每天翻醅1次，以利于酱醅与盐水充分混合接触。

5. 杀菌、防腐

待酱成熟后将酱温升高至 70～75℃，立即出酱，以免糖分焦化变黑，影响产品质量。升温至 70℃ 可起到杀菌灭酶的作用，对防止成品变质有一定的作用。必要时成品中可添加 0.1% 以下的苯甲酸钠防腐.

三、成品质量

面酱的质量标准可以参考 SB/T 10296—2009。主要介绍面酱的感官标准和理化标准。

1. 感官指标

色泽：成品呈黄褐色或红褐色，鲜艳、有光泽。

香气：具有面酱香和酯香气，无其他不良气味。

滋味：味甜而鲜，咸淡适口，无酸、苦、焦糊、霉味或其他异味。

体态：干稀合适，黏稠适度，无杂质。

2. 理化指标

面酱的理化指标如表 4-2 所示。

表 4-2　面酱理化指标

项目	指标	项目	指标
水分/(g/100g)≤	55.0	食盐(以氯化钠计)/(g/100g)≥	7.0
还原糖(以葡萄糖计)/(g/100g)≥	20.0	氨基酸态氮(以氮计)/(g/100g)≥	0.3

3. 卫生指标

面酱的卫生指标按 GB 2718—2014《食品安全国家标准　酿造酱》规定，如表 4-3 所示。

表 4-3　微生物限量

项目	采样方案[①]及限量				检验方法
	n	c	m	M	
大肠菌群/(CFU/g)	5	2	10	10^2	GB 4789.3 平板计数法

① 样品的分析及处理按 GB 4789.1 和 GB/T 4789.22 执行。

第三节　大豆酱的酿造

大豆酱又称大酱或黄酱，以大豆（黄豆、黑豆、青豆等）、面粉、食盐、水为原料，利用米曲霉为主的微生物的作用而制得。

一、原料

（一）大豆

1. 选择标准

大豆要干燥，密度大，无霉烂变质现象；颗粒均匀，无皱皮；皮薄，富有光泽，且少虫蚀损害及泥沙杂质；蛋白质含量高。

2. 化学成分

大豆的成分主要有蛋白质、脂肪、水分、纤维素、灰分、无氮浸出物，其中蛋白质含量最多。粗蛋白质占 30%～40%，粗脂肪占 15% 左右，水分 8%～14%，粗纤维素占 4%～6%，无氮浸出物占 23%～40%，灰分占 4% 左右。大豆中的蛋白质主要为大豆球蛋白，所占比例约为 84.25%，其他为少量的清蛋白及非蛋白含氮物质。

3. 特性

大豆蛋白质经发酵分解能生成氨基酸，是酱滋味成分的重要物质。大豆蛋白质中几乎含有所有已知的氨基酸，其中呈鲜味的谷氨酸含量最高（约含 18.5%）。

（二）面粉

制大豆酱一般用标准粉，选用新鲜面粉，不得使用霉变和有不良气味的面粉（不使糖类发酵变酸、面筋变性失去弹力和黏性，而影响酱品质量）。标准粉成分要求同面酱。

（三）食盐及水

食盐及水的选择同面酱。

原料配比（以大豆用量为 100% 计）：大豆 100%，面粉 40%～60%，种曲 0.1%～0.3%，食盐 10%。

二、工艺流程

豆酱酿制工艺流程见图 4-3。

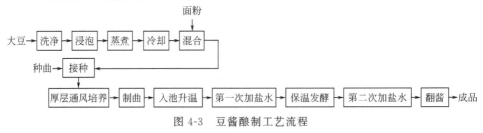

图 4-3　豆酱酿制工艺流程

三、操作要点

（一）洗净

将大豆置于清水中，利用人工或机器不断搅拌，使豆荚、浮豆及其他轻的夹杂物浮在水面，沙砾等重物沉积于底部，弃去上浮和沉底的物质，并连续冲洗数次，大豆便洗涤清洁。

（二）浸泡

将洗净的大豆放在缸或桶内，加水浸泡，也可直接放在加压蒸锅内浸泡。浸泡水温与浸泡时间关系很大，一般都用冷水浸泡。浸泡时间又随气候而不同，夏天大约是 4～5h，春秋季是 8～10h，冬季 15～16h。最初豆皮伸长起皱，经过一定时间，水分吸入内部，豆肉也逐渐膨胀。浸泡程度为豆粒表面无皱纹，豆内无白心，并能于指间容易压成两瓣为宜。大豆经浸泡沥干后，一般重量增至 2.1～2.15 倍，体积增至 2.2～2.25 倍。

（三）蒸煮

目的是使大豆组织充分软烂，其中所含蛋白质变性，易于水解，同时部分碳化水合物水解为糖和糊精，以利于曲霉利用。蒸煮包括常压蒸煮 4～6h；加压蒸煮压力 0.1～0.2MPa，时间 30～60min。当大豆全部均匀熟透，熟而不烂，既酥又软，手捻皮脱落，但整粒不烂时，可认为大豆已蒸熟。

（四）冷却

蒸好后及时出锅，散冷至 80℃拌入面粉，然后继续冷至 38～40℃。

（五）制曲

种曲用量为原料的 0.3%～0.5%。为使豆酱中麸皮含量尽可能少，最好用曲精接种。曲精的制法是将种曲与少量生面粉拌匀，搓散孢子，再筛出麸皮即得曲精。接种后，曲料品温掌握在 30～35℃为宜。

培养方法有曲盘/竹匾浅层培养、厚层机械通风培养，以后者为多。现分别介绍如下。

1. 竹匾浅层培养

接种后，将曲料装入竹匾堆成丘状，置于培养架上，维持室温 28～30℃培养，待品温升至 37℃翻曲一次，然后摊平至料厚约 3cm。继续培养，控制品温不得超过 40℃。在培养过程中，由于培养架上、下部温度相差较大，可以对上、下层进行换位，以调节品温。制曲时间一般为 2～3d。

2. 曲盘浅层培养

将曲盛于盘中，厚度约为 2.5cm，冬天可稍厚，夏天可稍薄。曲盘先堆叠成柱形，室温控制在 28～30℃。待品温升至 40℃进行翻曲一次，然后将曲盘改斜品字形或品字形堆叠，维持品温，最高不超过 40℃，2～3d 即可得成曲。

3. 厚层机械通风培养

曲料入池摊平，静置培养，待品温升至 36～37℃，通风降温至 32℃，促使菌丝迅速生长，培养至 14～16h，曲料出现结块，即可进行第一次翻曲。翻曲后的品温维持 33～35℃，直至长出茂盛的黄绿色孢子，停止培养，即可出曲。

（六）入池升温

大豆曲置于发酵容器内，扒平后稍压实，品温很快自然上升至 40℃。

（七）第一次加盐水

当品温升至 40℃左右，将配制好的 14.5°Bé 盐水 90kg，加热至 60～65℃，然后在面层上淋入，使之缓慢渗入曲内，此时醪温达到发酵最适温度 45℃左右，再在面层上加细盐一层，并将容器盖好，开始发酵。

（八）保温发酵

此期间发酵温度不宜过高，否则对豆酱的鲜味和口感有影响。一般保持酱醪温度 45℃，水分控制在 53%～55%为宜，发酵时间一般为 10d。在此期间，大豆曲中各种微生物及酶利用原料中的蛋白质与淀粉，从而形成豆酱特有的色、香、味、体。

（九）第二次加盐水

待酱醪发酵成熟后，加入 24°Bé 盐水 40kg 及细盐 10kg，再充分翻拌均匀，使细盐全部溶化，在室温下发酵 4～5d，即得成品。

四、产品质量

1. 感官指标

黄豆酱感官指标见表 4-4。

表 4-4　黄豆酱感官指标

项目	指标
色泽	红褐色或棕褐色,鲜艳,有光泽
香气	有酱香和酯香,无不良气味
滋味	味鲜醇厚,咸甜适口,无酸、苦、涩、焦煳及其他异味
体态	黏稠适度,无杂质

2. 理化指标

黄豆酱的理化指标见表 4-5。

表 4-5　黄豆酱的理化指标

项目	指标	项目	指标
食盐(以氯化钠计)/(g/100g)≥	12	总酸(以乳酸计)≤	2
氨基酸态氮(以氮计)/(g/100g)≥	0.6	铅(以 Pb 计)/(mg/kg)≤	1
砷(以 As 计)/(mg/kg)≤	0.5	黄曲霉毒素 B_1/(μg/kg)≤	5

3. 微生物指标

黄豆酱的微生物指标见表 4-6。

表 4-6　黄豆酱的微生物指标

项目	指标	项目	指标
大肠菌群/(MPN/100g)≤	30	致病菌(沙门菌、金黄色葡萄球菌、志贺菌)	不得检出

第四节　水产酱的酿造

水产酱主要包括虾酱、鱼酱、蟹酱、贝肉酱等,其中虾酱是传统的酱品之一,也是产量较大的酱品。鱼酱也是深受欢迎的调味品,通常用小黄花鱼、海鲫鱼、白米鱼、小青鱼制作,其制作与虾酱基本相同。因此,这里主要介绍虾酱的制作。

虾酱是以各种小鲜虾为原料富加盐发酵后经磨细制成的一种黏稠状酱,又名虾糕,主要来源于河北唐山、山东惠民、浙江、广东和天津等盛产小虾地区。虾酱含有人体所需的多种成分,特别是钙和蛋白质最丰富,一般作为调味使用,放入各种鲜菜、鲜肉来食用，味道最鲜美；也可生食，或蒸一下作菜肴食用，如鸡蛋蒸虾酱、辣椒蒸虾酱等。

一、发酵调味虾酱分类

发酵调味虾酱是指利用米曲霉发酵和酶水解的双重作用，获得风味较好的虾酱。发酵方式有传统自然发酵和现代快速发酵。传统自然发酵产品质量不稳定，生产效率低。快速发酵可控制发酵条件，产品风味较差，因此，如何把传统发酵与快速发酵相结合得到高品质的产品，促进传统发酵海鲜调味品产业化发展，是目前亟待解决的问题。

1. 传统自然发酵

传统工艺的自然发酵方式通过加盐腌渍发酵而成。有的产品需要日晒，利用太阳能升高发酵温度。发酵所需酶系和微生物来源原料自身，发酵期间要经常搅拌，生产周期长，制作出来的调味品含盐量高，味道鲜美，具有风味独特浓郁的发酵香味。

2. 现代快速发酵

快速发酵可以缩短发酵时间，提高生产效率，为了保证产品原有的风味，快速发酵方法主要以多种方法结合的复合方法为主，主要有加酶、接种、保温等方式。

（1）加酶发酵　加酶发酵是自然发酵海鲜中添加蛋白酶，使蛋白质更易水解为小分子的肽及氨基酸，加速发酵过程，并能提高原料的利用率。由于产品中含有更多的氨基酸，产品风味、营养更佳，口味更易被大众接受。添加的蛋白酶是木瓜蛋白酶、中性蛋白酶等蛋白酶制剂或含酶丰富的海鲜内脏等。加酶发酵法有单酶法、多酶法形式。

（2）接种发酵　接种发酵指在海鲜发酵液中接种某种或多种微生物。外加微生物能分泌蛋白酶、脂肪酶等多种酶系，把海鲜中的营养物质充分水解，生产的海鲜调味品营养价值更高、风味更佳，同时加盐量减至12%～15%，并大大缩短了发酵时间，达到快速发酵生产海鲜调味品目的。

（3）保温发酵　温度对发酵过程中的影响主要有几方面：微生物繁殖、酶的活力、产物的量及种类。保温发酵主要目的是选择适宜的温度发酵，缩短发酵时间，同时，避免品质下降及有害物质的产生。保温发酵法运用比较早，低盐保温快速发酵鱼露的方法通过降低加盐量，把发酵温度维持在50～55℃之间，控制腐败微生物在低盐环境下的繁殖分解作用，生产鱼露品质达到商品要求。

二、传统发酵调味虾酱制作

1. 工艺流程

传统发酵调味虾酱生产工艺流程见图4-4。

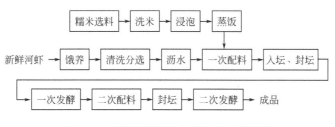

图4-4 传统发酵调味虾酱生产工艺流程

2. 操作要点

（1）饿养 将鲜活河虾放于清水中饿养2~3d，每天换水数次，让虾吐出泥沙污物和虾粪，以减少成品的泥腥味。

（2）清洗 分选用清水冲洗河虾，洗去表面泥沙，并剔除死虾。洗干净后，沥干水分。

（3）糯米饭制备 选择颗粒饱满、无霉变的圆形糯米，淘洗干净，加入60~80℃的热水在常温下浸泡8~10h。浸泡好的糯米用木质蒸笼蒸熟成糯米饭。

（4）一次配料 将蒸熟的糯米饭起锅后立即倒在沥干水分的河虾上，用糯米饭的热量将河虾焖熟，待糯米饭和河虾温度降至30~40℃时，按配料比例加入白酒和炒制食盐，并混合均匀。

（5）入坛、封坛 加工虾酱的坛子最好是没有上过釉的陶瓷泡菜坛。将坛子里面用热水清洗干净，控干水分，再用白酒涂抹坛子消毒内壁。将混合均匀的原辅料放入坛中，坛口用保鲜膜或者用与坛口直径相当的碟子盖住，盖上坛盖，在坛沿边加入清水密封。

（6）一次发酵 一次发酵时间：夏天为15~20d，春、秋为20~25d，冬天为30~35d。

（7）二次配料及发酵 按配料比例分别将糯米、花生、花椒、辣椒、芝麻炒熟制成粉状，生姜、大蒜洗净后用擂钵锤成泥状，加入已发酵的虾酱中拌匀，封坛后继续发酵10~15d即可食用。

3. 成品质量

虾酱感官指标见表4-7。

表 4-7　虾酱感官指标

项目	指标
一级品	紫红色,呈黏稠状,气味鲜香,无腥味,酱质细腻,无杂鱼,盐度适中
二级品	紫红色,鲜香味差,无腥味,酱质较粗且稀,有小杂鱼等混入,咸味重或发酵不足
三级品	颜色暗红不鲜艳,酱稀粗糙,杂鱼杂物较多,味咸

　酿造调味品生产技术

第五章
味精生产技术

第一节　概　述

味精化学名称为 L-谷氨酸单钠一水化合物，商品名称为谷氨酸钠、麸酸钠、味素等。谷氨酸钠是谷氨酸的钠盐，是一种无臭无色的晶体，在 232℃时解体熔化，吸湿性强，易溶于水。谷氨酸钠还具有治疗慢性肝炎、肝昏迷、神经衰弱、癫痫病、胃酸的作用。味精是增强食品风味的增味剂，也称鲜味剂，已成为食品工业和人们日常生活中广泛应用的鲜味调味剂，也是医药、农业和其他工业的原料。

一、味精的发展

第一阶段：1866 年，德国人 H. Ritthasen 博士从面筋中分离到谷氨酸，根据原料定名为麸酸（因为面筋是从小麦里提取出来的）。1908 年，日本东京大学池田菊苗试验，从海带中分离得到 L-谷氨酸结晶体，这个结晶体和从蛋白质水解得到的 L-谷氨酸是同样的物质，而且都是有鲜味的。

第二阶段：在 1965 年以前是以面筋或大豆粕为原料通过酸水解的方法生产味精的。这种方法消耗大，成本高，劳动强度大，对设备要求高，需耐酸设备。

第三阶段：随着科学的进步及生物技术的发展，味精生产发生了革命性的变化。自 1965 年以后我国味精厂都以粮食（玉米淀粉、大米、小麦淀粉、甘薯淀粉）为原料，通过微生物发酵、提取、精制得到符合国家标准的谷氨酸钠，它可使菜肴更加鲜美可口。

二、味精的用途

1. 食品鲜味调味品

在食品加工中使用味精，可使食品味道更为浓郁、协调、圆润，并可克服异味，如菠菜的金属味、豆腐的腥苦味和罐头肉类的铁腥味等，对酸、甜、苦和咸四个基本味道的强度没有影响。家庭和餐馆调味用的添加量一般为食品总量的$0.2\%\sim0.5\%$。

关于味精的食用安全性，对小白鼠、大白鼠、兔和猴等的各种毒性实验，包括急性毒性、亚急性毒性、慢性毒性、致畸性和突然变异性等证明，食用味精是安全的。

2. 在医药上的应用

谷氨酸对大脑有营养和保健作用。脑组织只能氧化谷氨酸，不能氧化其他氨基酸，所以谷氨酸能促进幼儿人脑智力发育，对神经系统疾病，如神经衰弱、癫痫、脑震荡和脑组织损伤等疾病具有良好的医疗效果。

谷氨酸具有解氨毒作用。蛋白质在人体内分解代谢的过程中会产生氨。若血液中氨浓度高，会引起氨中毒，导致肝昏迷。谷氨酸可与氨结合生成谷氨酰胺，从而解除组织代谢过程中所产生的氨的毒害作用，预防和治疗肝昏迷。

3. 在工业上的应用

谷氨酸可用于合成许多化工产品。用D-谷氨酸聚合成的聚谷氨酸人造革，其质量接近天然皮革，且其强度、抗水性、透气性和耐老化性等都较好。

焦谷氨酸钠具有很强的吸湿性，其吸水性能比甘油高50%，能保持皮肤湿润，防止干裂，并增强皮肤和毛发的柔性和弹力，可用于化妆品和医药品中，作为增湿剂和润肤剂。

4. 在农业上的应用

氨基酸铜是优良的杀菌剂。谷氨酸铜可用作番茄的保护性杀菌剂，对防治果树腐烂病有特效。用作植物生长调节剂，谷氨酸可增加柑橘果实的含糖量，降低酸度。

三、味精的生产

目前，我国味精年产量已达200万吨以上，其发酵生产可分为两大步骤，即由原料发酵生产出L-谷氨酸，再通过谷氨酸的提取和精制制成味精。其工艺流程如图5-1所示。

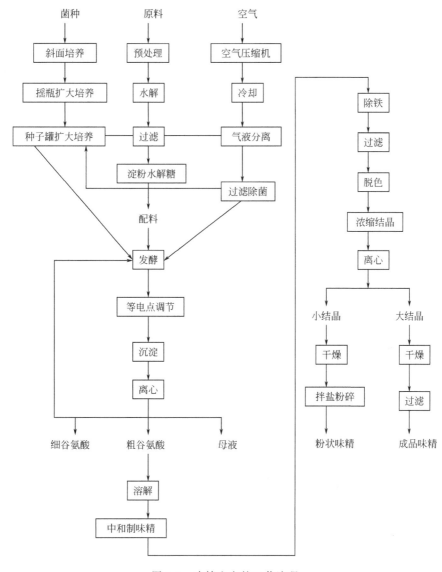

图 5-1　味精生产的工艺流程

第二节　谷氨酸生产菌株

一、生产谷氨酸的菌株

代表菌株除谷氨酸棒杆菌外，还有黄色短杆菌、乳糖发酵短杆菌、嗜氨小杆菌、硫殖短杆菌等。我国国内谷氨酸生产菌有北京棒杆菌 AS1.299、7338，钝齿棒杆菌 AS1.542、HU7251 等，这些菌株谷氨酸产率在 5% 左右，糖对酸的转化率在 40%～45%。

二、国内常用的谷氨酸生产菌株

（一）北京棒杆菌 AS1.299

1. 形态特征

通常为短杆或棒状，两端钝圆，不分支，有时细胞微呈弯曲状。细胞排列为单个、成对或 V 字形。细胞大小：$(0.7～0.9)\mu m \times (1.0～2.5)\mu m$。革兰氏染色呈阳性反应。无运动能力。细胞内有明显的横隔，在次极端有异染颗粒，不形成芽孢。

2. 生理特征

好气，兼厌气性，最适生长温度是 30～32℃，最适生长 pH6～7.5；有脲酶活力；不能利用淀粉和纤维素；生物素是必需生长因子。在含 2.6% 尿素的普通肉汁琼脂平板上，生长良好，当尿素提高至 3% 时，生长受影响。在含 7.5% 氯化钠的普通肉汁培养基中生长良好，当氯化钠提高至 10% 时，生长受影响。

3. 培养特征

在普通肉汁琼脂斜面上划线培养，菌落呈淡黄色，表面湿润光滑，不产生水溶性色素。在普通肉汁琼脂平板上培养，24h 时菌落呈白色，直径约为 1mm，继续培养至 48h，菌落直径扩大至 2.5mm，培养 7d，菌落增大至 6.0mm 左右，此时菌落呈淡黄色且中间隆起，表面湿润光滑，边缘整齐，不产生水溶性色素。在普通肉汁琼脂圆柱上穿刺培养，穿刺口的菌体生长良好，沿穿刺线的菌体生长情况较差。

（二）北京棒杆菌 7338

7338 菌株是以北京棒杆菌 AS1.299 为出发菌株，经亚硝基胍（NTG）多次诱变处理后选育到的。该菌株适合于淀粉质原料的谷氨酸发酵。

（三）北京棒杆菌 D110

杆菌 D110 菌株是以北京棒杆菌 AS1.299 为出发菌株，经硫酸二乙酯（DES）多次诱变处理后选育到的。该菌株适合于甜菜糖蜜为原料的谷氨酸发酵。

（四）棒杆菌 S-914

S-914 菌是从土壤中分离得到的棒状杆菌。

1. 形态特征

细胞为两端钝圆的杆菌,外界生活环境的变化,形态会有所变化,如椭圆形、短杆形和棍棒形等。细胞排列为单个、成对或 V 字形。细胞大小为$(1\sim4)\mu m\times(1\sim0.5)\mu m$,不形成芽孢。

2. 生理特征

在 pH 5~9 范围内生长良好;生物素和维生素 B_1 是必需生长因子;有脲酶活力。

3. 培养特征

在普通肉汁琼脂斜面上培养,菌落呈淡黄色。在含 0.1% 酵母膏的加糖肉汤琼脂平板上培养,菌落呈淡黄色,直径为 1.5~2.0mm。

(五)钝齿棒杆菌 AS1.542

1. 形态特征

细胞两端钝圆,不分支,在普通肉汁琼脂斜面上培养,细胞呈短杆或棒状;细胞排列为单个、成对或 V 字形;细胞大小为$(0.7\sim0.9)\mu m\times(1.0\sim3.4)\mu m$;革兰氏染色呈阳性反应;在细胞内次极端有异染颗粒;细胞内有数个横隔;不形成芽孢;无运动能力。

2. 生理特征

在 20~37℃ 范围内生长良好,30℃ 为最适生长温度,39℃ 时生长微弱;在 pH 6~9 范围内生长良好;有脲酶活力;生物素为必需生长因子。在含 2.5% 尿素的普通肉汁琼脂培养基上生长良好;在含 7.5% 氯化钠的肉汁琼脂培养基上生长良好,当将氯化钠浓度提高至 10% 时,菌体生长受影响。不受北京棒杆菌 AS1.299 的噬菌体感染;好气并兼厌气性。

3. 培养特征

在普通肉汁琼脂斜面上培养,菌落呈草黄色,表面湿润、无光泽,边缘较薄呈钝齿状,不产生水溶性色素。在普通肉汁琼脂平板上培养 48h,菌落呈草黄色,直径 3~4mm,表面湿润、无光泽,边缘呈钝齿状,不产生水溶性色素。在普通肉汁琼脂圆柱上穿刺培养,沿穿刺线均能生长,但不扩展。

(六)钝齿棒杆菌 HU7251

1. 形态特征

细胞两端钝圆,不分支。在普通肉汁琼脂斜面上培养,细胞呈短杆状或棒状,有的还略微弯曲不挺直。细胞排列为单个、成对或 V 字形;细胞大小为

$(0.7\sim0.9)\mu m\times(1.0\sim3.4)\mu m$；革兰氏染色呈阳性反应；不形成芽孢；无运动能力。

2. 生理特征

好气并兼厌气性；30℃为最适生长温度；在 pH 6～9 范围内生长良好；生物素为必需生长因子；有脲酶活力。在含 7.5%氯化钠的普通肉汁琼脂培养基上生长良好；在含 2.5%尿素的普通肉汁琼脂培养基上生长良好。受钝齿棒杆菌 AS1.542 的噬菌体感染，但不受北京棒杆菌 AS1.299 的噬菌体感染。

3. 培养特征

在普通肉汁琼脂斜面上划线培养，菌落呈草黄色，表面湿润、无光泽、边缘较薄呈钝齿状，不产生水溶性色素。在普通肉汁琼脂平板上培养 48h，菌落呈草黄色，直径 3～5mm，表面湿润、无光泽，边缘较薄呈钝齿状，不产生水溶性色素。

（七）钝齿棒杆菌 B9

B9 菌株是以钝齿棒杆菌 HU7251 菌为出发菌株，用氯化锂经诱变处理后选育得到的。该菌株适合于淀粉质原料的谷氨酸发酵。

（八）钝齿棒杆菌 B9-17-36

B9-17-36 是以钝齿棒杆菌 B9 为出发菌株，前后分别用亚硝基胍（NTG）和硫酸二乙酯（DES）诱变处理后选育得到的。该菌株适合于淀粉质原料的谷氨酸发酵。

（九）黄色短杆菌 T6-13

1. 形态特征

细胞两端钝圆，不分支，呈短杆状。细胞以单个、成对或 V 字形排列。细胞大小为$(0.7\sim1.0)\mu m\times(1.2\sim3)\mu m$；革兰氏染色呈阳性反应；无运动能力；不产生孢子，细胞内次极端有异染颗粒。

2. 生理特征

好气并兼厌气性；在 26～37℃范围内生长良好；在 pH 6～10 范围内生长良好；有脲酶活力；在含 10%氯化钠的肉汁琼脂平板上生长良好。生物素是必需生长因子，如果与生物素同时加入维生素 B_1 或者一种氨基酸（如天冬氨酸、丝氨酸、苏氨酸）时，菌体的生长受到明显促进。在含 0.5%～3.5%尿素的普通肉汁琼脂培养基上生长良好。受钝齿棒杆菌 AS1.542、B9 和 HU7251 的噬菌体感染，但不受北京棒杆菌 AS1.299 的噬菌体感染。

3. 培养特征

在普通肉汁琼脂斜面上划线培养24h，菌落呈淡黄色，表面湿润光滑，不产生水溶性色素。在普通肉汁琼脂平板上培养24h，菌落呈淡黄色，直径约1mm，表面湿润光滑，不产生水溶性色素。在普通肉汁琼脂圆柱上穿刺培养，穿刺口的菌体生长良好，沿穿刺线的菌体生长情况较差。

（十）黄色短杆菌 FM84-415

FM84-415是以黄色短杆菌 T6-13 为出发菌株，分别经过钴60和亚硝基胍的诱变处理选育得到的。该菌株具有耐高糖的特性，当培养基中初糖浓度在19%以上时菌体生长不受影响。

通过对常用的糖质原料谷氨酸生产菌的研究发现，它们在形态、生理方面有许多共同之处，归纳起来主要如下。

① 细胞的形态为棒状、杆状、短杆状以至球形。

② 革兰氏染色呈阳性，无芽孢，无鞭毛不运动。

③ 都是需氧性微生物。

④ 都是生物素营养缺陷型，需要生物素作为生长因子。

⑤ α-酮戊二酸脱氢酶丧失或活性非常低，异柠檬酸脱氢酶和 L-谷氨酸脱氢酶活性强。

⑥ 发酵过程中，菌体发生明显的形态变化，同时发生细胞膜渗透性变化，可向环境中泄漏谷氨酸。

⑦ 培养液中积累谷氨酸在5%以上，不分解利用谷氨酸，并耐高浓度谷氨酸。

⑧ 能利用醋酸，不能利用石蜡。

⑨ 可利用各种铵盐作为氮源，由于具有较强的脲酶活性，也可利用尿素作为氮源。

三、谷氨酸生产菌的筛选

在谷氨酸生产中，选好菌种是发酵高产的关键环节，对于提高谷氨酸的产量和质量都有极其重要的意义。筛选就是从含有各种类型微生物的自然界中选出符合生产要求的菌种，筛选的一般过程为：采样、平板分离、初筛、复筛和发酵试验。

（一）采样

谷氨酸生产菌一般是好气性的腐生菌，所以，可从有机质含量丰富的土壤中采样分离，如林地、草地、农田、菜园、果园、动物园、植物园、堆肥以及食品厂、发酵厂的废弃物及其周围土壤等。但要注意味精厂现有菌种的污染。另外，还要注意取样环境生态的多样性，尽可能做到在寒带、温热带和热带地区都能取样。取样时，取地表 5～15cm 处土样 10g 装入干净的塑料袋中，注明地点、时间。

（二）平板分离

1. 分离用培养基

可用营养琼脂或半丰富培养基。营养琼脂培养基营养丰富，利于各种类型的腐生菌生长。半丰富培养基则对许多腐生菌生长不利，而适于谷氨酸生产菌生长。

（1）营养琼脂培养基　牛肉膏 1%，蛋白胨 1%，NaCl 0.5%，琼脂 1.8%～2%，pH 7～7.2。

（2）半丰富培养基　葡萄糖 2%，KH_2PO_4 0.1%，$MgSO_4$ 0.04%，BTB（溴百里酚蓝）0.01%，玉米浆 0.5%，尿素 0.2%，Fe^{2+}、Mn^{2+} 各 2mg/L，琼脂 1.8%～2.0%，pH 7.0～7.2。

2. 平板分离方法

以稀释法为例。

（1）制土样液　将土样 1g 和无菌水 100mL 置于盛有数粒玻璃珠的三角瓶中，摇动 15～30min。

（2）稀释　用无菌吸管取 1mL 土样液放入盛有 9mL 无菌水的试管中，摇匀，即为 10^{-1}；再用另一支无菌吸管取 1mL 上述摇匀的土样液放人盛有 9mL 无菌水的试管中，摇匀，即为 10^{-2}；依次进行，稀释至 10^{-8}～10^{-5}。

（3）倒平板　每个稀释度吸土样液 0.2mL 放入无菌器皿中，再倒入经灭菌并降温至 45℃ 左右的分离培养基 10～15mL，混匀。

（4）培养　将倒好的平板放入培养箱，温度控制在 30～32℃，时间 48h。

（5）挑选菌落　挑选方法是取单菌落，要求饱满、湿润，革兰氏染色呈阳性。

（三）初筛

从分离出的多个菌株中，选出能够产生谷氨酸的菌株，称为初筛。方法一般先采用摇管发酵法，然后再进行鉴别。

1. 摇管发酵

① 取 ϕ15mm×180mm 左右的试管若干，洗净后，装入事先配制好的初筛培养基约占管的 1/4，塞上棉塞，灭菌备用。筛选用培养基见表 5-1。

表 5-1　初筛培养基

名称	数量	名称	数量
葡萄糖	5%	$MgSO_4$	0.04%～0.05%
玉米浆	0.4%～0.5%	尿素	0.5%
KH_2PO_4	0.1%	pH	7.0～7.2

② 试管培养基灭菌冷却后，每管接种供试分离菌株一环，然后横向斜置于往复摇床上，摇床振幅为 7.6cm，转速为 96～98r/min。

③ 培养温度 30～32℃，时间 24h。

2. 鉴别

鉴别是否产谷氨酸的方法有纸层析法或电泳法两种。其中，纸层析法操作如下：

① 发酵结束后，发酵液用 3000r/min 离心 5min，取上清液在色谱纸上点样，点样量 5μL，同时用 1% 谷氨酸液 5μL 点样对照。

② 层析剂为正丁醇：冰醋酸：水＝4：1：1；显色剂为 0.5% 茚三酮的正丁醇溶液。

③ 层析数小时后取出，标出溶液前沿，晾干。

④ 均匀喷上含茚三酮的正丁醇溶液，稍干后置于 60℃烘干。

⑤ 若呈明显紫蓝色斑，则该菌株能产谷氨酸。再与标准样对照，可粗略看出该菌株产量大小，选出产酸较高的菌株供复筛。

（四）复筛

复筛就是继续通过摇瓶试验从初筛出的菌株中选出谷氨酸产量较高的菌株，并优化其发酵培养基配方和工艺条件。

复筛可选用 500mL 或 1000mL 三角瓶，内装培养基 25mL 或 50mL，培养基配方与初筛相同或根据供试菌株的特点组成新的配方。瓶口用 6 层纱布扎口，接入摇瓶培养的种子，接种量 5%。然后，置于冲程 7.6cm、频率 96r/min 的往复式摇床上，培养温度 32～34℃。发酵过程中要检查培养液的 pH 变化情况，及时增加一定量的尿素。培养 40～48h 后取样测定发酵液中的谷氨酸含量。

测定谷氨酸含量采用华勃式呼吸仪法。在一定的温度、压力下，用大肠杆菌 L-谷氨酸脱羧酶作用于发酵液中的谷氨酸，根据放出 CO_2 的体积换算出谷氨酸含量。

复筛选出能接近或超过现有生产菌种的产酸水平的菌株，接着进行优化培养基和发酵条件的试验。

（五）发酵试验

发酵试验包括小试、中试和生产试验，就是应用比拟放大的方法将摇瓶试验结果进行逐级扩大试验，确定最佳的发酵工艺条件。小试一般采用自动化程度比较高的 5L、10L 和 20L 的小罐进行发酵试验，确定通气量、搅拌转速以及发酵周期等工艺条件。中试一般采用 100L、500L、1000L、5000L 等罐进行试验，掌握规律，获得最好产量下最适宜的条件，然后扩大到工业生产用的发酵罐中进行生产试验。经过生产试验，若肯定新菌株产酸水平较高且生产性能稳定，即可对新菌株进行分类鉴定并做好菌种保藏工作。

四、谷氨酸生产菌的选育

目前谷氨酸生产菌的选育主要有五种方法：自然选育、诱变选育、杂交育种、代谢控制选育和基因工程选育。

（一）自然选育

自然选育是以基因自发突变为基础选育优良性状菌株的一种方法。它是不经过人工处理，利用菌种自发突变而进行筛选的过程，称为自然选育或自然分离，即分离纯化。

自然选育的优点一是有利于谷氨酸生产菌保持纯种；二是使谷氨酸发酵具有相对稳定性，可提高发酵水平。其缺点是菌种自发突变率较低，致使选育耗时长，工作量大，效率低。

（二）诱变选育

诱变选育是利用物理或化学因素，处理生物细胞群体，促使其中少数细胞的遗传物质（主要是 DNA）的分子结构发生改变，引起微生物的遗传性变异，从而从群体中选出少量优良菌株。诱变选育的操作方法：

（1）B9 菌株诱变方法　B9 是杭州味精厂将 HU7251 菌株诱变而得的，采用化学诱变法，用 LiCl 作诱变剂。

工艺流程：初始菌株 HU7251→LiCl0.6％处理 50h→32℃培养 50h→B9。

（2）WTH-1 菌株诱变方法　采用紫外线和 DES 复合处理，既有物理方法，又有化学方法。

（三）杂交育种

杂交育种包括常规杂交和原生质体融合技术。原生质体融合技术是将两个亲株的细胞壁分别通过酶解作用予以剥除，制得原生质体或原生质球，然后在高渗透条件下，进行混合，再由聚乙二醇作助溶剂，促使原生质体凝集、融合，使两个基因组之间通过接触、交换、遗传重组，从而在再生体中获得重组体。近几年来，先后提出灭活原生质体融合、离子束细胞融合、非对称细胞融合及基因重组分子育种等新方法，同时应用于微生物育种，这是原生质体融合技术方面的新发展。

（四）代谢控制选育

代谢控制选育是以诱变育种为基础，取得各种解除或绕过微生物正常代谢途径的突变株，打破微生物调节的障碍，人为使所需产物选择性地大量生成。

根据谷氨酸生物合成途径及代谢调节机制，可从以下几个方面进行谷氨酸生产菌的代谢控制选育。

（1）选育耐高糖、耐高谷氨酸的菌株　该菌株在含 20％以上葡萄糖和 15％以上谷氨酸钠的平板上生长良好。

（2）选育能强化谷氨酸合成代谢，削弱或阻断支路代谢的菌株　如不分解利用谷氨酸的突变株，强化 CO_2 固定反应的突变株，解除谷氨酸对谷氨酸脱氢酶反馈调节的突变株，强化能量代谢的突变株等。

（3）选育能提高谷氨酸通透性的菌株　如生物素缺陷型的菌株、油酸缺陷型的菌株、甘油缺陷型的菌株、温度敏感型的菌株等。

（五）基因工程选育

基因工程育种是以基因自发突变为基础，选育优良性状菌株的一种方法。可利用基因工程方法对生产菌进行改造而获得高产工程菌，也可通过微生物间的转基因而获得新菌种。

基因工程选育谷氨酸菌种方面已有很大突破，进展也非常快。谷氨酸发酵过程中，许多关键酶的基因已被克隆，如谷氨酸棒状杆菌的分支酸变位酶和预苯酸脱水酶基因，通过质粒载体导回谷氨酸棒杆菌，产量提高了 50％。

基因工程育种优点是能按照人们事先设计和控制的方法进行育种，克服了人工诱变方法随机性大、耗费人力和时间多等缺点，是目前最先进的育种方法。

五、谷氨酸生产菌的保藏方法

（一）斜面菌种的保藏方法

菌种移接于斜面后，31℃培养 20～24h，然后于 2～4℃冰箱中保藏。此方法的特点是比较方便，但只适于短期保藏，一般只能保存 2～3 个月。斜面菌种的保藏及使用要注意以下几点。

① 保藏斜面菌种的培养基要求含有机氮丰富而含糖少或者不含糖。有机氮丰富有利于菌体的生长，若含糖多则容易积累酸性代谢产物，使培养基的酸碱度改变而引起菌种变异或老化，所以培养基中以不含糖为好。

② 斜面菌种的保藏只适于短期保存或满足经常使用需要，如果要长期保藏则必须定期进行移种。但移接次数多，容易发生自然变异或污染。

③ 保藏于冰箱中的菌种斜面，供生产使用时一般要移接活化一次，使菌体细胞由休眠状态恢复到代谢旺盛状态。

（二）石蜡油封存法

如果在上述保藏的菌种斜面上再加上一层用以隔绝空气的无菌石蜡油，则保藏效果更佳。

1. 石蜡油灭菌

在 250mL 三角瓶中装入 100mL 液体石蜡油，塞上棉塞，外包牛皮纸，加压蒸汽灭菌（0.1MPa，30min）。

2. 蒸发水分

将湿热灭菌后的石蜡油放在 105～110℃的烘箱中 1h，使水分蒸发。

3. 加石蜡油

用 5mL 无菌吸管吸取石蜡油，以无菌操作加入长好的菌种上面，加入的量以超过斜面或直立柱 1cm 为宜。

4. 保藏

石蜡油封存以后，同样放入 4℃冰箱中保存。如无冰箱，也可直接放在室温干燥处保藏。这种方法保藏期一般为 1 年左右。

（三）真空冷冻干燥保藏法

此法利用有利于菌种保藏的一切因素，使谷氨酸生产菌始终处于低温、干燥、缺氧的条件下，因而它是迄今为止最有效的菌种保藏法之一。

在冷冻过程中，为了避免恶劣条件对谷氨酸生产菌的损害，常采用添加保护剂的方法。常用作保护剂的有脱脂牛奶、血清等。

1. 准备安瓿

安瓿应采用中性硬质玻璃较为合适。安瓿先用 2% HCl 浸泡 8～10h，再用自来水冲洗多次，最后用蒸馏水洗 1～2 次，烘干。将印有菌名和接种日期的标签放入安瓿内，有字的一面应向管壁。管口塞上棉花，于 0.1MPa 灭菌 30min。

2. 制备脱脂牛奶

先将牛奶煮沸，除去上面的一层脂肪，然后用脱脂棉过滤，并在 3000r/min 的离心机中离心 15min。如果一次不行，再离心一次，直至除尽脂肪为止。牛奶脱脂以后，在 50kPa 条件下灭菌 30min，并做无菌试验。

3. 做菌种悬浮液

将无菌牛奶直接加到待保藏的菌种斜面内，用接种环将菌种刮下，轻轻搅动，使其均匀地悬浮在牛奶内成悬浮液（注意切勿将琼脂刮到牛奶中）。

4. 分装

用无菌长滴管将悬浮液分装入安瓿底部，每只安瓿的装量约为 0.2mL（一般装入量为安瓿球部体积的 1/3 为宜）。

5. 预冻

将分装好的安瓿在 $-40 \sim -25℃$ 的干冰酒精中进行预冻，1h 后即可抽气进行真空干燥。

6. 真空干燥

预冻之后，将安瓿放入真空器中，开动真空泵，进行干燥。当采用无制冷设备的冻干装置时，在开动真空泵后，应使真空度在 15min 内达到 66.7Pa，随后逐渐达到 $13.3 \sim 26.7$Pa。在这样的条件下，样品将保持冻结状态。当样品基本干燥后，真空度将达到 1.33Pa。这时可逐渐回升样品的温度（但管内温度不得超过 30℃），以加速样品中残留水分的蒸发。

样品是否达到干燥，可根据以下经验来判断：①目视冻干的样品是否呈酥丸状或松散的片状；②真空度是否接近达到无样品时的最高真空度；③温度计所反应的样品温度是否与管外的温度接近。

7. 封管

封管前将安瓿装入试管。真空度抽至 1.33Pa 后，再用火焰熔封。封好后，要用高频电火花器检查各安瓿的真空情况。如果管内呈现灰蓝色光，证明真空度良好。检查时，高频电火花器应射向安瓿的上半部，切勿直接射向样品。做好的安瓿应放置在低温避光处保藏。

8. 恢复培养

如果要取出菌种安瓿恢复培养，可先用 75% 酒精将管的外壁消毒，然后将安瓿上部在火焰上烧热，再滴几滴无菌水，使管子破裂。再用接种针直接挑取松散的干燥样品，移至斜面接种。也可先将无菌液体培养基加入安瓿中，使样品溶解，然后再用无菌吸管取出菌液至合适的培养基中进行培养。

（四）液氮（－196℃）超低温保藏法

此法适用于菌种的长期保藏。

1. 安瓿保护剂的制备

将洗净烘干的安瓿（70mm×10mm）装入 AR 级 10% 甘油（体积分数）或 10% 的二甲亚砜（体积分数）0.5mL 作保护剂。塞上纱布塞子，于 0.1MPa 灭菌

30min。在无菌条件下，接入已培养好的斜面菌种，火焰上加热封口。检查其密封性（有无漏眼），以防渗漏液氮引起炸裂。

2.安瓿的冷冻处理

冻结器用保温瓶代替，内装无水乙醇（99.5%）约500～1500mL，外配一搅拌器（200～2000r/min）。瓶胆外部再套盛有液氮的冷藏瓶。使其温度缓慢下降至0℃（一般降温速度为1℃/min）。当温度降至−35℃时，迅速取出安瓿放进液氮容器内（不再控制温度），其温度很快达到−196℃。液氮容器的容积10mL。

3.解冻（复苏）

如需使用保藏的安瓿，将安瓿从液氮容器内取出，放在40℃水浴上，不断振荡，使安瓿内的培养物充分融化。在无菌条件下，将安瓿在酒精灯上加热，用75%酒精棉擦拭安瓿口，使其裂缝，再用无菌镊子敲开封口。从安瓿内吸取0.1mL菌悬液，经稀释后注入平皿内，在30～32℃培养24h，挑出正常优良菌落移于斜面上，经培养后，放4～6℃冰箱保存备用。

4.谷氨酸生产菌的分纯复壮

谷氨酸生产菌的分纯工作一般1～2个月就应进行一次。将待分纯的斜面菌种少量菌落移入装有玻璃珠和生理盐水的三角瓶中，充分振摇制成菌悬液，然后进行平板分离。挑出产酸高、生长快、无噬菌体感染的单菌落移至斜面中。也可先用小剂量的紫外线（照射10～20s）、通电或激光等轻微处理，淘汰生长微弱的菌株，并能激发溶源性噬菌体，使挑选出来的菌是产酸高、生长旺盛、无噬菌体感染的优良菌株。通过分纯或诱变育种挑出来的高产酸菌株要及时作安瓿管，以防止菌株退化变异。

第三节　谷氨酸发酵原料

在谷氨酸发酵中，以淀粉水解糖和糖蜜为主要原料。淀粉水解糖以淀粉或大米为原料，制取方法主要有酶水解法、酸水解法、酸酶水解法、酶酸水解法四种。谷氨酸发酵培养基的营养成分一般包括水分、碳源、氮源、无机盐及生长因子等。

一、水分

水的功能：①构成谷氨酸菌体细胞的重要部分，占细胞总量的80%～90%；

②作为细胞进行生化反应的介质，菌体细胞对营养物质的吸收和代谢产物的分泌都必须经水的溶解，才能通过细胞膜；③一定量的水分不仅能维持细胞的渗透压，也能有效地调节细胞的温度。

二、碳源

目前生产上使用的谷氨酸生产菌都不含淀粉酶，故不能直接利用淀粉，只能利用葡萄糖、果糖、蔗糖和麦芽糖等。碳源是构成细胞菌体、组成谷氨酸碳架及提供能量来源的营养物质。在谷氨酸发酵中，常用的碳源有葡萄糖、蔗糖、甘蔗糖蜜和甜菜糖蜜，广泛应用的是由淀粉质原料制取的葡萄糖液。

其功能：①构成菌体细胞的成分，在谷氨酸的菌体细胞内含量很高，可占细胞干物质的 50%左右；②组成代谢产物谷氨酸的碳架；③碳源是为细胞提供能源的物质。

初糖浓度对谷氨酸发酵前期菌体生长的影响很大。初糖浓度过高，渗透压增大，对发酵前期菌体生长造成抑制，使菌体生长缓慢，发酵周期长，在限制时间内产酸偏低和谷氨酸对糖的转化率偏低。同时，因为培养基浓度大，氧溶解的阻力大，影响供氧效率。目前国内采用一次高糖发酵工艺的初糖浓度可达 $170\sim190g/L$，产酸可达 $80\sim110g/L$，但需要碳氮比调节的比较合适且发酵过程控制要恰当，否则发酵周期长，产酸不易稳定和糖酸转化率低。在不影响菌体生长的初糖浓度范围内，谷氨酸产量随初糖浓度增加而增加。大多数工厂采用中浓度初糖（$120\sim160g/L$）中间流加糖工艺，且流加糖采用高浓度葡萄糖（$500\sim600g/L$）。

三、氮源

氮源是构成谷氨酸菌体细胞物质和合成谷氨酸氨基的营养物质，分为无机氮和有机氮。常用的无机氮有尿素或液氨等；常用的有机氮有玉米浆、麸皮水解液、豆饼水解液与糖蜜等。有机氮丰富，有利于长菌。谷氨酸发酵要求生物素亚适量才能产酸，因有机氮中含生物素高，故需严格控制。

在谷氨酸发酵中，氮源的功能：构成谷氨酸生产菌蛋白质、核酸等含氮物质；合成谷氨酸所需的氨基的来源；在谷氨酸发酵中一部分氨用于调节 pH，形成谷氨酸的铵盐。谷氨酸发酵所需的氮源比一般发酵工业高。一般发酵工业碳氮比为 $100:(0.2\sim2.0)$，谷氨酸发酵的碳氮比为 $100:(20\sim30)$，当碳氮比在 $100:11$ 以上时才开始积累谷氨酸。在谷氨酸发酵中，用于合成菌体的氮仅占总耗氮的 3%～8%，而 30%～80%用于合成谷氨酸。

四、无机盐

无机盐是谷氨酸菌生长和代谢不可缺少的营养物质。根据微生物对无机元素的需要量，可分为主要无机元素和微量无机元素。谷氨酸生产菌所需的主要无机盐有磷酸盐、硫酸盐、氯化物和含钾、镁、铁；微量无机元素有锰等。

在谷氨酸发酵中，无机盐的功能：构成菌体成分；作为酶的组成部分；酶的激活剂或抑制剂；调节培养基渗透压、pH 和氧化还原电位等。

五、生长因子

凡是微生物生长不可缺少的、微量的有机物均称为生长因子，如氨基酸、嘌呤、嘧啶、维生素等。有些微生物缺乏合成这些有机物质的能力，必须从外部环境中摄取，否则就不能生长。目前生产上使用的谷氨酸生产菌都是生物素缺陷型菌株，所以生物素是必需的生长因子。添加硫胺素也能促进生长。

六、生物素

生物素的作用主要影响谷氨酸产生菌细胞膜的谷氨酸通透性，同时也影响菌体的代谢途径。生物素是 B 族维生素的一种，又叫作维生素 H 或辅酶 R。生产上可作为生物素来源的原料有玉米浆、麸皮水解液、糖蜜及酵母水解液。采用复合生物素（玉米浆加糖蜜）的效果要比只用玉米浆的效果好。

第四节　谷氨酸的发酵

一、谷氨酸的发酵机理

谷氨酸发酵包括了谷氨酸的生物合成和产物积累两个过程。谷氨酸的生物合成途径大致是：葡萄糖经糖酵解（EMP）和磷酸己糖途径（HMP）生成丙酮酸，再氧化成乙酰辅酶 A(乙酰 CoA)，然后进入三羧酸循环，生成 α-酮戊二酸。α-酮戊二酸在谷氨酸脱氢酶的催化及 NH_4^+ 存在的条件下，生成谷氨酸。因此，谷氨酸发酵机理主要有糖酵解途径（EMP）、磷酸己糖途径（HMP）、三羧酸循环（TCA）、乙醛酸循环、CO_2 的固定反应等（图 5-2）。

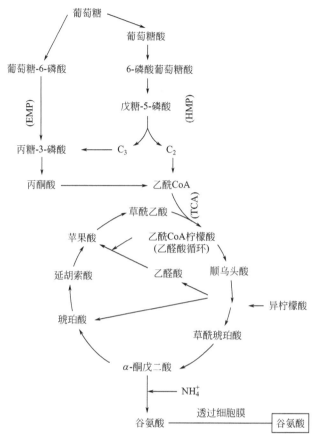

图 5-2　谷氨酸的生物合成途径

1. 糖酵解途径（EMP）

葡萄糖在 EMP 中，最先被降解为丙酮酸，同时生成三磷酸腺苷（ATP）与还原型辅酶（NADH$_2$），然后丙酮酸在有氧条件下，进入 TCA 继续被降解。

2. 磷酸己糖途径（HMP）

葡萄糖生成 6-磷酸葡萄糖后，经过 HMP，可生成细菌构成细胞所需的芳香族氨基酸前体物质，如核糖、乙酰辅酶 A（乙酰 CoA）和 4-磷酸赤藓糖等，在过程中生成的中间体，通过酵解途径进一步生成丙酮酸和还原型辅酶 Ⅱ（NADPH$_2$）。

3. 三羧酸循环

三羧酸循环不仅是糖的有氧降解的主要途径，而且微生物细胞内许多物质的合成和分解也是通过三羧酸循环相互转变和彼此联系的，它是联系各类物质代谢的枢纽。

（1）柠檬酸生成　在有氧条件下，糖酵解生成的丙酮酸进入 TCA 继续被降解，一部分氧化脱羧生成乙酰 CoA，另一部分通过 CO_2 固定生成草酰乙酸或苹果酸，草酰乙酸与乙酰 CoA 在柠檬酸合成酶的催化下，生成柠檬酸。

（2）谷氨酸积累　糖质原料发酵生产谷氨酸时，由于 TCA 的缺陷，丧失 α-酮戊二酸脱氢酶氧化能力或氧化能力微弱，这是谷氨酸生产菌糖代谢的一个重要特点。尤其在生物素缺乏条件下，糖代谢在进入 TCA 后被阻塞在 α-酮戊二酸处，此刻在氨离子的存在下，通过谷氨酸脱氢酶的催化作用，经还原氨基化反应，生成谷氨酸。

4. 二氧化碳固定反应

由于合成谷氨酸不断消耗 α-酮戊二酸，从而引起草酰乙酸缺乏，必须对 TCA 的中间体进行补充，否则就会使循环中断。为了保证三羧酸循环不被中断和源源不断供给 α-酮戊二酸，在苹果酸酶和丙酮酸羧化酶的催化下，分别生成苹果酸和草酰乙酸，前者再在苹果酸脱氢酶催化下，被氧化成草酰乙酸，从而使草酰乙酸得到了补充。

5. 乙醛酸循环

谷氨酸生产菌的 α-酮戊二酸脱氢酶活力很弱，因此，琥珀酸的生成量尚难满足菌体生长的需要。通过乙醛酸循环异柠檬酸裂解酶的催化作用使琥珀酸、延胡索酸和苹果酸的量得到补足，这对维持三羧酸循环的正常运转有重要意义。

6. 还原氨基化反应

α-酮戊二酸在谷氨酸脱氢酶的催化下，发生还原氨基化反应，生成谷氨酸。异柠檬酸脱氢过程中产生的 $NADPH_2$ 为还原氨基化反应提供了必需的供氢体。

二、谷氨酸发酵工艺

（一）工艺流程

谷氨酸发酵工艺流程如图 5-3 所示。

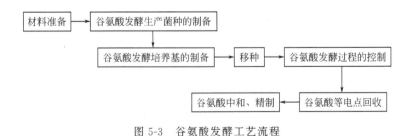

图 5-3　谷氨酸发酵工艺流程

（二）操作要点

1. 材料准备

谷氨酸发酵常用材料有玉米、小麦、甘薯、大米等，其中甘薯和淀粉最为常用。以大米为原料的发酵，先将大米进行浸泡磨浆，再调节 pH 为 6.0，加 α-淀粉酶于 85℃ 液化 30min，加糖化酶于 60℃ 糖化 24h，过滤后可供配制培养基。

2. 生产菌种的制备

菌种制备的主要目的是尽可能地培养出高活性、能满足大规模发酵需要的纯种，主要方式为：分离纯化和扩大培养。

（1）分离纯化　分离纯化是为了保证菌种的性能稳定，一般 2 个月左右就应分离纯化一次，分两步进行。

① 用平板稀释法分离出单细胞菌落。

② 挑取若干单细胞菌落接种于试管斜面培养基上，然后把这些菌株分别用三角瓶进行摇瓶发酵试验，比较各菌株产酸的高低，选择产酸高的菌株供生产用。

（2）扩大培养　扩大培养是菌种制备的主要手段，其目的是为发酵提供相当数量的、健壮的、代谢旺盛的种子。其培养顺序为：斜面菌种扩大培养→一级种子培养→二级种子培养。

① 斜面菌种培养。斜面菌种是生产用菌种分离纯化后接种于斜面培养基的菌种。此阶段要求菌种绝对纯；有利于生长而不产酸；培养基以多含有机氮、不含或少含糖为原则。如菌种 7338、B9 培养条件一般为 30～33℃，T-613 为 33～34℃，18～24h。每批斜面菌种要仔细观察生长情况，斜面菌种不宜多次移接，一般只传代三次。

② 一级种子培养。一级种子是斜面菌种接种于三角瓶进行液体振荡培养的菌种，其目的在于制备大量高活性的菌体。培养基组成应以少含糖、多含有机氮为主。一般用 1000mL 三角瓶装 200～250mL 液体培养基，以 8 层纱布覆盖瓶口，再以牛皮纸裹紧，置于杀菌釜（灭菌锅）灭菌，一般控制 121℃（0.2MPa），保温 20min，冷却后在无菌室将斜面菌种接入灭过菌的三角瓶培养基中，摇床培养，温度 30～32℃，时间 10～12h。无菌室和摇床室应符合无菌要求，接种等操作必须在无菌条件下进行。培养结束后，立即下床，取样在无菌条件下镜检，确认正常后放入 4℃ 冰箱保存备用。

③ 二级种子培养。二级种子制备的目的是培养获得与发酵罐体积及培养条件相称的高活性菌体。一般在发酵或种子车间种子罐中进行，二级种子数量一般是按发酵罐体积实际定容（比例为发酵罐体积的 70%）的 1% 进行培养。培养条件一般为：温度 32～34℃，pH6.8～8.0，通风比和转速视罐的大小而定。一般

50L 的罐为 1∶0.5m³/(m³·min)，340～350r/min；250L 的罐为 1∶(0.3～0.35)m³/(m³·min)，300r/min；500L 的罐为 1∶0.25m³/(m³·min)，230r/min；1200L 的罐为 1∶0.2m³/(m³·min)，180r/min。培养时间一般为 6～8h。

3. 发酵培养基的制备

发酵的首要前提需要依据谷氨酸棒状杆菌的生理生化特性，选择适宜的培养基制备菌种。如葡萄糖 13％、硫酸镁 0.06％、硫酸氢二钾 0.1％、糖蜜 0.3％，$MnSO_4$ 和 $FeSO_4$ 各 0.0002％，氢氧化钾 0.04％，玉米浆粉 0.125％，消泡剂 0.2％，pH 7.0。实罐灭菌温度为 115℃，20min。尿素配成质量分数为 40％ 的溶液，装在 1000mL 的三角瓶中，每瓶装 800mL，于 108℃ 单独灭菌 15min，备用。

4. 谷氨酸发酵过程的控制

谷氨酸发酵是典型的代谢控制发酵，它是建立在容易变动的动态平衡上的，受多方面的环境条件支配。如果培养条件不适宜，则谷氨酸几乎不产生，仅得到大量的菌体或者由谷氨酸发酵转换成的乳酸、琥珀酸、α-酮戊二酸、丙氨酸、谷氨酰胺、乙酰谷氨酰胺等产物。因此环境条件对谷氨酸发酵具有重要的影响。

（1）发酵过程中菌体形态与 OD 值变化 谷氨酸发酵过程的细胞可分为三个阶段：长菌型细胞、转移期细胞和产酸型细胞。OD 值是谷氨酸发酵过程中菌数多少、菌体大小和发酵液色素深浅的综合表示。发酵开始 0～8h 或 0～10h，此段时间的细胞主要是长菌型细胞，细胞度过适应期开始繁殖，很快进入对数生长期，菌体大量繁殖，OD 值直线增长。发酵 8～16h 或 10～18h，此阶段的细胞为转移期细胞，生物素含量由"丰富转向贫乏"，细胞开始伸长膨大，细胞形态急剧变化，由长菌型细胞转化成产酸型细胞，此阶段通风量达最大值，OD 值达最大并保持稳定，放热也达最大值，开始产酸并逐渐加快产酸速度。发酵 16～30h 或 18～32h，此阶段为产酸型细胞。

（2）发酵过程温度的控制 谷氨酸生产菌的最适生长温度为 30～34℃，发酵产酸的最适温度 34～38℃。若长菌期温度偏高，菌体在短时间内生长可能会快，但容易衰老，表现为 OD 值增长不高，前期短时间内耗糖快，但很快耗糖速度就会下降，发酵周期长，谷氨酸生成少，严重时抑制菌体生长；若长菌期温度偏低，菌体生长缓慢，导致发酵周期长。必要时可补加玉米浆以促进生长。一般控制在发酵开始的温度上，每隔 5～6h 升 1℃ 即可。也有很多工厂采用二级温度或三级温度。

在发酵中期（菌体转型阶段）、后期菌体生长已停止，由于谷氨酸脱氢酶的最适温度比菌体生长繁殖的温度要高，为促进细胞转型和促进产酸型细胞积累谷氨酸，需要适当提高温度，有利于提高谷氨酸产量。

（3）pH 的控制 谷氨酸生产菌的最适 pH 因菌株而异，一般为 pH 6.5～

8.0，在中性和微碱性条件下积累谷氨酸，在酸性条件下（pH 5～6）形成谷氨酰胺和 N-乙酰谷氨酰胺。在发酵过程中，随着营养物质的利用，代谢产物的积累，培养液的 pH 会不断变化。如随着氮源的利用，放出氨，pH 会上升；当糖被利用生成有机酸时，pH 会下降。其中谷氨酸棒状杆菌在 pH 呈酸性时生成乙酰谷氨酰胺。

为了维持发酵的最佳条件，根据谷氨酸产生菌发酵的最适 pH 在 7.0～8.0 之间，采用提高通风量、控制流加氮源的方法来调节谷氨酸的发酵。例如，长菌期控制 pH 不大于 8.2；产酸期控制 pH 在 7.1～7.2。

（4）种龄的控制　种龄是指种子培养的时间。种龄长短关系到种子活力强弱，如果接入发酵的种子所处的生长阶段是活力旺盛的对数生长期时，则种子活力强，可缩短发酵适应期；若种龄过长，则菌种活力降低，代谢产物增多。一般利用对数生长期中后期的种子接种，可缩短其延滞期，而且菌体生长迅速，菌体浓度相对较高，有利于缩短发酵周期，提高代谢产物的产量。所以一般一级种子种龄 9～12h，二级种子种龄 7～8h。

（5）种量的控制　种量是指培养好的种子液数量占接入发酵培养基数量的百分比。种量的多少显著影响发酵适应期的延续时间、开始产酸的时间及发酵周期的长短。种量过少，菌体增长缓慢，导致发酵周期拉长，菌种的活力下降，发酵效果差；种量增加时，适应期缩短，发酵周期短，设备利用率高，对于产酸高低没有显著影响。接种量适宜，能减少染菌机会，缩短发酵周期。因此，接种量一般要求以适量为原则。目前国内一次低中糖发酵，接种量为 1%～2%。

（6）磷酸盐的控制　磷酸盐是谷氨酸发酵过程中必需的，但浓度不能过高，否则会转向缬氨酸发酵；但磷浓度过低，则菌体生长不好，不利于高产酸。发酵结束后，常用离子交换树脂法等进行提取。

（7）通气量的控制　通风的实质就是供氧并使菌体和培养基充分混合。谷氨酸产生菌为兼性好氧菌，在有氧、无氧的条件下都能生长，只是其代谢产物不同。一般来说，高氧水平的危害在长菌期，低氧水平的危害在产酸期。发酵前期，采用低风量较宜；发酵中期（细胞开始转型至高产酸期）以高风量为宜；发酵后期又应适当减少风量，以促进已产生的 α-酮戊二酸还原氨基化成谷氨酸，当残糖（RG）降到 1%，根据发酵情况，可将风量降到最低，以促进中间产物转化成谷氨酸。

在罐压一定的情况下，风量的增加可以增加发酵培养基的氧分压。通风的计量，一般采用每分钟发酵液体积与所通的空气体积之比来确定，如风量为 1：0.5 表示每分钟每立方米发酵液中通入了 $0.5m^3$ 的空气。罐压恒定时，尾风风量与进风风量相同，因此，在实际操作中，用安装在发酵罐尾气排放口上的空气流量计来读取数据。

（8）发酵过程泡沫的控制　在谷氨酸发酵中，由于通气搅拌与菌体代谢产生的二氧化碳，而使培养液产生大量泡沫。泡沫过多会带来一系列问题，例如泡沫形成泡盖时代谢产生的气体不能及时排出，妨碍菌体呼吸作用，影响菌体的正常代谢；泡沫过多，发酵液会外溢，易冲上罐顶，造成浪费和污染。目前消除泡沫大都采用机械消泡器与消泡剂相结合的消泡办法。

机械消泡是借助机械力将泡沫打破，或借压力变化使泡沫破裂。其优点是不用在发酵液中加入其他物质，节省原料（消泡剂），减少由于加入消泡剂引起污染的机会；缺点是不能从根本上消除引起泡沫的因素，消泡效果往往不如化学消泡剂迅速可靠，且需要消耗一定的动力。机械消泡器常用耙式消泡器，或离心式、刮板式、碟片式等消泡器。

化学消泡是借助一些化学药剂来消除泡沫的方法。其优点是消泡效果好，作用迅速，尤其是合成消泡剂效率高，用量少；其缺点是选择不当会影响菌体生长繁殖或者影响代谢产物的积累，操作上会增加染菌的机会，且用量过多时会影响氧的传递，从而影响菌体的代谢。常用的化学消泡剂有植物油、矿物油以及合成消泡剂。用合成消泡剂 BAPE（聚氧乙烯氧丙烯三异丙醇胺醚）或 PPE（聚氧乙烯氧丙烯季戊四醇）来代替食用油，消泡能力强、用量少、毒性低、使用方便。

一般情况下，采用基础料中加入消泡剂与中间流加消泡剂相结合的方法来控制泡沫。在基础料中加入消泡剂主要起抑泡作用，在发酵培养基配制时加入0.02％左右的消泡剂，连同培养基一起灭菌。在发酵过程中，机械消泡器不能有效消除泡沫时，就采用中间流加消泡剂的方法。即先将消泡剂配制一定浓度（一般30％～50％），经过灭菌、冷却，当发酵过程产生泡沫时间歇流加进入发酵罐。尽量少加，每次流加量以能够把泡沫消除为宜。

（9）无菌的防治　常见的杂菌有芽孢杆菌、阴性杆菌、葡萄球菌和霉菌。谷氨酸产生菌对杂菌及噬菌体的抵抗力差，一旦染菌，就会造成减产或无产现象的发生，致使谷氨酸发酵生产失败，所以预防及挽救菌种是非常重要的。

针对芽孢杆菌，打料时要检查板式换热器和维持管压力是否高出正常水平。针对阴性杆菌，对照放罐体积看是否异常，如果高于正常体积，可能是排灌泄漏，要对接触冷却水的管路和阀门等处进行检查。针对葡萄球菌，流加糖罐和空气过滤器要进行无菌检查，如果染菌要统一杀菌处理。针对霉菌，则要加大对环境的消毒力度，对环境死角要进行彻底清理。噬菌体是最严重的一种杂菌，发酵罐一旦感染上噬菌体，谷氨酸菌体量在很短时间内迅速下降，发酵将无法进行。在发酵2～10h时感染噬菌体，判断正确后，把发酵液加热至45℃，10min 将噬菌体杀灭。在发酵10～14h时感染噬菌体，耗糖速度减慢直至停止，此时残糖在6％～10％之间，产酸3％～5％之间。在这时段出现感染噬菌体，仍然是把发酵液加热至45℃10min，压出发酵罐，进行分罐处理。

第五节　谷氨酸的提取

从发酵液中提取谷氨酸，首先需要了解谷氨酸理化特性，以利用谷氨酸和杂质之间物理、化学性质的差异，采用适当的提取方法，达到分离提纯的目的。

一、谷氨酸理化特性

（一）谷氨酸的等电点和溶解度

谷氨酸具两性电解质性质，溶于水呈离子状态，解离方式取决于溶液 pH。在不同 pH 的溶液中，谷氨酸可解离成 GA^+、$GA^{\pm}$、GA^- 和 GA^{2+} 四种不同的离子态。谷氨酸的等电点是 3.22，故当溶液的 pH 为 3.2 时，溶液中大部分是 $GA^{\pm}$ 两性离子。

谷氨酸的溶解度是指在一定温度下，每 100g 水中所能溶解谷氨酸的最多克数。谷氨酸的溶解度随 pH 而变化，当溶液的 pH 为 3.2 时溶解度最小。当溶液的 pH 偏离谷氨酸的等电点愈大其溶解度也愈大。

温度低，其溶解度小，反之溶解度则大，故将发酵液降温、静置，即会有谷氨酸结晶析出，这便是低温等电点法提取谷氨酸能提高收率的依据。

（二）谷氨酸的结晶特性

谷氨酸在不同条件下结晶，会形成两种不同晶型的晶体。一种为 α 型斜方晶体，结晶颗粒大，容易沉淀析出，纯度高；一种为 β 型鳞片状结晶，晶体比较轻，不易沉淀分离，往往夹有杂质与胶体结合，成为"浆子"或轻质谷氨酸，浮于液面和母液中，纯度低。

生产中应尽量避免形成 β 型晶体，在等电点操作过程中，如果晶种的质量不好或起晶点掌握不准，尤其在临近起晶点时，加酸的速度较难控制，稍有不慎，很有可能使谷氨酸溶液出现大量的 β 型晶体。产生 β 型结晶的最重要原因是加酸过快，使溶液很快进入过饱和状态，产生大量的细小晶核与溶液中的蛋白质随 pH 变化而同时析出，影响谷氨酸晶体的长大。

二、谷氨酸提取

从发酵液中提取谷氨酸的方法有：等电点法、锌盐法、离子交换法等，在生产中，常将等电点和离子交换两种方法结合使用。

（一）等电点法

等电点法提取谷氨酸常用方法有低温等电点法、常温等电点法、浓缩等电点法、酸水解等电点法。

谷氨酸的等电点为 3.22，在等电点时，正负电荷相等，也就是总静电荷等于零，形成的偶极离子，在直流电场中，既不向阳极移动，也不向阴极移动，此时由于谷氨酸分子之间的相互碰撞，加上静电吸引力的作用，使谷氨酸分子聚合成较大的粒子沉淀析出，因此，在等电点时，谷氨酸的溶解度最小。等电点法提取谷氨酸就是根据此原理。

1. 低温等电点法

（1）原理　在低温条件下，谷氨酸的溶解度降低，如 35℃ 谷氨酸的溶解度为 1.250，5℃ 谷氨酸的溶解度为 0.411，而等电点时谷氨酸的溶解度为最小，所以在等电点下降低温度，谷氨酸的溶解度比高温更小。因此，可以利用低温等电点法从发酵液中提取谷氨酸。

（2）工艺流程　低温等电点法工艺流程如图 5-4 所示。

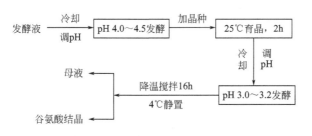

图 5-4　低温等电点法工艺流程

（3）操作要点

① 调 pH。发酵液放入等电点罐后，边冷却边用 HCl 调 pH，当温度 26℃ 左右时，一般情况下 pH4.2～4.3 起晶，起晶点与发酵液中谷氨酸的含量有关，此时要特别注意观察，放慢加酸速度。

② 加晶种。晶种量为发酵液的 0.2%～0.3%。

③ 育晶。停止加酸，pH4.2 左右，温度 25℃ 左右，育晶 2h。

④ 调 pH 至等电点。育晶后，边冷却边调 pH，速度不宜过快，一般 6h 左右，调整至 pH3.0～3.2，此时 pH 要反复测几次，尽可能做到准确。

⑤ 降温。快速降温至 0～5℃，搅拌 14～16h。

⑥ 澄清。沉淀 4～6h，用泵抽去上清液，刮除沉淀在谷氨酸上的菌体和杂质，进行离心分离，得到晶体谷氨酸。

（4）影响谷氨酸结晶的因素

① 加酸的影响。谷氨酸水溶液的 pH 等于谷氨酸的等电点 3.22 时，溶液中 84％以上是谷氨酸两性离子 $GA^{\pm}$，而 $GA^{\pm}$ 由于分子内部正负电荷相等，溶液中 GA^+ 的量与 GA^- 的量相等。因此，能否准确地将发酵液的 pH 调节至谷氨酸等电点，将明显影响等电点法的提取收率。

进行等电点操作时，往发酵液中加酸，可将发酵液的 pH 调节到 3.2。加酸速度的快慢，对晶体的形成影响很大。缓慢加酸，控制 pH 逐步下降，使谷氨酸的溶解度逐渐降低，这样，晶核的形成不会太多，经育晶后晶体成长壮大，因而析出的晶体颗粒粗大、质重，易于沉淀分离；如加酸速度过快，就容易形成局部过饱和，这样，晶核的数太多，以后形成的晶体颗粒就细小，难以沉淀分离，影响收率。一般来说，开始加酸中和直至 pH 5 这段时间里，加酸速度可稍快些，在 pH 5 以下进一步调低 pH 时，加酸速度要慢，一旦发现有晶核出现，就立即停止加酸，育晶 2h，让晶体成长；之后，再缓慢地加酸将 pH 调节至 3.1～3.2。终点要准，发酵液 pH 偏离等电点就会引起谷氨酸溶解度变大，尤其是偏向高的一侧即 pH＞3.2 时，就更显著，对提取收率的影响更大。另外，在调节 pH 时，尽量做到不回调，如果 pH 调节超过 3.2，此时再用 HCl 回调，氯化钠生成量增多，影响谷氨酸结晶。

② 菌体的影响。采用低温等电点法提取谷氨酸，操作时发酵液中的菌体一般都不预先除去。由于菌体影响谷氨酸结晶，而且菌体与谷氨酸晶体的分离有时也不太方便，因此有条件的工厂，可用离心机先将菌体除去，然后再进行等电点法提取操作。

③ 晶种投入的影响。采用等电点法提取谷氨酸，适时投入一定量的晶种，将有利于提取收率的提高。投入晶种的时间一定要控制发酵液正处在介稳区阶段，这是谷氨酸结晶常用的方法。晶种投入量一般为发酵液的 0.2％～0.3％。通常，谷氨酸含量在 5％左右的发酵液，pH 4.0～4.5 投晶种；谷氨酸含量在 3.5％～4.0％的发酵液，pH 3.5～4.0 投晶种。

④ 温度的影响。谷氨酸的溶解度与温度有关。温度越低，溶解度越小，有利于结晶，且析出的几乎全是 α-型晶体。如果结晶温度高于 30℃，将得到大量 β-型晶体。因此，在采用等电点法提取谷氨酸时，最好在低温下进行。在常温下用等电点法提取谷氨酸时，母液中谷氨酸含量在 1.8％左右，而在 4～5℃下提取时，母液中仅残留 1.0％～1.3％的谷氨酸。

发酵液冷却的速度，对谷氨酸晶型的形成有影响。如果发酵液冷却速度缓慢，容易得到大颗粒的 α-晶体；反之，则易生成细小的 β-型晶体。

⑤ 搅拌的影响。为了达到温度和 pH 的均匀一致，需要搅拌液体不断翻动，这样做有利于晶体的长大，并能防止晶簇形成。但搅拌不能过快，否则液体翻动

剧烈，不利于晶体长大。如果搅拌过慢，容易造成温度和 pH 不均匀，当局部 pH 偏低时就会产生许多细小晶核，以至形成的晶体质轻粒小。搅拌器的转速与贮液器大小和搅拌桨叶直径有关。通常采用桨式搅拌器，直径为等电点罐的 0.4～0.5 倍，二档交叉安装，转速为 25r/min。

⑥ 钙、镁离子的影响。发酵液中钙、镁离子对谷氨酸结晶有影响。有资料表明，当发酵液中钙离子浓度达 0.34％时，谷氨酸就不容易析出。因此，对于用碳酸钙来调节 pH 的发酵液，在采用等电点法提取谷氨酸时，要特别注意钙离子对谷氨酸结晶的影响。

⑦ 残糖的影响。发酵液中残糖量高，不仅会增大谷氨酸的溶解度，而且容易使谷氨酸形成 β-型晶体。因此，发酵液中的残糖量低，谷氨酸就容易结晶析出。

⑧ 谷氨酸浓度的影响。发酵液中谷氨酸含量在 4％以上时，如果将发酵液的 pH 调至 3.2，谷氨酸很容易从发酵液中析出，得率可达 70％以上；假如发酵液中的谷氨酸含量低于 3.5％，即使在低温下，由于谷氨酸达不到饱和状态，也很难用等电点法将谷氨酸从发酵液中结晶析出。遇到这种情况有以下几种解决方法。

a. 除去菌体后，在 70℃以下减压浓缩发酵液以提高谷氨酸含量，然后再进行等电点操作。

b. 如果采用等电点离子交换法提取工艺，此时可用酸将上一次从离子交换柱上洗脱下来的含谷氨酸较多的洗脱液 pH 调至 1.5，然后将它加入发酵液中。一则代替酸起到调节发酵液 pH 的作用，二则用来提高发酵液的谷氨酸含量。发酵液经如此处理后，谷氨酸析晶就容易了。

c. 先将发酵液上离子交换柱，收集谷氨酸含量较多的洗脱液（高流液），再用等电点法从高流液中提取谷氨酸。

如果发酵液中谷氨酸含量超过 8％，采用等电点法就容易析出 β-型晶体。为了避免这种晶体形成，通常采用两种方法：将发酵液稀释，降低谷氨酸浓度后再进行等电点操作；逐步缓慢地将发酵液的 pH 调至谷氨酸的等电点。

2. 常温等电点法

（1）工艺流程　常温等电点法生产谷氨酸工艺流程如图 5-5 所示。

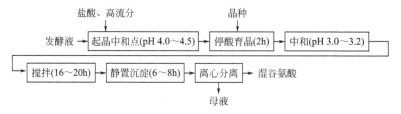

图 5-5　常温等电点法工艺流程

（2）操作要点

① 加盐酸。发酵液进等电点罐后，测体积、pH、温度、谷氨酸含量，再开搅拌和冷却水，待温度降至 30℃ 以下，开始加酸（HCl 或 H_2SO_4）调 pH，按"前期稍快，中期缓慢，后期要慢"的原则，控制加酸速度。

② 停酸育晶。当 pH 达到 4.0～4.5 时，应放慢加酸速度，若有晶核形成，停止加酸，育晶 2～4h，若无晶核形成，当发酵液处于饱和状态时，加入晶种，育晶 2～4h。

③ 中和。育晶后，继续缓慢加酸，调至 pH 3.0～3.2，停酸复查 pH，直至 pH 不变为止，开大冷却水降温。

④ 搅拌、静置沉淀。达到等电点后，继续搅拌 16～20h 以上，停止搅拌，静置沉淀 6～8h。

⑤ 离心分离。沉淀结束后，关掉冷却水，放出罐中的上清液，然后清除沉淀上层的菌体和细麸酸，将谷氨酸脱水分离。

3. 浓缩等电点法

浓缩等电点法是将谷氨酸发酵液在低于 45℃ 温度下减压蒸发，使谷氨酸含量由原来的 7%～8% 提高到 12%～14%，采用一步低温直接等电点法提取。该法具有工艺稳定，操作方便，收率高，生产周期短，节约酸、碱，减少环境污染等优点。但浓缩时要求真空度高，内温控制在 45℃ 以下，不使菌体蛋白质凝固。

（1）工艺流程　浓缩等电点法生产谷氨酸工艺流程如图 5-6 所示。

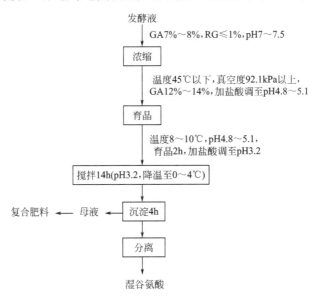

图 5-6　浓缩等电点法生产谷氨酸工艺流程

（2）操作要点

① 发酵液浓缩。发酵液含谷氨酸 7%～8%，先经 45℃ 以下低温减压蒸发，真空度要求在 92.1kPa 以上，使谷氨酸含量达到 12%～14%。该工艺的特点是，发酵液减压蒸发温度要控制在 45℃ 以下，否则温度高导致菌体蛋白质凝固、沉淀，影响谷氨酸结晶。

② 育晶。将浓缩液降温至 8～10℃，用盐酸调至 pH 4.8～5.1，在此期间应注意观察晶核形成的情况，若有晶核出现，应停止加酸，加入浓缩液体积 0.3% 的晶种，搅拌育晶 2h。

③ 搅拌。搅拌 2h 后，继续缓慢加盐酸调至 pH 3.2，将温度降至 0～4℃，继续搅拌 14h。

④ 沉淀、分离。沉淀 4h，离心分离得湿谷氨酸，母液作复合肥料。

4. 酸水解等电点法

（1）原理　将盐酸加入经适当浓缩后的谷氨酸发酵液中进行加压水解，菌体蛋白质被水解。发酵液中残糖等有机杂质遭破坏可过滤除去。滤液再经脱色和浓缩后，用碱液中和至谷氨酸的等电点，在低温下放置，让谷氨酸结晶析出。该法具有以下特点：

① 优点。菌体蛋白质中的谷氨酸得到了利用，并且发酵液中的谷氨酰胺和焦谷氨酸都变成了谷氨酸，所以谷氨酸的提取率比较高。

② 缺点。工艺较复杂，需要耐酸耐压设备。

（2）工艺流程　水解等电点法工艺流程如图 5-7 所示。

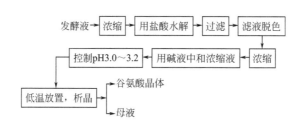

图 5-7　水解等电点法工艺流程

（3）操作要点

① 浓缩。70℃、80kPa 的真空度下进行，使发酵液浓缩至相对密度为 1.27（70℃）。

② 盐酸水解。工业盐酸用量为浓缩液体积的 0.80～0.85 倍，130℃ 下水解 4h。

③ 滤液脱色。可使用活性炭，亦可用弱酸性阳离子交换树脂122#。

④ 碱液中和。首先将脱色后的发酵液浓缩至相对密度为1.25，然后再用水调整至1.23，以除尽氯化氢，再用碱液进行中和。用碱液中和至 pH 1.2 左右，然后加入1.5％活性炭，搅拌40min后进行脱色。滤液再用碱液中和至 pH 3.2，搅拌48h后，低温放置，待谷氨酸结晶析出。

（二）锌盐法

1. 原理

在一定 pH 下，谷氨酸能与锌离子(Zn^{2+})、钙离子(Ca^{2+})、铜离子(Cu^{2+})、钴离子(Co^{2+}) 等金属离子作用，生成难溶于水的谷氨酸重金属盐，如锌盐在 pH 6.3、铜盐在 pH 3.0、钴盐在 pH 8.0 时的溶解度都很低。利用谷氨酸某些金属盐溶解度低的特性，可用沉淀法来分离发酵液中的谷氨酸。较有实用意义的是锌盐法，国内部分中小型味精厂已广泛采用该法提取谷氨酸。

2. 工艺流程

锌盐法生产谷氨酸工艺流程如图5-8所示。

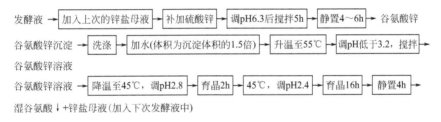

图 5-8　锌盐法生产谷氨酸工艺流程

3. 操作要点

（1）发酵液制备谷氨酸锌　用氢氧化钠溶液调 pH 6.3 时，要尽可能做到将 pH 一次调准。如果 pH 过大，再用盐酸回调时，会使 $Zn(OH)_2$ 胶状物的生成量增多，结果谷氨酸锌聚集受到影响，颗粒变得细小，造成分离上的困难。为防止局部碱过量而生成 $Zn(OH)_2$ 胶状物，在加碱液时，最好采用盘香管式加碱器。加碱时速度不宜过慢，要求在 10min 内将碱液加完，否则容易形成谷氨酸细小颗粒。

（2）谷氨酸锌沉淀制备谷氨酸　谷氨酸锌制备谷氨酸时，需要提高温度和调节 pH。先使谷氨酸锌全部溶解，此时的 pH 低于3.2，若有未溶解的谷氨酸锌颗粒存在，容易在下一步谷氨酸结晶操作时混杂进谷氨酸晶体中，造成成品谷氨酸的 Zn^{2+} 量升高。

（3）由锌盐制备谷氨酸　要求在谷氨酸锌全部溶解后，才缓慢地将 pH 调至

2.4±0.2，使谷氨酸晶体析出。谷氨酸的等电点为 3.22，但用锌盐制备谷氨酸时，谷氨酸结晶的 pH 是 2.4。其是由于溶液中 Zn^{2+} 浓度很高，产生的同离子效应使谷氨酸的等电点下降。pH 的调节可分两步进行，先将谷氨酸锌溶液的 pH 用酸缓慢地调节至 2.8 左右，出现晶核后，育晶 2h，然后再用酸将 pH 慢慢调节至 2.4±0.2，使晶核不断壮大成长为晶体。

4. 注意事项

（1）硫酸锌中硫酸钠的含量要低　这样可以避免 Na^+ 产生的同离子效应引起谷氨酸锌溶解度增大而造成发酵液中谷氨酸沉淀不完全的现象，减少提取时的损失。

（2）用谷氨酸锌制取谷氨酸　一般都在 45℃ 下进行，这样制得的谷氨酸晶体比较粗壮。育晶时，为防止晶体黏结，需要进行搅拌，搅拌转速为 25～30r/min。

（三）离子交换法

1. 离子交换机理

谷氨酸是两性电解质，含有一个碱性基团（—NH_4^+）与两个酸性基团（—$COOH^-$），可交换的—NH_4^+ 和—$COOH^-$ 与酸、碱两种树脂都能发生交换，谷氨酸的等电点为 pH3.22。在 pH＜3.22 时，谷氨酸呈阳离子状态，氨基离解，它能被阳离子交换树脂吸附；在 pH＞3.22 时，羧基离解，它能被阴离子交换树脂吸附。

2. 工艺流程

离子交换的工艺流程分为单柱法和双柱法两种。

（1）单柱法

① 工艺流程。单柱法工艺流程如图 5-9 所示。

② 操作要点

a. 上柱液配制：上柱液用水稀释至 2～2.5°Bé，然后调上柱液 pH 至 5～6。测定谷氨酸离子和 NH_4^+ 的含量，根据离子交换树脂的交换物质的量与上柱液中可交换离子的物质的量相等关系，计算出上柱量。

树脂工作交换量的测定：取经处理成 H^+ 型并且经过水洗准备上柱的交换用树脂 10mL，装入一个容器中，再加入上柱液 40mL，让其充分作用 30min，然后用甲醛法测定上柱液在树脂作用前后的总氨，由此计算树脂的工作用交换量。该方法是以上柱液中被交换了的 NH_4^+ 以及谷氨酸离子的物质的量之和来表示树脂的工作交换量。

$$树脂的工作交换量（mmol/L 湿树脂）＝\frac{树脂作用前总氨量－树脂作用后总氨量}{湿树脂体积}$$

上柱液总氨浓度的测定：上柱液中氨基酸的氨基和铵盐，在碱性条件下，都

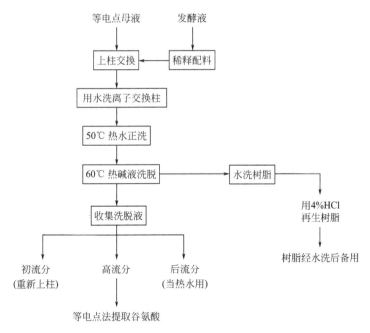

图 5-9　单柱法工艺流程

能与甲醛产生反应，使溶液中有 H^+ 生成，所以可用碱液进行滴定，按照耗去的碱液体积和碱液的浓度，即可计算出上柱液中总氨浓度。

测定的操作方法：取 100mL 三角瓶一只，加入上柱液 1mL，再加蒸馏水 40mL 和酚酞指示剂 3 滴，然后以 0.1mol/L 氢氧化钠溶液滴定，直至溶液呈微红色。再向溶液中加 5mL 甲醛溶液，摇匀后再以 0.1mol/L 氢氧化钠溶液滴定，直至溶液又呈微红色，此时得到加甲醛后消耗掉的碱液体积。

$$总氨浓度 = \frac{NaOH 溶液浓度 \times NaOH 溶液体积}{样品液体积}$$

上柱量计算如下。

$$上柱量(m^3) = \frac{湿树脂体积(m^3) \times 湿树脂实际交换量(kmol/m^3)}{总氨浓度(mol/L)}$$

谷氨酸含量测定：采用华勃氏呼吸仪检压法。

发酵液中 NH_4^+ 含量测定：在蒸馏瓶中加入 5mL 发酵液，再加水 5mL 和 NaOH5g 左右，立即塞紧瓶塞。进行加热蒸馏，将冷凝管口通入盛有 0.2mol/L （$1/2H_2SO_4$）的 20mL 溶液，蒸馏结束后，在 H_2SO_4 溶液中滴入混合指示剂 3～4 滴，再用 0.2mol/L 氢氧化钠溶液滴定，至 H_2SO_4 溶液绿色即为终点，据此得出 0.2mol/L NaOH 溶液耗用体积 （mL）。

$$NH_4^+ \ 含量 = \frac{0.2 \times (V_1 - V_2) \times 0.018}{V_3} \times 100\%$$

式中 V_1——$1/2H_2SO_4$ 溶液体积，mL；

$\qquad V_2$——NaOH 溶液体积，mL；

$\qquad V_3$——发酵液体积，mL；

$\quad$0.018——NH_4^+ 的毫摩尔质量，g/mmol。

b. 上柱交换：上柱方法分为正上柱和反上柱两种。正上柱为多级交换，上柱液从柱上部流入柱内，总交换量较大，一般达 $1.0\sim1.2kmol/m^3$，但此法必须除菌体，否则会使柱堵塞；反上柱为一级交换，总交换量比正上柱低，一般达 $0.9\sim1.0kmol/m^3$，但不除菌体，发酵液从柱下部送入，结束前用茚三酮试剂检验。

c. 洗脱和收集：洗脱前用水反冲树脂，直至流出液没有菌体等杂质；再用 70℃左右热水正洗或反洗；在热水洗柱后，从上部用 60℃、4.5％NaOH 洗脱；洗脱收集，根据洗脱液 pH 和浓度分段收集，pH2.5 以下为初流分，含谷氨酸量为 1％左右；pH2.5～8.0 为高流分，含谷氨酸量为 8％左右；pH8.0～10.0 为后流分，含谷氨酸量为 2％左右。

d. 洗脱液的处理方法：初流分可重新上柱交换或作为反冲水利用；高流分可直接采用等电点法提取谷氨酸。后流分回收有两种方法：一是经加热除氨后可重新再上柱；二是可以在用热水预热树脂后直接上柱，用来代替部分洗脱剂。后流分上柱回收的方法，因后流分含 NH_4^+ 等杂质较多，需经过加热除氨后，再上离子交换柱，也可用热水预热离子交换柱直接上柱。上柱液流量控制在 $1.1\sim1.5mg/mL$，上柱结束后，可先用少量热水洗柱，再以 6％～8％的 NaOH 溶液洗脱，温度控制在 60℃左右，根据流出液的 pH 和颜色，确定收集谷氨酸的高流分，在 pH 达到 7.0 左右停止收集，收集液可加入发酵液中一并用于提取谷氨酸，也可单独提取谷氨酸。

（2）双柱法 采用由弱酸性阳离子交换树脂和强酸性阳离子交换树脂两根交换柱组成的复床式双柱法来提取谷氨酸。

① 工艺流程。双柱离子交换法提取谷氨酸工艺如图 5-10 所示。

② 操作要点

a. 一次交换、过流分。先将除去菌体的发酵液或等电点法的母液通过 H^+ 式弱酸性阳离子交换树脂（如 724# 羧酸型阳离子交换树脂）柱，一些交换能力强的离子（NH_4^+ 及金属离子等），先被交换到树脂上，谷氨酸阳离子交换能力比较弱，不被交换到树脂上，从弱酸性阳离子交换树脂柱中直接流出，习惯上称这部分溶液为过流液。

b. 二次交换。将收集的含谷氨酸的过流液通过 H^+ 式强酸性阳离子交换树脂（如 732# 磺酸型阳离子交换树脂）柱，由于妨碍谷氨酸交换的 NH_4^+ 及金属离子已基本上被除去，过流液中谷氨酸阳离子就能充分与树脂交换，这就大大提高了强酸性阳离子交换树脂对谷氨酸的交换效率。

c. 氢氧化钠洗脱。被交换到树脂上的谷氨酸，用碱液洗脱、收集。

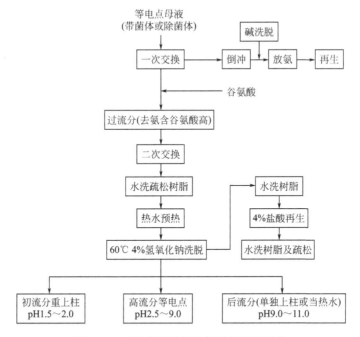

图 5-10　双柱离子交换法提取谷氨酸工艺

（四）等电点-离子交换法

1. 原理

等电点-离子交换法是在发酵液经等电点提取谷氨酸以后，将母液通过离子交换柱（单柱或双柱）进行吸附，洗脱回收，使洗脱所得的高流分与发酵液合并，进行等电点提取。

该法的优点是：这样比发酵液直接进行离子交换减少树脂和酸碱用量，不仅降低了原材料消耗，节约了生产成本，还增加了谷氨酸的提取收率，回收率可达90%左右，提高了经济效益。例如，低温等电点法提取谷氨酸，等电点温度在10℃左右，一次收率为74%～76%，在0～5℃一次收率为78%～80%；若母液再用离子交换法回收，二次总收率能达到85%～90%。

2. 工艺流程

等电点-离子交换法提取谷氨酸流程如图 5-11 所示。

3. 操作要点

本工艺分两步操作：①是将发酵液经等电点提取部分谷氨酸；②将母液进行离子交换提取。操作方法基本如前所述。

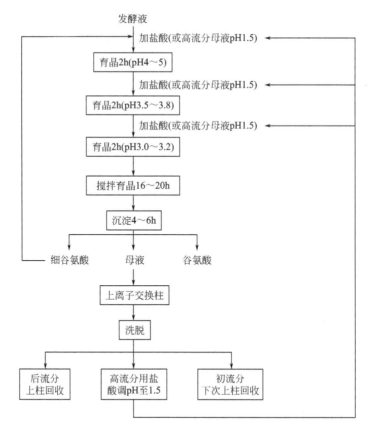

图 5-11　等电点-离子交换法提取谷氨酸流程

第六节　谷氨酸制味精

一、原理

从发酵液中提取的谷氨酸仅仅是味精生产的半成品。谷氨酸与适量碱进行中和反应，生成谷氨酸一钠，其溶液经脱色、除铁、减压浓缩及结晶、分离程序，得到较纯的谷氨酸钠（味精）。

二、工艺流程

谷氨酸制取味精工艺流程如图 5-12 所示。

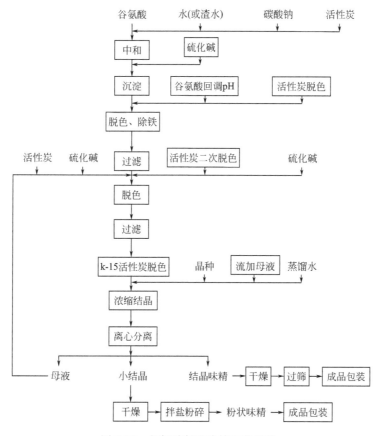

图 5-12　谷氨酸制取味精工艺流程

三、操作要点

（一）谷氨酸的中和

将谷氨酸加水溶解，用碳酸钠（俗称纯碱）或氢氧化钠中和，是味精精制的开始。谷氨酸与碳酸钠反应生成谷氨酸一钠，生产中称为中和。

1. 操作要点

① 按投料比（湿谷氨酸：水≈1：2；湿谷氨酸：纯碱≈1：0.3；湿谷氨酸：活性炭＝1：0.01）在中和桶中加入清水或上一次用于脱色的活性炭洗涤水。

② 加热至 60～65℃，开动搅拌器，接着先投入一部分湿谷氨酸晶体（俗称麸酸），然后将纯碱和麸酸交替投入，在这过程中始终将中和液保持在酸性，终点 pH 为 6.7～7.0。

③ 在纯碱全部投完前，先加入总投入量一半的活性炭，待中和结束后再投

入剩余的一半，搅拌 30min。最后用水将中和液的浓度调整至 21～23˚Bé。

2. 注意事项

① 谷氨酸在常温下溶解度很小，在中和时，一般先将水加热至 60℃ 左右，然后再投入谷氨酸。谷氨酸一经加碱中和，就变成溶解度极大的谷氨酸钠。将纯碱和湿谷氨酸晶体交替加入，既能加快谷氨酸的溶解，又能防止谷氨酸二钠的生成。

② 谷氨酸在常温下的溶解度很低，所以，中和需在一定的温度下进行。中和时的温度不能过高，中和温度过高，除发生消旋反应外，谷氨酸钠还会脱水环化生成焦谷氨酸钠，对收率和产品质量不利。所以中和温度不得超过 70℃。

③ 中和液 pH 控制要准确（pH 6.7～7.0），在第二次加入活性炭搅拌 0.5h 后，再对中和液的 pH 进行复测，如 pH 不符合要求，应及时加以调整。

④ 中和液浓度太高、黏度大，使活性炭脱色效果下降，过滤困难。

⑤ 中和速度会影响谷氨酸钠的生成量，过快会产生大量的二氧化碳，造成料液溢出。同时还会发生消旋反应，影响产品收率和质量。

⑥ 中和时，若碳酸钠过量，中和液 pH＞7 时，会生成较多的谷氨酸二钠，无鲜味。当 pH＞11 时，则全部生成谷氨酸二钠。所以，在进行谷氨酸中和操作时，必须防止谷氨酸二钠的生成，这是中和操作的关键。中和时应严格控制投料比，使中和液的终点 pH 严格控制在 6.7～7.0。

⑦ 碱的质量要好，生产上要求使用含盐分少的碳酸钠或固体氢氧化钠中和。

（二）中和液的除锌、除铁

1. 原理

中和液中的铁离子，主要是由原辅材料不纯及设备腐蚀带入的。中和液中的铁以 Fe^{2+} 为主，在碱性溶液中变为 Fe^{3+}。锌离子则主要是提取工艺采用锌盐法而带入湿谷氨酸中，一般含锌离子 150mg/kg 左右。味精中含铁、锌过量不符合食品标准。含铁离子高时味精呈红色或黄色，影响产品色泽。所以，要将中和液中的铁、锌离子除去。

目前国内除铁、锌离子的方法主要有硫化钠法和树脂法两种。

（1）硫化钠法　除铁是利用硫化钠使溶液中存在的少量铁质变成硫化亚铁沉淀：

$$FeCl_2 + Na_2S \longrightarrow 2NaCl + FeS\downarrow$$

硫化亚铁的溶解度很小，在中性或微碱性溶液中，硫化亚铁可以完全沉淀，因此可用过滤法将它除去。同理，在 pH 6～7 的条件下，锌离子与硫化钠反应生成溶解度极小的锌盐，用过滤法可将它除去。

$$Zn^{2+} + Na_2S \longrightarrow ZnS\downarrow + 2Na^+$$

（2）树脂法　由于铁以络合物的形式存在于谷氨酸钠溶液中，利用带有酚氧基团的树脂，使络合铁与树脂螯合成新的更稳定的络合物，以达到除铁的目的。采用此法脱铁，具有以下几个优点：

① 除铁完全。用硫化钠除铁，味精成品中还会有 1～2mg/kg 铁离子，母液中铁离子的量则更多，如改用离子交换树脂除铁，不但味精成品几乎不含铁离子，而且母液中铁离子含量也很低。

② 不会像硫化钠除铁那样产生对人体有害的硫化氢气体。

③ 味精成品色泽比较好。用硫化钠除铁，如果硫化钠过量，将影响到味精成品的色泽。

因此，采用树脂法除铁不但解决了硫化钠除铁所引起的环境污染问题，改善了操作条件，而且提高了味精质量，是一种较为理想的除铁方法。

2. 操作要点

（1）硫化钠法

① 在中和液冷却到 50℃ 以下，调 pH 到 6.4 左右。

② 加入浓度为 18°Bé 的硫化钠溶液和适量活性炭，边加边搅拌至 pH 为 6.7 左右。

③ 硫化钠加完后，检验 Fe^{2+} 是否除尽。

④ 静置 8h，先取上清液过滤，再取沉淀压滤，收集到的滤液用活性炭处理。

（2）树脂法　用于谷氨酸中和液除铁的树脂有通用 1 号和 122 弱酸性阳离子树脂。以通用 1 号树脂脱铁效果好，特别是提取采用等电点工艺，制得的谷氨酸含铁离子低，基本不含锌离子。

① 树脂预热。以热水预热到 40～50℃，避免谷氨酸钠析出。

② 交换。进料流量为树脂体积的 1～2 倍，一般为顺流交换。

当品尝流出液有鲜味至 12°Bé 左右时，进入低浓度溶液贮罐，作为谷氨酸中和及调节母液浓度之用；当流出液高于 12°Bé 并检查无铁用颗粒炭脱色；当检查出现铁时，停止进料，改进凝结水，收集低浓度溶液，直至流出液为 0°Bé，待再生。

③ 再生。操作程序为：正、反水洗→酸洗→正水洗（pH 5～6）→碱洗→正、反水洗（pH 8～9）→备用。

酸洗技术条件：盐酸浓度 2%～4%，用量为树脂体积的 2～3 倍，浸泡2～4h。

碱洗技术条件：烧碱浓度 2%～4%，温度 40～45℃，用量为树脂体积的 2～3 倍，浸泡 2～4h。

④ 检查铁的方法。取流出液，滴加硫化钠溶液，若有黑色出现，证明溶液中有铁存在。

3. 注意事项

（1）中和液除铁用的硫化钠量　远比按中和液中游离态的 Fe^{2+} 量计算所得的硫化钠量多，因为有部分 Fe^{2+} 不是游离态的，而是与谷氨酸形成了环状络合物，为了除去这部分络合态的 Fe^{2+}，就需要多消耗硫化钠。

（2）硫化钠的加入量　不宜过多，否则 FeS 沉淀反而难以生成，另外制成的味精显青色，不符合味精质量要求。硫化钠的量加入太少，铁就除不尽。

（3）加硫化钠（硫化碱）的温度　要严格控制在 50℃ 以下，并且要注意环境的通风。因为中和液若偏酸性（pH 6 以下），在高温下加入硫化碱会产生硫化氢气体逸出。硫化氢气体比空气重，无色，有腐蛋臭，人们吸入 H_2S 的空气，会引起中毒，甚至昏倒。若已中毒，必须迅速将中毒者移至通风地方进行抢救。

（4）测定除铁是否彻底　可用以下两种方法鉴定：

① 取加过硫化碱的中和液于烧杯中，滴入两滴硫化碱溶液，若无黑色沉淀产生，说明铁已除尽。

② 用 5% 硫酸亚铁溶液与脱过铁的中和液进行反应，如果出现黑色沉淀，说明脱铁彻底。这是由于尚有少量的硫化钠存在于中和液中，这时稍加试剂（硫酸亚铁）等于又提供 Fe^{2+}，便产生硫化亚铁黑色沉淀。因而只要出现黑色沉便可知道脱铁彻底，硫化钠稍过量。生产上控制溶液中硫含量 200mg/kg 左右。

（三）中和液的脱色

1. 色素来源

色素的来源有以下几个方面：

（1）生产过程中各组分发生化学变化而产生的有色物质

① 淀粉水解过程中，如果温度高、加热时间长，就会使葡萄糖聚合产生焦糖。

② 铁制设备因酸、碱的侵蚀而产生电化学作用，使设备腐蚀游离出许多铁离子，与水解糖中的鞣酸结合，生成蓝黑色鞣酸铁。

③ 葡萄糖与氨基酸在受热情况下结合，发生美拉德反应，产生黑色素。

（2）除铁过程中由于操作不当而使中和液色素增加用硫化钠除铁时，硫化钠的加入量不足或过多，都会导致中和液色素增加。

2. 除铁液的脱色

经除铁处理过的滤液，需要先后经过粉末活性炭和活性炭 K-15（也称 GH-15）炭柱或离子交换树脂柱两次脱色处理，才能将色素和其他杂质基本除尽，脱色液即可进行浓缩结晶操作。

（1）粉末活性炭脱色

① 原理。活性炭表面有无数微孔，这些小孔能够吸附气体、蒸汽或溶液中

的溶质。活性炭的吸附过程，同时有物理吸附和化学吸附两种作用发生。粉末活性炭颗粒小、表面积大，单位重量吸附量高，在过滤除去炭渣的同时，能除去料液中的不溶性杂质。

② 操作要点

a. 谷氨酸（钠）除铁液的脱色温度以 60℃ 左右较适宜，一般脱色后滤液的透光率可达 85%。

b. 除铁液的脱色 pH 控制在 6.0 以上，温度为 60℃，滤液的透光率达 85% 以上。

c. 脱色时间充分，活性炭的脱色效果显著。为节约时间，加快吸附过程的进行，脱色过程中进行搅拌是十分必要的。

d. 活性炭用量，应根据活性炭本身的吸附能力及除铁液含色素的多少来决定。活性炭应选用脱色力强、灰分少、含铁少的高质炭。活性炭用量一般为除铁液的 1%～2%。

（2）K-15 颗粒活性炭柱脱色　经粉末活性炭脱色处理后的滤液，透光率还达不到要求，生产上需要再通过 K-15 活性炭炭柱做进一步脱色处理。

① 工艺流程。K-15 颗粒活性炭柱脱色工艺流程如图 5-13 所示。

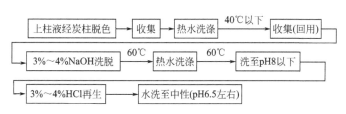

图 5-13　K-15 颗粒活性炭柱脱色工艺流程

② 操作要点

a. K-15 炭柱的预处理：先水洗，再浸泡 4h；排掉水，用 5% 热碱浸泡约 4h；再用 60℃ 的热水洗至流出液 pH 达 8 左右；用 5% 的稀盐酸上柱浸泡 2h；用水正反洗至 pH 为 6.5 左右，即自来水 pH 不变。

b. 炭柱脱色、热水洗涤：上柱液顺向通过炭柱，流量控制每小时 2～3 倍颗粒炭体积；同时收集流出液；结束后，用 40℃ 温水洗柱，至流出液的浓度为 0；洗涤液和收集液合并，送浓缩锅进行浓缩。

c. 再生：先用水反冲；然后用 2 倍炭柱体积的热碱液顺洗炭柱，待流出液 pH 达 9.0 以上时浸泡 4h；放掉碱液，用热水洗至流出液 pH 达 8.0，用 2 倍炭柱体积的稀酸浸泡炭柱 2h；放掉酸水，用自来水冲洗炭柱至 pH 接近中性。

③ 操作注意事项

a. 上柱液的温度应控制在 40～50℃ 为宜。

b. 炭柱中的装填量为 60%～70%，上柱液的量一般为炭体积的 20～25 倍。

c. 径高比一般为 1∶4.5 的炭柱，其脱色效果较好。

d. 操作时要注意"干柱"的发生。

e. 炭柱隔层最好选用耐酸、耐碱的石英块。将石英块直接铺于小花板上面，支撑炭粒。石英块按大小分 5 层填装，从下到上石英块的直径如下：第一层为 40～50mm，第二层为 20～30mm，第三层为 10～20mm，第四层为 5～10mm，第五层为 1～2mm。每层的高度在 15cm 左右。

f. 用碱液洗涤炭柱时，先顺洗片刻，然后再用碱液浸泡炭柱数小时。这种洗涤方式洗涤剂耗量少，洗涤效果好。

g. 用 4%NaOH 液洗涤炭柱，用 4%盐酸溶液对炭柱进行除铁。

（四）中和除铁液的浓缩

中和液不宜在高温下进行浓缩，否则谷氨酸钠易脱水环化生成没有鲜味的焦谷氨酸钠。生产上，通常采用减压浓缩的方法来浓缩中和液。浓缩时，一般将 pH6.7～7.0 的中和液，在 65～70℃、真空度 80kPa 以上的条件下，边补料边浓缩。当浓缩液达到 30～32°Bé 后，投入晶种，进行结晶。

（五）中和除铁液的结晶

1. 结晶的原理

溶质在溶液中形成晶体析出的过程，称为结晶。结晶过程具有高度选择性，只有同类分子或离子才能结合成晶体，因此晶体是化学均一的固体。由于水合作用，溶质从溶液中析出时，往往带有结晶水。味精是带有 1 分子结晶水的棱柱形八面晶体，一旦失去结晶水，味精就失去光泽。

2. 结晶工艺流程

结晶工艺流程见图 5-14。

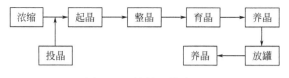

图 5-14　结晶工艺流程

3. 操作要点(以 5000L 罐为例)

（1）浓缩　开真空泵，吸入晶液 3000L（约罐容的 60% 左右）。开夹套蒸汽加热。控制真空度 80～85kPa、温度 65～70℃。当罐内浓度为 29.5～30.5°Bé/62～65℃时，开始搅拌，并准备起晶。

（2）起晶　晶核形成称为起晶。工业上有三种起晶方法：自然起晶法、刺激起晶法和晶种起晶法。其中晶种起晶法最常用，起晶时需加一定量和一定大小的晶种，使过饱和液中的溶质在晶种表面生长。当罐内浓度达到养晶区浓度，即$29.5\sim31°Bé/65\sim70℃$，开启吸管，吸入预先称量好的种子。

（3）整晶

① 整晶。加晶种$20\sim30min$后，如遇罐内晶浆混浊或少量微晶生成，可吸入少量与罐内同温度的蒸馏水，使微晶溶化或不规则的晶形修复，故称整晶。

② 整晶效果与晶形的关系。整晶效果与晶形有很大关系，主要取决于加水量和加水时间。加水量多，易使晶种被溶化，晶形受损；加水迟，新晶核已长大，难消除，形成晶粒多，影响晶体长大。所以，要严格控制好加水量与加水时间。

（4）育晶　育晶是晶体长大的关键过程，又称长晶。主要控制晶浆中的溶质，用于晶种不断长大为晶体。因晶体长大吸收了溶质，溶液浓度变稀，所以需及时补料。补料方式有两种：间歇和连续加料。

（5）养晶　放罐前需加入适量的同温度的蒸馏水。

（6）放罐　经过十多个小时，晶体大小已基本达到要求，即可准备放罐，此时可稍提高罐内温度。

（7）养晶　晶浆放入助晶槽，继续搅拌，保温$65\sim68℃$，转速$10r/min$左右，时间$2\sim4h$。

4. 注意事项

（1）投入晶种时的料液浓度　要严格控制在$29.5\sim31°Bé$。实际操作时，当料液浓度达到上述要求时，在结晶罐的视孔玻璃上常有细小晶体黏附。

（2）结晶操作时　要随时检查晶体成长情况，并注意罐内温度、真空度、料液浓度以及蒸汽压力等的变化，要做到适时适量投种和加水、加料。

（3）整晶时　用水的硬度应低，否则钙、镁离子和氯化钠将影响晶体质量。

（4）放罐前　必须将晶液浓度降低至$29.5°Bé$，这样可防止出料后晶液温度下降而出现小晶核。

（5）料液液面高度　不能低于结晶罐夹套高度，否则罐壁上黏积着的味精晶体容易脱落入料液中而成为白片。不断用结晶罐顶部盘管喷洒蒸馏水，可防止味精晶体在罐壁黏积。

（六）味精的分离与干燥

1. 味精的分离

（1）味精分离的原理　去除黏附在味精晶体上的母液和水分称味精的分离。目前，分离的方法，一般都采用三足式离心机，转速$800\sim1000r/min$，离心时间$30min$。借助离心力的作用，将晶体上的液体甩去。经过离心分离后，结晶味精湿晶体的含水量在1%左右，粉末味精湿晶体的含水量在4%～6%。

（2）操作要点及注意事项

① 在放罐期间，控制好分离料液的浓度和温度。浓度应控制在过饱和度以下，尽量保持母液的温度不降低。

② 因为结晶体味精的成品质量要求高，所以在进行晶体离心分离时，当把母液除去后，还需要用适量50℃左右的温水淋洗晶体，以洗净晶体表面的母液和细晶，洗水分布要均匀，洗水量要适宜，这样可以增加晶体的光泽。但淋洗水量不能太多，不然会溶解晶体使晶形受损。

③ 采用较高的分离速度，适当增加分离时间，尽可能降低味精的含水率。这样，晶粒夹带母液杂质少。分离质量的好坏，对下一步干燥操作有直接影响。若晶体含母液或水分高，在干燥过程中容易出现并晶、毛晶和色黄等情况，严重影响晶体质量。

2. 味精的干燥

经过离心分离后的味精体，含水量仍然较高，如不加以干燥，就容易黏结成块，因此必须进行干燥处理。结晶味精的含水量更是应低于0.2%，粉末味精的含水量应低于1%。味精晶体含有一分子结晶水，晶体在120℃受热条件下，会失去结晶水，味精晶体变得没有光泽。因此，干燥温度应控制在80℃为宜。

（1）干燥设备　生产上常用的干燥设备主要有以下几种。

① 箱式烘房。箱式烘房是用蛇形管或排管通过蒸汽加热烘房的。先将待干燥的味精晶体均匀地在匣盘中铺成薄薄的一层，然后把匣盘装进烘房的各层，在80℃下干燥10h。

目前国内一些小型味精厂还在使用箱式烘房。箱式烘房造价低，但设备占地面积大，劳动强度高，干燥时间长，而且干燥不均匀，有时会出现中间潮湿，上下两层发黄、并晶的现象。

② 气流式干燥器。干燥是在干燥管中进行的，湿的味精晶体及热的干燥空气从干燥管的下部进入，晶体在热的干燥空气中悬浮，并随着热空气的流动而被迅速干燥，然后通过干燥管的上部被送出。气流干燥的优点是干燥速度快，效率高，生产能力大。但由于晶体在热空气中悬浮流动时相互摩擦，造成晶体损伤而使光泽减退。

③ 真空箱式烘房。真空箱式烘房类似于箱式烘房，所不同的是干燥过程中采取减压措施来强化干燥效果，以加快干燥速度。

④ 振动干燥器。振动干燥器，是在干燥器内装有振动床的装置。味精晶体在振动床上被通入干燥器内的干热空气所干燥。这种干燥方法晶体破碎少，光泽度好。

⑤ 传送带式干燥器。将味精晶体均匀地散布在传送带上，厚度不超过5mm。传送带进入干燥器的罩壳内，味精晶体即被罩壳内的干热空气所干燥。晶体在罩

壳内的滞留时间仅 0.9s。

（2）注意事项

①气流干燥操作时，应先开加热器，调节温度在 110℃，接着打开鼓风机，预热 10min 后开始投入物料。加热器温度过高或过低，都会影响产品质量，应随时加以调整。

②气流干燥操作时，进料量要适当，进料过多，将造成干燥处理后的晶体含水量偏高，超过允许的范围。

③振动干燥操作时，必须随时注意温度变化，干燥器内的温度应控制在 80～90℃，温度过高或过低都会影响产品质量。

④振动干燥操作时，物料不应过湿，否则容易发生并晶现象。

⑤振动干燥操作时，需协调好振动干燥器内的温度与晶体在干燥器内受热时间的关系，这是因为物料在振动床上滞留时间过长，晶体会失去结晶水而变得没有光泽。

⑥振动干燥操作时，送料不能太早，待热风鼓入干燥器 10min 后，方可开始送料。送料量以 300～400kg/h 为宜。

⑦振动干燥过程中，应随时清理各层筛网，防止晶体堵塞筛网网眼。

第六章
复合调味品生产技术

第一节 概 述

一、定义

复合调味品是指多种调味原料经科学合理配制而成的调味料，它是为某种食品的调味而制作的采用两种或两种以上的调味原料，经特定工艺方式加工而调制成有一定保存性的调味品。现代复合调味品是指采用多种调味原料，具备特殊调味作用，工业化大批量生产的，产品规格化和标准化的，有一定的保质期，在市场内销售，商品化包装的调味品。

复合调味品的主要功能有增加菜品的色、香、味。在色泽方面，可以在不额外添加着色剂的情况下，提高菜肴的美感；在香味方面，复合调味品中的各种风味成分在受热过程中，相互结合，呈现出各种香味，使菜品香气扑鼻而来；在味道方面，可以增加菜品的酸、甜、苦、辣、咸与鲜等，让人胃口大开。

二、复合调味品与单一调味品的区别

复合调味品的研发人员必须具备微生物学、食品工艺学、化学、有机化学和生物化学、分析化学、食品机械和食品卫生学等许多方面的知识。除此之外，还要知道许多烹饪知识，了解各种甚至各国的菜系或其主要特点，精通各种食品和调味原料的生产方法、特点及性能等。

复合调味品的生产同已往酱油、酱、食醋等单一调味品的生产也有所不同，其主要表现为：

① 复合调味品的生产是使用多种原料的小批量、多品种的生产。它不像生产酱油、酱和食醋那样原料的种类是比较固定的，产品的品种少产量大，适合于制定较长期（如 1 年）的生产计划。

② 复合调味品的生产与传统的酱油等基本调味品的生产相比，由于复合调味品的生产周期短，商品流通时期也相对较短，因此资金周转较快，资金的利用效果也比较好。

③ 由于复合调味品的生产是使用多种原料进行的，因此对原料的管理工作十分繁重。

④ 复合调味品的生产要有严格的质量监管部门，这同酱油等基本调味品的生产是一样的，但又不完全一样。不一样之处是复合调味品由于品种多，每天需要检测的样品数量多，任务较大。检测包括一般理化分析、微生物检查和感官鉴定。

三、复合调味品生产质量管理

我国研制和食用调味品有悠久的历史，有许多具有地方特色的原始调味品和酿造调味品。随着生活水平的提高，人们对调味品的要求也越来越高，由单一的色香味型转向具天然风味、营养、保健特点的高品质复合型，高品质复合调味品逐渐成为热潮，它所占领的市场份额越来越大。一方面，它符合健康饮食的标准，另一方面，把它应用于以方便食品为代表的加工食品及新食品品种中，加强食品的风味和蛋白质含量，增加食品的品种及方便性。因此，对复合调味品原材料质量管理、工艺流程等环节的管理，对保证复合调味品的质量具有重要的意义。

（一）复合调味品质量重要性

复合调味品是食品的一个分类，其质量安全对消费者的身体健康、生命安全关系重大。生产企业应严把原材料、生产环境、加工设备与贮存运输等相关生产条件等的质量关，做好食品安全管理。严格执行国家法律法规，诚信经营，注重生产过程控制。合格的产品是生产出来的，要加强生产环节质量控制，通过产品检验来验证控制效果。复合调味品行业，生产过程复杂，影响产品质量的因素较多，尤其应加强生产质量管理工作。

（二）原材料质量管理

原材料的质量对复合调味品的生产起到极其重要的作用。原材料的质量管理需做好供应商管理。在采购原材料之前，对供应商的资质、原材料质量、供货能力与原材料价格进行综合评定，达到行业标准要求、生产所需的特殊要求及具备价格优势的商家可列为合格供应商，用于生产的原材料均在合格供应商处采购。另外，应制定原材料进厂检测规范，每种原材料均应符合进厂验收标准，采购的原材料有行业标准的可以行业标准作为进厂验收标准，对没有行业标准的原材料，应制订符合产品生产要求的原材料内控标准。在每批原材料到货时，由专人进行进厂检验，首先检查是否来源于合格供应商，然后按进厂标准进行各项指标的检测和判定，符合相关标准要求后入库贮存。

（三）生产关键工序的识别与管理

生产关键工序是对产品的性能和质量起决定性作用的工序，关键工序失控将会导致大批量不合格产品的产生。保证关键工序得到有效控制，需要经过多次实验分析和工艺验证，将每个工艺参数限制在合理范围内，既能满足各项标准要求，又便于生产操作。比如复合调味品行业的杀菌工序，应列为关键工序，杀菌温度和杀菌时间，是该关键工序的主要控制参数，制订该参数时应经过实验室样品菌落检测、保质期试验及生产工艺验证，在保证产品质量的同时保持最低能耗。

四、复合调味品产品设计需考虑的因素

1. 风味特点

风味特点是一个复合调味品必备的元素，并且与调味品具体用处与使用方式有着密切的关系，并不能随意设计。例如若是设计一种用于烤肉的调料汁，那么该调料汁的风味特点必须要与烤肉本身相匹配，比如要具备酱油香气，并且应与辣酱、姜等辛辣味道相得益彰。如此一来，既不会将肉的鲜美掩盖掉，同时又能够消除肉腥气，提高肉味的厚重感，使得烤肉更加美味可口。

2. 成本因素

成本因素也是复合调味料需要考虑的因素，究其原因在于，复合调味料所用材料众多，并且一般调味料属于生活必需品，整体用量大，因此必须要对每一种调味料单价都加以考虑，在保障味道不变的前提下，尽可能提升复合调味料性价比，才更有益于后续的批量生产。

3. 掌握各种原料的特性

众所周知，复合调味料由不同调味原材料组成，要想设计出理想的调味料，必须要熟悉不同原调味料的特性，了解如何搭配味道才更加合理经济。在选择上述原料时，应尽可能避免重复使用原调味料，降低成本。比如在糖类调味料中，白糖口感最好，但只是用白糖势必会增加成本，可选择食品级甜味剂与白糖混合使用，既能够达到白糖口感，又能避免成本增加。在选择鲜味剂时，应结合实际

鲜味强度要求，做好鲜味剂合理使用。

五、复合调味品分类及特点

（一）复合调味品分类

复合调味品的种类很多，按风味分类，可分为酸辣类、辛辣类、海鲜类、肉鲜类、蔬菜类、果味类等；按形态分类，可分为调味粉类、调味汁类、调味酱类等；按用途分类，可分为汤料、佐料、烹调用料等；按原料来源分为畜肉、禽蛋、水产、蔬菜、粮油、香辛料、食用菌等十大类。

（二）复合调味品特点

1. 酱状复合调味品特点

风味浓厚，便于保存。品种多、形态不同，富于变化。使用原料种类多。

2. 粉状复合调味品特点

（1）优点　使用方便，便于保存；生产容易，产品成本低；设备简单。

（2）缺点　风味保存性差；由于油脂用量少，风味调配有缺陷。

3. 块状复合调味品特点

产品品种很多，可使用原料多，避免粉状复合调味品缺陷。便于保存，携带方便，适合旅游及室外工作等使用。可将酱状、汁状复合调味品都制成块状，使用前进行稀释。

4. 新型复合调味汁特点

新型复合调味汁是以鲜、甜、酸、辣、咸、香等及各种香辛料的合理配合精制加工而成，其特点是：口感醇厚，味美自然；调味功能和品种多样化；专用性强，使用方便；简化烹调，缩短家庭和餐饮业劳动时间。

六、复合调味品新特点

调味品的本能就是调味，更好满足调味必须实现复合化，根据消费的需求实现复合化的同时，还需要保持调味的本身属性，这也是市场需求的必然，也是调味品企业的出路。

1. 新鲜调味需求

新鲜的调味品是我们需求的愿景，但是生产技术的进步有限，对新鲜调味品的需求不断升级，如鲜椒酱的持续需求不断催生新的调味发展。利用氮气等惰性气体、超高压杀菌等新鲜调味品带来新的出路，提高调味品本身的附加值，同时也对满足人们对美好生活的向往。

2. 原始传统味道

消费的记忆是中国味道的根本，当下所有畅销味道的源泉就是原始传统味道。至于这样的味道能走多远，关键在于如何接近消费需求的最佳状况，接近程度越高消费越认可，时间越久。如东北地区的大酱汤是传统发酵形成的经典风味，如何发扬这样的风味才是复合调味的未来方向，才是复合调味满足人们需求的必然选择。又比如熏鸡是东北调味的一大经典记忆，足以呈现多种复合调味的奇迹，降低合成香精香料的风味，优化天然风味足以让更多的熏鸡产业走向世界，复合调味的潜力和任务还将不断持续。

3. 即食性调味呈现

即食的复合调味才是回归的根本，做到即食即可满足越来越多的消费体验，可以将很多特色资源做到即食性的复合调味是未来趋势。即食性更好地完成了复合调味的立体性，让消费变得越来越自然，让人们的生活越来越美好。

七、复合调味品的发展趋势

随着人们生活水平的不断提高，快速方便食品迅速发展，复合调味品工业也以前所未有的速度发展起来。目前我国复合调味品品种已达上千种，同时还出现了汤料、涮料、蘸料、底料等新产品，如麻辣鲜、排骨味王、肉味王、十三香、十八堂等新产品，复合调味品有十分广阔的市场前景。如今，复合调味品具备以下几种发展趋势。

1. 复合调味产品愈发标准化

针对一些特定的地方名菜，比如麻婆豆腐、东坡肉等，使用不同标准的复合调味品，能够做出不同标准的菜品。未来复合调味产品发展，实际调味范围更广，厨师只需要一勺调味品，便能够将制作菜品所需要的酱油、食盐、鸡精、醋等完全替代，实际调味更加简单方便快捷，消费者自己在家也能够做出类似于大厨的菜品，将更加方便人们的生活。

2. 复合调味产品多样化

如今复合调味产品不仅限于一般的菜肴，在一些休闲食品比如方便面、各种零食等都需要用到复合调味产品进行调味，并且实际风味更加多样，不仅包含中式口味，还包含国外口味，比如日本的芥末酱、印度的咖喱调味等也会融入本国的复合调味品中。

3. 复合调味产品更加营养、健康

传统的复合调味品只是单纯地追求口感，如今在复合调味品发展中，在保证

口感风味的基础上，更加追求营养的补充，更具备保健效果。比如当下的无钠酱油、碘盐、钾盐等，更加注重人的营养健康。

4. 原料纯天然无添加化

随着绿色有机无污染食品理念深入人心，如今的复合调味品也更加注重天然无添加，并且是未来主要的发展趋势，比如将野生菌与鸡肉组合在一起制成的复合调味品，有着独特的风味，并且原料均没有经过深加工，更加健康营养。

5. 生产技术现代化

在未来复合调味品生产制造过程中，更加注重现代技术的应用，比如萃取技术、发酵提纯技术等，从而进一步推动复合调味产品生产朝着现代化方向发展。在未来，复合调味品生产发展还会朝着自动化方向发展，使得配料更加精准，生产效率更高，真正实现现代化生产发展。

第二节　复合调味品的原料

一、原料的种类

传统的调味品所需的原料种类比较简单，常以粮油食品为主。复合调味品需以各种天然食品为原料，配以各种食品及调味辅料，由此而制出成千上万种的复合调味品。所用原料一般可分为下列三大类。

（一）动物性原料

（1）畜肉类　主要为牛、羊、猪等常用肉类。

（2）禽肉、蛋类　此类中以鸡肉为主要原料，其次为蛋品。

（3）水产类　通常为鱼、虾及贝壳类，它们都是复合调味品的重要原料。

（二）植物性原料

（1）粮油类　粮食及油脂作物的种子及其加工制品，例如大米、面粉、大豆、玉米粉、植物油、酱油、食醋、黄酒等。

（2）蔬菜类　各种蔬菜（包括葱、蒜、姜、辣椒等）。

（3）香辛料类　各种植物香辛料，如花椒、茴香、胡椒、桂皮、甘草等。

（4）食用菌类　香菇、平菇、金针菇、鸡枞菌等各种食用菌。

（5）微生物类　微生物在分类学上属植物，故列入植物性原料。目前主要以酵母菌为主要原料。

（三）化学制品原料

此类原料在配制中常作为辅料使用，主要为味精及呈味核苷酸等助鲜剂。此外，尚有焦糖色用作着色剂，牛肉香精等合成食用香精，琥珀酸、醋酸、乳酸等有机酸，玉米淀粉、麦芽糊精、黄原胶等增稠剂。由于天然调味料的鲜味不强，商品虽经浓缩，但在使用时仍将被冲淡，因而各种复合调味品中常需添加助鲜剂。

二、原料的选择

首先，在原料选购上应保质保量，严禁使用劣质原料冒充，从源头上保障复合调味料质量。其次，在选择复合调味料时，应注意选择的原料能够正常稳定供应，质量稳定可靠，原料品质不易受外界因素影响。最后，原料选择应注重体现经济效益。实际上，在设计复合调料时，所需原料很多都不是原料本身，而是原料中含有的风味物质，因此针对这些原料，在实际选择时，应注重体现出应有的经济效益性。比如用动物边角料煮汁，提取与动物肉相同味道的汁水，只需要再次浓缩加工便可作为肉类原料使用，因此可有效降低原料获取成本，达到同样的调味料设计目的。

第三节　复合调味品一般生产工艺

一、一般生产工艺流程

复合调味品一般生产工艺流程如图 6-1 所示。

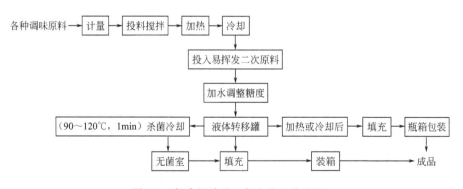

图 6-1　复合调味品一般生产工艺流程

二、一般生产操作要点

1. 计量

一般在生产前一天将配方送入计量室，计量人员按配方严格称量原料。

2. 投料搅拌

车床将已称好的原料按规定的顺序依次投入混合加热罐中。投料顺序一般先液体，后粉末原料，再加各种浆汁。在投料时要不断搅拌。

3. 加热、冷却

原料全部投入后，开始加热，根据产品种类确定加热温度。

（1）面条的汤料　煮炖用味液等黏度很低的产品，无需糊化，尽可能采用低温，可在85℃。

（2）调料汁、沙司一类产品　有一定黏度，为使淀粉增稠剂糊化，温度要达到90～95℃，保温约15min，然后冷却，降温至30℃以下，一般关汽后自然冷却。

4. 投入易挥发二次原料

配方中醋、香料、动植物天然香气原料等通常称二次原料。由于这类原料的香气成分遇热会挥发，所以要等物料冷却到30℃以下再添加，在加入后充分搅拌。

5. 调整糖度

全部料加完后，要检料液糖度（°Bx）是否与小试验中糖度相同，如未达到的糖度需要调整。

总之，一般复合调味的配制可以用上述工艺生产，由于复合调味品生产原料复杂，产品品种繁多，很难用统一生产工艺来完成，不同原料、不同产品，在生产上有不同要求，所以工艺也不同。

第四节　以动物为原料制作复合调味品的生产技术

一、蚝油

1. 生产工艺

（1）原料处理　鲜蚝去壳，在水中煮熟，使其中水分渗出，以便干燥成干蚝肉。将煮熟蚝肉与汤汁分离后静置沉淀，取上清液过滤，使滤液通过 120 目筛孔，再经减压浓缩成水分低于 65％、氨基酸高于 1％浓缩液，即可转入配制工序。此浓缩液常加盐及防腐剂以便贮运。熟蚝肉可制成商品蚝肉干，或经调味灭菌后制成蚝肉罐头。

（2）蚝油配制　一般常以浓缩蚝液为原料进行配制，其工艺流程如图 6-2。

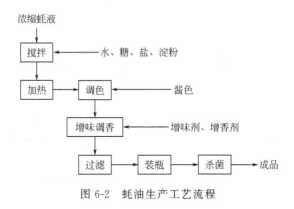

图 6-2　蚝油生产工艺流程

2. 操作要点

① 加水量以使蚝油稀释至氨基酸＞0.4％，总固形物＞28％，总酸＜1.4％为度。

② 加盐量以使蚝油含氯化钠达到 7％～14％为度。

③ 淀粉作为增黏剂，以支链淀粉含量高者为佳，用量以使蚝油呈稀糊状为度。

④ 蚝油呈鲜、甜、咸、酸调和的复合味感，主味为鲜味，甜味为次味。含糖量不可过多，否则会掩盖蚝油鲜味。

⑤ 增香主要取决于蚝汁新鲜程度及配料量，一般可以少量优质酒作为增香剂，用之得当可使酯香明显，并可去腥味，使蚝香纯正。

⑥ 配料完毕，以 120 目筛过滤，趁热灌入已洗净灭菌的加热瓶中，已装瓶蚝油再经巴氏灭菌或再在热水流水线上灭菌。

二、蛋白鲜味肽复合调味品生产技术

随着虾类加工业的发展，产生了大量的废弃物，包括虾头、虾尾、虾壳等。据报道，我国每年可以产生 100 万吨左右的虾头废弃物，其中，虾头（干基）中存在 60.0％蛋白质、8.0％脂肪和 20.0％灰分，同时富含维生素和矿物元素。由此可见，虾头是高蛋白、低脂肪的水产品，氨基酸种类齐全，鲜味氨基酸和甜味氨基酸含量丰富。

风味肽具有加工性良好、易被消化吸收，具有某些特定生理活性等诸多优点，其中鲜味肽在保有其他味觉条件不被破坏的情况下，还可提升各自的呈味风味，所以鲜味肽在菜、乳、肉等食材增味方面具有突出效果。以对虾及沙丁鱼水解液为原料与其他调味原料复配，可开发新型海鲜调味料。

1. 工艺流程

蛋白鲜味肽复合调味品生产工艺流程如图 6-3 所示。

图 6-3　蛋白鲜味肽复合调味品生产工艺流程

2. 操作要点

（1）复合蛋白酶水解　加酶量 3.3%、温度 57℃、酶解时间 3.5h、pH7.1，将蛋白较充分地水解成肽片段，结构更为松散后，再加入风味蛋白酶实现第二阶段的酶解。

（2）风味蛋白酶水解　酶添加量 1.0%、温度 51℃、pH7.1、酶解时间 1.9h。经该酶解条件双酶解后的水解度高达 64.24%。相较于初次酶解，风味酶的二次水解能够显著提升酶解液内氨基酸含量，且二次水解液经美拉德反应后质量也明显优于初次水解液。

第五节　以食用菌为原料的复合调味品的生产技术

食用菌复合调味料中采用了不可多得的药食两用食物素材——食用菌，它味道鲜美、风味独特，且具有相当高的药用保健价值。食用菌含有丰富的粗蛋白、18 种以上氨基酸以及 8 种人体必需氨基酸，另外还有脂肪、不饱和脂肪酸、真菌多糖与生物碱等，长期食用带有食用菌活性物质的产品可起到抗肿瘤、抗病毒、降血脂与调节免疫力等重要功效。食用菌除了具有营养、滋补和药用的功能外，含有独特的挥发性芳香物质，含有的醛类可与其他物质形成很强的风味效应，非常适合开发成功能型复合调味品。

例如在日本，草菇非常受欢迎，它专门用于高汤等复合调味品中；又比如在中国，香菇、茶树菇是非常受人们喜爱的调味品，多用于酱类或者肉类炖料。食用菌复合调味料的加工相当复杂，它运用到了食用菌子实体，包括菌柄、菌盖等。

食用菌在调味品加工过程中的应用涉及两方面内容，一类是基于食用菌初级加工的，再与普通调味品进行混合加工，形成功能性复合调味品。例如目前比较流行的食用菌干料以及各种香辛料的混合加工应用，如猴头菇鸡茸酱、猴头菇蛋黄酱。另一类按照食用菌特点进行深加工处理。它基于食用菌基本特征，结合相关工艺，实现对食用菌的深加工处理，例如比较典型的菌丝体发酵形成的调味料产品等。

一、工艺流程

以食用菌为原料生产复合调味料工艺流程如图 6-4 所示。

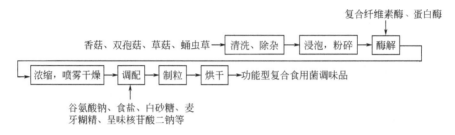

图 6-4 以食用菌为原料生产复合调味料工艺流程

二、操作要点

1. 原料清洗、除杂、粉碎

将市售的香菇、双孢菇、草菇、蛹虫草去除杂质，按照质量比为 3∶2∶2∶1 混合，用清水浸泡 1h，待泡发后，用粉碎机粉碎到 80～100 目，备用。

2. 酶解

将粉碎的物料加入其 40 倍质量的纯化水，混合均匀，调节 pH 为 4.5，加入 0.05% 的复合纤维素酶，放入酶解温度为 40℃ 的恒温水浴振荡器酶解 1.5h。调 pH 为 6.5，再加入 0.02% 的蛋白酶酶解 3h，酶解结束后，加温升至 90℃，保持 10min，灭活处理后，过滤，滤液经旋转蒸发仪浓缩。

3. 喷雾干燥

将浓缩液加入 15% 的环状糊精，调整喷雾干燥仪工艺参数为：进料流量 10mL/min、进料温度 70℃、热风温度 172℃、雾化压力 92MPa、总固形物质量分数 15%，在此条件下得到的复合食用菌抽提物营养成分保留量最大。

4. 调配

将原辅料加入谷氨酸钠、食盐、白砂糖、麦芽糊精、呈味核苷酸二钠，混合均匀。

5. 制粒、烘干

将混合料混合均匀，加入 85％的乙醇制软材，达到"轻握成团、轻压即散"的状态即可放入 14 目摇摆颗粒机制成均匀的湿颗粒，将湿颗粒装入托盘，送入 55～60℃烘箱中干燥，水分控制在≤5％。烘干后的颗粒经过制粒后，成均一的颗粒，包装成成品。

三、其他加工工艺

除了以上加工方式之外，食用菌功能型复合调味品的加工工艺还有以下几种。

1. 菌丝发酵加工工艺

菌丝发酵加工工艺主要是借助其他发酵品帮助食用菌菌丝得以发酵，从而完成调味品加工，完成发酵加工的调味品将获得多于原始存储时间数倍的贮藏时间。目前主要采用的菌丝发酵工艺方法主要有以下几种。

（1）马铃薯液加工方法　马铃薯液作为一种自然发酵方式，在食用菌菌丝发酵加工当中应用十分广泛。通常情况下，香菇产品的复合调味品加工需要依靠马铃薯液发酵加工来完成。加工过程当中，需要借助恒温搅拌器，对马铃薯液在恒温 27℃的环境当中进行快速搅拌，搅拌速度设定为 140r/min，完成搅拌的马铃薯液需要在搅拌器当中进行约 5d 的发酵。5d 之内，工作人员需要对马铃薯液的发酵状态进行密切观察。观察过程中，马铃薯液还需要加入 5∶1 的蔗糖溶液，蔗糖溶液在加入之前需要经过高温处理完成杀菌，加入溶液定容为 100mL。随后加入干酵母，并保证马铃薯液能够在常温环境下持续发酵。发酵完成后，马铃薯液可以在常温环境当中进行接种。接种所处的环境应当为无菌环境，培养时间则应当维持在 25d 至一个月。完成接种的马铃薯液在醋中进行反复发酵可以生成醋酸。醋酸与香菇进行混合制作，可以制成香菇醋。香菇醋产品不仅能够保留香菇原有的营养成分，同时还能够大幅度延长香菇的保存时间。在食用价值方面，香菇醋口感清新爽口，同时味道鲜美，具有极佳的养生保健效果。

（2）菌种培养发酵　利用菌种提取材料对食用菌菌株当中的菌种进行提取，并将已经完成提取的菌种放置到培养室当中进行培养。培养过程中运用发酵方式，可以获得具有调味料特征的菌丝发酵液，这部分发酵液通过浓缩，可以得到十分丰富的菌丝。在整个浓缩过程中可以明显发现，浓缩液当中的固体菌丝呈现出逐渐增多的趋势。对浓缩过程进行数据统计，浓缩开展前期，浓缩液当中的固体物含量约为 5％，而随着精炼的持续进行，在浓缩的中后期，其内部固体物的总含量已经超过了 20％。经检测发现，固体物当中含有大量的氨基酸元素，浓缩过程氨基酸增长到 55％，因此在加工工艺当中，通常采用浓缩精炼的方式，利用二次发酵，提取香菇菌丝并将其与其他辅料进行加工，加工后的复合调味品广受好评。

2. 浸提液加工工艺

食用菌加工工艺当中的浸提液加工策略主要针对食用菌产品自身存在的剩余部分或者不新鲜部分进行加工和处理。其处理加工方法主要有以下几种。

（1）溶解浸泡处理 溶解浸泡处理需要在38℃的环境下进行，食用菌产品的根部或者茎秆部分，是最容易发生腐烂的位置，因此在浸提液处理当中，主要针对这部分内容进行处理。高温环境当中，选用淡盐水作为溶液，设定酸碱度为中性，并将选取的食用菌产品浸泡到淡盐水之中。食用菌在淡盐水内部会发生一定程度的溶解，此时，需要对淡盐水进行不断的搅拌，搅拌采用振捣破碎的形式，在进行搅拌时还应当不断对淡盐水浓度进行监测。当其浓度达到60%以后，停止搅拌。对其进行干燥处理，并提取干燥物粉末。所获得的食用菌粉末与食盐、味精、白砂糖进行混合，混合比例为4∶3∶2∶1。

（2）干燥粉碎处理 溶解后的食用菌经过干燥和粉碎处理，形成纤维细腻的粉末状物。在处理当中通过筛子筛选，并加入一定的调料产品，可以实现不同类型复合调味品的生产。例如，在经过筛选之后，在粉末当中加入蛋白酶，并通过加热处理，将完成处理的食用菌粉末与食用盐、植物油等调料进行混合，混合时控制食用菌粉末温度为65℃，保证多种材料的充分融合，从而完成食用菌调料的制作。

第六节　专用及通用复合调味品

一、五香粉

五香粉，是一种复合香味型的粉状调味料，是将5种或5种以上香辛料粉碎后，按一定比例混合而成的复合香辛料。其配方在不同地区有所差异，但其主要调香原料有八角、桂皮、小茴香、砂仁、豆蔻、丁香、山奈、花椒、白芷、陈皮、草果、姜、高良姜等，或取其部分，或取其全部调配而成。五香粉主要用于食品烹调和加工，可用于蒸鸡、鸭、鱼肉，制作香肠、灌肠、腊肠、火腿、调制馅类和腌制各种五香酱菜及各种风味食品。

（一）原料配方

配方一：桂皮10%，小茴香40%，丁香10%，甘草30%，花椒10%。

配方二（香辣粉）：辣椒89%，花椒0.5%，茴香2%，姜4%，肉桂0.5%，葱4%。

配方三（麻辣粉）：辣椒 60%，花椒 20%，茴香 5%，姜 5%，肉桂 5%，葱 5%。

配方四（鲜辣粉）：辣椒 78%，花椒 0.5%，茴香 0.3%，姜 5%，肉桂 0.2%，葱 2%，蒜 4%，干虾 10%。

（二）工艺流程

五香粉生产工艺流程见图 6-5。

图 6-5　五香粉生产工艺流程

将各种原料香辛料分别用粉碎机粉碎，过 60 目筛网。按配方准确称量投料，混合拌匀。50g 为一袋，采用塑料袋包装。用封口机封口，谨防吸湿。

（三）质量标准

均匀一致的棕色粉末，香味纯正，无结块现象，无杂质。

细菌总数≤5 万个/g；大肠菌群≤40 个/100g，致病菌不得检出。

（四）注意事项

① 各种原料必须事先检验，无霉变，符合该原料的卫生指标；

② 如发现产品水分超过标准，必须干燥后再分袋；若原料本身含水量超标，也可先将原料烘干后再粉碎。产品的水分含量要控制在 5% 以下。

③ 生产时也可将原料先按配方称量准确后混合，再进行粉碎、过筛、分装。但不论是按哪一种工艺生产，都必须准确称量，复核，使产品风味一致。

④ 如产品卫生指标不合格，应采用微波杀菌干燥后再包装。

二、鱼香汁

鱼香汁是四川美食家们独创的特殊风味，甜、酸、辣、咸各味俱全，在美味的菜肴中即便没有鱼，也能散发出浓郁的鱼香味。

（一）工艺流程

鱼香汁的生产工艺如图 6-6 所示。

图 6-6　鱼香汁的生产工艺

（二）操作要点

1. 溶解

酱油与砂糖一起加热，溶解，并搅拌均匀。

2. 加调味料

继续加热，并加入葱、姜、蒜和泡椒，搅拌均匀，最后加入米醋、黄酒、味精，煮沸片刻，即停火。

3. 灭菌、罐装

将配好的鱼香汁通过胶体磨，并灭菌、灌装。

（三）质量标准

成品酱红色，均匀，无沉淀，有亮度。口感甜、酸、辣、咸，有浓郁的鱼香味。

（四）注意事项

① 辣椒是鱼香味中最重要的调料，没有它就形不成鱼香味，因此不能缺少。
② 根据当地的口味，可适当调整其他调味料的比例。
③ 加热配制鱼香汁时，沸腾即可，不宜长时间煮沸。

三、糖醋汁

糖醋汁是热菜中最常用的一种调味汁，但各地做法不同，大多数地区都是结合做菜现制现用，取料比较简单。这种糖醋汁取料丰富，风味独特。

（一）工艺流程

糖醋汁的生产工艺如图 6-7 所示。

图 6-7　糖醋汁的生产工艺

（二）操作要点

1. 煮沸

锅内放入水，放山楂一同加热至沸腾，然后加入辣椒煮沸 20min。

2．过滤

停止加热过滤用一层纱布将山楂片和辣椒滤掉。

3．混合

在滤液中放入番茄泥、白糖、白醋、辣酱油、食盐，搅拌、混合均匀。

4．煮沸、灌装

将上述混合液加热并不断搅拌，充分溶解，烧开即可热灌装。

（三）质量标准

成品红润明亮，色美味佳。口味酸甜，滋味浓厚。

（四）注意事项

① 加工过程中要不断搅拌，切勿烧焦。
② 可根据当地口味调配原料比例。

四、腐乳扣肉汁

腐乳扣肉汁以酱油、腐乳、黄酒为主要原料，再配以各种调味剂调配而成。该产品色泽酱红、食用方便，可使肉肥而不腻，肉烂味香。

（一）工艺流程

腐乳扣肉汁生产工艺流程如图 6-8 所示。

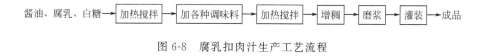

酱油、腐乳、白糖 → 加热搅拌 → 加各种调味料 → 加热搅拌 → 增稠 → 磨浆 → 灌装 → 成品

图 6-8　腐乳扣肉汁生产工艺流程

（二）操作要点

1．加热搅拌

将酱油、腐乳、白糖一同注入锅内，边加热边搅拌至均匀的调味汁。

2．加调味料

将葱、姜、蒜捣碎，大料粉碎，经加工后的调味料加入上述调味汁中。

3．混合加热

调味汁与调味料混合后继续加热至微沸，加热中要不断搅拌。

4. 增稠

将适量增稠剂加入上述半成品中，边加热边搅拌至沸腾。停止加热后再加入香油、味精，用食用色素调好颜色。

5. 磨浆

将调配好的腐乳扣肉汁经过一次胶体磨，使其混合均匀、细腻，即为成品。

（三）质量标准

成品为酱红色，有一定黏稠度，但比酱稀。有腐乳香味，咸中稍带甜味。

（四）注意事项

① 调味汁在加热时要不停搅拌，以防粘锅。
② 大料要粉碎成大料粉，葱、姜、蒜要捣碎成泥状。

参 考 文 献

［1］ 张秀媛．调味品生产工艺与配方［M］．北京：化学工业出版社，2018.

［2］ 王传荣．发酵食品生产技术［M］．北京：科学出版社，2010.

［3］ 张秀媛．调味品生产工艺与配方［M］．北京：化学工业出版社，2013.

［4］ 杜连启，吴燕涛．酱油食醋生产新技术［M］．北京：化学工业出版社，2010.

［5］ 徐清萍，王光路．食醋生产一本通［M］．北京：化学工业出版社，2017.

［6］ 黄亚东，韩群．发酵调味品生产技术［M］．北京：中国轻工业出版社，2014.

［7］ 尚丽娟．发酵食品生产技术［M］．北京：中国轻工业出版社，2012.

［8］ 胡斌杰，胡莉娟，公维庶．发酵技术［M］．武汉：华中科技大学出版社，2012.

［9］ 宋安东．调味品发酵工艺学［M］．北京：化学工业出版社，2009.

［10］ 李幼筠．酱油生产实用技术［M］．北京：化学工业出版社，2015.

［11］ 王淑欣．发酵食品生产技术［M］．北京：中国轻工业出版社，2009.

［12］ 孙宝国．中国传统酿造食品行业技术与装备发展战略研究［M］．北京：科学出版社，2020.

［13］ 侯建平，纪铁鹏．食品微生物［M］．北京：科学出版社，2012.